U0396974

和食的飨宴

徐静波 著

上海人民出版社

目录

料理篇

江户时代完成了日本的传统料理——前近代日本饮食史简述 003
刀工、装盘与食器——日本食文化的三大特点 018
传统日本料理滋味的基底——酱油和「出汁」 039
「刺身」的由来和种类 050
从「回转寿司」说起 058
「天妇罗」与河鳗的「蒲烧」 072
「渍物」——日本的酱菜 083
乌冬面、荞麦面和素面 092
西洋饮食的兴起和发展 105
风行全日本的咖喱饭 122
中华料理在近代的传入和兴盛 131
不是拉面的「拉面」 162
「烧肉」等韩国料理在日本的登陆 174
便当和「驿便」 182
日本人的深碗盖浇饭——「丼」 194
大众化的居酒屋和贵族风的「料亭」 201

茶酒篇

日本酒的起源和酿造史 219
林林总总的「铭酒」和酒具 224
烧酎（烧酒）在现代的崛起和流行 235
洋酒的传入和兴盛 250
日本茶源自中国 272
茶道的缘起和流变 282
今天日本人的饮茶生活 294
没有日本茶的「吃茶店」与供应餐食的「茶屋」 304

参考文献 320
后记 325

料理篇

江户时代完成了日本的传统料理
——前近代日本饮食史简述

绯红的晚霞渐渐褪去了灿烂的光色，暮色游游荡荡地降临了下来。涩谷 109 大厦的周边，各色橱窗和店招，射出了或浅紫、或明黄、或湛蓝的柔和的光彩，Royal Host，“焼肉居酒屋韓の台所”，“串焼専門佐五衛門”，“美食厨房白木屋”，“豚骨専門店ラーメン七志”，虽然并无浓烈的肉香飘荡在街头，却在在都让人感受到了日本饮食的魅力。

2013 年 12 月 4 日，在阿塞拜疆首都巴库举行的联合国科教文组织无形文化遗产保护条约第八届政府间委员会上，经过 24 国委员的审议，日本的和食被列入需要保护的世界无形文化遗产，这是继法国美食、地中海美食和墨西哥传统食物等之后，以食物的名目第一个登上世界无形文化遗产名录的亚洲国家，这使得原本就已经风靡大半个地球的日本饮食获得了更高的世界性的认可。2015 年 5 月在意大利米兰开幕的世博会，日本就主推饮食文化，借世博会的平台，向全世界展示日本饮食文化的魅力。

日本官方提交的申请报告中，强调了传统的日本饮食独有的四个特性。其一是“多元的新鲜的食材以及对其原有滋味的尊重”；其二是“讲究营养平衡的健康的饮食生活”；其三是“表现了自然的秀美和季节的变换”；其四是“与年节活动具有密切的关系”。其实对于日本饮食史有一些了解的人，大致可以看出来，就传统的日本饮食而言，除第三和第四两个特点比较符合事实本身之外，第一和第二两个特点却未必准确。自8世纪起至19世纪中叶，日本基本上是禁绝肉食的，因此食材多元的说法未必能成立，食材倘若比较单一，也就难以达到“营养平衡”。然而，反观今天的日本饮食，在这四个方面都可谓是出类拔萃的。

我这里用了“传统的日本饮食”和“今天的日本饮食”这样的表述，确实，这是两个不同的概念，虽然都具有鲜明的日本特色，其实它的内涵和外延都发生了很大的变化，把今天日本人餐桌上的食物展示在传统饮食最后形成的江户日本人面前的话，两百年前的先人一定会大惊失色：这难道是日本料理？

这里我们稍微俯瞰一下日本饮食的历史。事实上，近代以前的日本，其国土和民众基本上只限于本州、四国和九州这三个大岛及周边的一些岛屿，一般并不包含今天的北海道和冲绳。

就像绝大部分领域的日本文化一样，日本饮食文化在它发生的一开始，就与东亚大陆、准确地说是中国大陆和朝鲜半岛产生了非常密切的关联。大约在一万多年前，原本与东亚大陆相连、后来因海平面的下降而渐渐形成的日本列岛上，经历了大约将近一万年的绳文时代，这一时期，岛上的居民主要依靠采集、狩猎和捕捞的方式来获得生存。一直持续到公元前三四百年前。大约在中国的战国后期和秦始皇统一中华的时候，从九州的福冈附近突然出现了稻作或者说是农耕文明，青铜器和铁器也陆续出现。后来的考古学和历史学研究证明，农耕文明和金属文明在日本列岛上都不是原发性的，而是自东亚大陆传来的。公元前 4 至前 3 世纪左右自东亚大陆传来的农耕文明，对日本列岛的文明进程和文化的发展所产生的影响是革命性的。伴随着农耕文明的传来，是中国大陆和朝鲜半岛上的移民相继移居至列岛。

为何在这一时期有数量不少的移民过来，史书上有些语焉不详的记载，史学家也有过些比较合理的推测。公元前 3 世纪徐福率三千童男童女出海东行寻访蓬莱仙岛找寻长生不老之药是一例。不过徐福一行有否抵达日本列岛，虽有种种传说和史迹，却并没有可靠的考古证据。春秋时的吴越一带，也常有海民为避战乱而出海冒险，恐怕会有一些人幸运地登上了列岛，而可能性更大的，是来自朝鲜半岛的移民。公元前 1000 年左右，中原地区的青铜器已经传入半岛，黍子、高粱、粟等逐渐开始种植，而后自中国江南一带传来的稻米耕作也在半岛南部的平原地带传开。春秋和战国时期，一部分人为避战乱而向东迁徙至半岛，卫满朝鲜的建立就是汉人的势力在半岛扩张的一个实例。后来汉武帝消灭了卫满朝鲜，在半岛的北部设置了乐浪等四郡，大陆的文明进一步传来。这一时期，来自大陆的汉人和半岛上的原住民又陆续向南，渡海来到了日本列岛。于是，自公元前 4 至前 3 世纪开始，先是在九州的北部，以后陆续扩展到东部，出现了青铜器和铁器的金属文明和作物种植的农耕文明。现在的日本学者，比较认同从朝鲜半岛的南部和中国的东部沿海传入的可能性。日本的考古学权威之一的寺泽薰在最近所著的《王权诞生》中指出："探究日本水稻种植的来源，可以一直追溯到长江中下游流域，这一点看来不会有错。"经过数百年的传播，水稻种植渐渐扩展到了四国和本州的大部分。与水田作物同时发展起来的还有旱田作物，比如稗、粟、陆稻、麦、豆类、桃、瓜果、紫苏等。

一般普及类的日本饮食书籍大多强调自公元300年前后的弥生时代晚期开始，列岛上的居民就开始形成了"稻米加鱼类"这一日本人最基本的食物特征。对此我想说明两点。第一是"稻米加鱼类"也不能说是日本独有的饮食形态，在稻米传入日本列岛或是更早的时候，至少在中国的长江中下游一带（古时称之为"楚越之地"），早已形成了"饭稻羹鱼"这一基本形态，两千多年前司马迁在《史记·货殖列传》中记述说"楚越之地，地广人稀，饭稻羹鱼"，稍后的班固在《汉书·地理志》中也说："楚有江汉川泽山林之饶，……民食鱼稻，以渔猎山伐为业。"不过，这里说的鱼，多为江河湖泊中的捕获物，这与日本有较大的不同，但是从整体上来看，长江中下游地区与近代以前日本的大部分地区纬度相近，气候相似，物产多有相同处，因此，日本文化在相当的程度上与中国长江中下游流域有一定的近似性。第二是水田开发的成本和自然条件要比旱田高不少，且早期的水稻产量比今天要低很多，一般的民众还难以奢侈到以白米饭为主食，即便到了近代情形有所好转，一般人依然难以达到三餐皆有米饭的状态，据 1919 年日本政府内务省卫生局保健卫生调查室对全国各地的调查统计和学者的调查，城市居民的日常主食中大米占到了约 70%，周边居民的比率为 60%左右，而农村地区只有 40%左右甚至更低，后者除了新年、重大的节日之外，纯粹的白米饭是难以享用的，日常主要是各种谷物的混杂食物，他们所收获的稻米相当大的一部分被强制作为租税缴纳给了地主和各级政权。全体日本人真正能够尽情享用白米饭，一般认为是到了经济高速增长的 1960 年代。由于稻米具有单位产量高、吃口好、热量高、种植区域广、储藏和搬运比较方便等诸多优越性，对稻米的喜好和崇拜的思想便逐渐在列岛的居民中浸润和渗透，成书于 712 年的日本最早的典籍《古事记》中记载了与稻作相关的神话，而宫廷所举行的大殿祭的祝词中则将日本称为“丰苇原之瑞穗国”，这里的瑞穗，主要是指稻穗，在这样的思想影响下，有关稻米栽植和收获的祭祀活动也在各地蓬勃兴起，从至今依然留存着祈年、新尝、神尝等国家级以及在各地区形式规模不同的祭祀活动中，可以看出自古以来日本人对稻作的敬畏、崇拜和感恩的心态。有时日本人甚至将自己与稻米之间的关系作了夸大性的描述，在对稻米进行神化的同时，对食用稻米的日本人自己也进行了某种程度的神化，这一倾向在昭和前期（1926—1945 年）尤为明显，稻米加鱼类的概念渗透至一般日本国民的心灵中。

在说到“稻米加鱼类”这一日本人的基本食物特征时，这里还想纠正一个常识性的误解。日本尽管盛产鱼类，但是在近代以前，由于捕捞技术的落后，运输和仓储业的不发达，再加之现代冷藏业尚未诞生，能够吃到鲜鱼、尤其是新鲜海鱼的人口是很有限的，海鱼大多被加工成了鱼干或腌制品，而淡水鱼类实际上占了近代以前日本人食用鱼中不小的比重。除了部分湖泊外，日本的河流大多为湍急的溪流，因此淡水鱼的品种与中国有很大的差异，生长于湖泊或河口的鲤鱼自古以来一直被推为淡水鱼的上品，溪流中的香鱼在夏间最为肥硕，捕获后抹上盐直接烧烤，是古今日本人憧憬的美味，而日本人对河鳗的喜好，在世界上大概也是名列前茅的。

经过了几个世纪部落国家纷争的时代之后，7世纪初，以奈良地区为中心的大和政权大致掌控了列岛的大部分区域，遣隋使和遣唐使带来了东亚大唐帝国的先进文明，673年即位的天武天皇是日本第一个真正拥有天皇称谓的元首，此后日本国名诞生，列岛上大一统的中央朝廷登上了历史舞台。710年仿照大唐的都城建成了平城京，也就是奈良，日本历史上第一次出现了规模宏大的京城（此前曾有藤原京等宫廷的所在地），史称奈良时代。794年，又营造了在格局上与长安几乎相同的条坊制的平安京，也就是后来的京都，史称平安时代。这两座京城的登场，孕育出了王公贵族阶级以及典雅精致又有些病态的宫廷生活，日本历史上将这些宫廷贵族称之为“公家”，与后来问世的武士阶级的“武家”相对应。“公家”的饮食生活，因遣唐使的传播，受到唐代中国的影响不小，被称为八种唐果子的梅枝、桃枝、葛胡、桂心、黏脐、毕罗、锥子、团喜即是在此前后传到了日本（虽然这八种唐果子已在中国本土和日本渐趋消失）。有一个时期，宫廷中曾时兴过牛乳和乳制品的食用，这也是唐朝带来的饮食时尚。

说到这一时期日本饮食史上最重要的现象，就是肉食禁令的颁布。曾一度出家到吉野做僧人的天武天皇登基以后，在全国广播佛教。有感于佛教的五戒中首戒的不杀生，在676年下令全国禁止肉食："诏诸国曰，自今以后，……莫食牛马犬猿鸡之肉。以外不在禁例。若有违者罪之（原文为汉文）。"诏书中禁止食用的牛、马、犬、猿、鸡，都是与人非常亲近的类似家畜（除了猿）的动物，而其他则不在禁食之列，换言之，在山林中捕获的野生动物似乎并不在禁止的行列，而且河海湖泊中捕捞的水产品，也不视作有生命之物。奈良时代的圣武天皇更是深深的皈依佛教，他在737年下令禁止屠杀禽兽，似乎效果并不太显著，于是在743年正月再下诏书，规定自该月的14日开始77日内禁止杀生并严禁一切肉食。天皇的权威似乎还不足以"威震天下"，之后在745年9月再次发布诏书，规定在三年内禁止捕杀一切禽兽。在奈良时代中后期即位的孝谦天皇是一位女性，也信佛，主张禁止杀生，在她的任内也曾下诏禁止杀生和肉食。自7世纪后半期至8世纪中后期，几乎历代天皇都一再下令禁止肉食，虽然开始时民众并不愿遵守，因此才有了禁令屡屡下达的记载，但经过了信佛的历代天皇一再努力后，至少在王宫贵族的饮食中，四脚的哺乳动物基本绝迹，偶尔会有少量的飞禽。

当然，京畿之外，尤其是居住在山林地带的民众，未必都严格遵守皇家的禁令，时时还会在山林中猎捕野猪和山鹿等野生动物，在民间偷偷地食用，作为滋补身体的药膳，但耕牛肯定是在被禁之列，而且家畜的饲养也一直没有发展起来，自奈良以后一直到近代以前，肉食原则上在日本人的饮食中消失了。指出这一点非常重要，它决定了传统日本饮食的基本性格，这一点与世界上绝大多数的民族不同。也正是这一原因，此后中国大陆和朝鲜半岛的饮食文化虽然依旧对日本产生着一定的影响，但由于肉食的禁止，也就极大地削弱了这一影响的广度和深度。在此前提下，逐渐形成了具有日本地理和历史特点的、具有鲜明日本风格的饮食文化。

当然，其时的琉球并不在日本的管辖之下，14 世纪末最后统一的琉球王国，受中国大陆和东南亚文化的影响颇大，对于肉食毫无禁忌，历代王朝的纪年，也一直沿用明清的年号，受中国朝廷的册封，类似于中国红烧肉的猪肉“角煮”，一直是琉球地区的名物，如今，日本本土虽早已进入了肉食时代，但很多猪的内脏或者猪头，今天仍被排除在食物之外，而琉球人则视为美食，以此而言，琉球文化与中国大陆文化的血缘更为密切。

12 世纪下半叶以后，中央朝廷日渐式微，群雄并起，日本出现了镰仓和室町这两个由幕府将军实际主政的幕府时代，镰仓幕府的执政者都是来自于沙场的武士，日常生活刚健质朴而相对粗陋，饮食生活乏善可陈，室町幕府则是建在京都的北侧，朝夕与宫廷苑囿为邻，耳濡目染之际，难免受到

“公家”文化的熏染，饮食生活也渐趋程式化，初步形成了传统日本料理的格局，其标志之一是“本膳料理”的出现。

室町时代的上层武士常常在自己的宅邸中招待主君。整个的宴饮由酒礼、飨膳、酒宴三部分组成。本膳料理指的是其中的“飨膳”部分。此处的“膳”，在日语中解释为盛放饭菜的食盘或食案，最初也是从中国传过去的，初唐时的颜师古在《急就章注》中解释说：“无足曰盘，有足曰案，所以陈举食也。”《后汉书·梁鸿列传》中说：“妻为具食，不敢为鸿前仰视，举案齐眉。”这里的案，显然是食案。室町时代的膳大多是一种有脚的方形或长方形漆器食案，脚有猫足或蝶足等式样，至江户时代末期逐渐改为无足的食盘，一直延续至今日。本膳料理的程式有些复杂，且在江户时期已遭人废弃，对今天我们所说的传统日本饮食，影响甚微，在此不述。

我们（包括日本人）今天所认为的传统的日本饮食，其实最后完成于大约三百年前的江户时代中期。当然，仍然处于肉食禁止的时代。大家今天耳熟能详的“刺身”、“寿司”、“天妇罗”、烤河鳗、乌冬面、荞麦面，也是在江户时代才呈现出今天的姿态。其主要原因，大概有如下几点。

第一点是政局相对稳定，社会比较安定，未发生过大规模的战争，一直到近代的大幕开启之前，可以说既无内乱也无外患，差不多可以说是日本历史上最为安定的一个时期。夺取了政权的德川家族，为了有效的维持统治，将全国分为若干个藩，德川幕府为了控制这些大名（地方上的诸侯），于1634年要求各大名将自己的妻儿移居到江户作为人质，于是江户城内出现了众多的常住群体，这在相当的程度上造成了江户城市的繁荣，最终都促进了日本饮食业的发展。

第二点是当局实行了日本历史上从未有过的长达220年左右的锁国政策。16世纪的下半期，来自葡萄牙、西班牙和荷兰的传教士和商人纷纷登陆日本，南蛮贸易也使得大量海外的商品流入日本市场，一时引起了日本社会的变动，尤其是基督教的传播和蔓延使得新兴的德川幕府感到了威胁。为了防止并最终消除这一威胁，1635年幕府废除了一切海外贸易，禁止所有的船只离开日本，同时也禁止所有在海外的日本人回国，当然，外国的商船就更不允许进港了。除了长崎一隅可与中国和荷兰两国进行有限的通商和断断续续的朝鲜通信使之外，德川幕府几乎断绝了与列岛之外的所有的联系，除个别现象（如来自中国的明末清初的朱舜水、隐元和尚）之外，法律上既禁止任何日本人去海外，也不允许任何外国人在日本列岛登陆，这在列岛的历史上也是绝无仅有的。在这样的环境之下，日本人得以充分地消化咀嚼已有的传统文化和已经吸纳的外来文化，在两百多年的江户时代创造出了灿烂成熟的具有江户特色的日本文化，并最终完成了日本传统的饮食文化。

第三点是政治、经济和文化中心的东移。在17世纪之前，日本的中心地区几乎一直在西部，弥生时代的中心在九州北部，到大和政权时转移到了奈良一带，以后京都周围始终是政治经济和文化的中心。历史上虽曾有过镰仓时代，但一直未能形成大的气势，不久政治文化中心又移往京都一带，因此，总体来说，整个列岛的中心一直在西部日本。江户幕府刚刚建立的时候，这一情形依然继续了几十年，其间大阪作为一个港口和商业都市，在曾经十分繁荣的堺的基础上，不断兴盛和发展，在商业和町人文化方面超越了京都，人口达到了 35 万。但江户幕府 260 多年的统治改变了这一局面。在德川家族的经营下，江户从一个偏远的小邑，虽然经历了多次毁灭性的火灾，但在 18 世纪末已经发展到了人口 100 万左右的大城市，产生了较之大阪更为繁盛的市民文化，日语称之为庶民文化或町人文化，与此同时，京都一带虽然仍保持着相当的文化魅力（日文称之为上方文化），但 17 世纪以后的日本文化绚烂成熟的呈现，其中心舞台毕竟东移到了以江户为中心的东部日本，这是毋庸置疑的事实。因此，相对于传统的具有贵族色彩或武士精神的前代文化，江户文化更具有庶民的内涵。这在饮食文化表现得尤其明显。很多日本式的传统食物，最初都是街头食摊上的小吃，以后逐渐登入大雅之堂，经改造和修饰后，成了高级料亭“献立”（食单）中的招牌菜。

由于长达 260 余年的政局的稳定和社会的安宁，再加之几乎与外界隔绝的孤岛状态，已经在近两千年的历史积淀中逐渐形成的具有列岛特色的日本文化，在江户时代便渐渐地蕴积、酝酿、催发、生长出诸多成熟的形态和样式，获得了空前的发展，以至于现今人们所熟识的日本传统文化，大部分竟是在江户时代才正式定型、正式登场、正式展现出身姿的。此外，建筑上书院式样的最终形成和成熟，陶瓷业的发展和兴盛，酱油的出现和普及，也都与饮食文化的发展足迹密切相关。

饮食业、尤其是饮食产业的兴起，与城市商业或者消费阶级的存在是密切相关的。说起来，日本的商业，尤其是城市商业的兴盛，真的是非常晚近的事。自从 7 世纪末开始的藤原京到 8 世纪的平城京（奈良）和以后的平安京（京都），日本也是有过像样的都城的。但这些城市的格局基本上没有脱离过中国唐代的都城长安的范式，基本上都是棋盘式的格局，大致独立隔绝的街坊形式是其基本特点，甚至比长安更倒退。奈良和京都虽然设有东市和西市，但规模其实很小，行市的时间也很短，交易的内容相对贫乏，而且那时尚未形成充分的货币经济，从城市商业的基本特征来看，奈良和京都是很不充分的。更重要的一点是，城市的功能完全是以宫廷为中心的，居住在城市中的基本上都是王公贵族、政府官吏和各类仆役，几乎没有真正的城市居民，因此也就无所谓市民阶级。这一情形，在镰仓时代和室町时代也没有根本性的改变。

中国《清明上河图》中的情景，日本要迟至六百多年以后的江户时代才出现。首先是江户作为一个大城市的成长和崛起。1603 年德川家康将幕府正式设置在江户时，江户还只是一个在历史上名不见经传的普通的“城下町”（以日本式城楼为中心形成的城镇），此后因为幕府当局实行了“参勤交代”制度以及要求各大名妻儿长住江户以作人质，开始了“天下普请”的大建设，幕府要求各地大名派出人夫参与江户的扩建，削平山头，填埋洼地，架桥造屋，大兴土木。到了1633年的时候，新的城市已经轮廓初现，渐成规模。到了18世纪前期时，江户已是一个拥有100万人口的大城市了。而这庞大的人口中，町人阶层无疑是最具活力（无论是在经济上还是文化上）的一个阶层。町人一般指居住在城市中的工商业者（其中不乏腰缠万贯的豪商），同时也应该包含在江户从事城市建设的工匠和从事各种城市经济活动的手工业者阶层，或许可以称之为近代以前的市民阶级。以江户为中心的城市饮食业的兴起和发展，乃至于日本传统料理的最终形成，都与这一阶层具有极为密切的关系。

由于整个社会的相对安定，在江户迅速成长的前期，作为传统都市的京都以及在室町时代后期已经逐渐崛起的大阪也在城市工商业上获得了相当的发展。大阪的兴盛得益于它的地理位置。海运、河运以及广大的腹地，使得它成了一个货物的集散中心，尤其是江户成了全国的中心以后，西部的许多物品往往经过大阪运往东部，于是，商业也随之繁荣起来，人口达到了30—40万，其中不乏一掷千金的富商。京都在一般人的印象中是一个传统文化积淀比较深厚的都市，这自然是不错的，但是京都实际上从江户时代初期开始也出现了一定程度的转型，商业，尤其是以吴服（日本传统服饰）业为中心的纺织、印染业等手工业跃居全国首位，在江户时代中期，人口也达到了40—50万，当时京都、大阪与江户并列，被人们称之为三大都市。

当城市中出现了大量消费性的市民以后，各种蔬果市场和鱼鲜市场也就应运而生，城市中的物流体系渐渐形成。另外，由于社会相对安定，人们可以自由旅行，去各地参拜著名的寺院和神社，加之参勤交代制度的实行，五街道沿途驿站旅舍的落成，带来了人们对于餐饮业的需求。日本最早出现的餐饮业，就是起源于寺院和神社门前的各种食摊，随后传播到京都、大阪等城市，最后在江户形成了一个规模庞大的餐饮业，并最终导致了日本料理的全面形成。

江户城里诞生的第一家真正的饭馆是1770年开在深川洲崎的“升屋”。“升屋”的主人喜右卫门是一个雅好风流的人物，他在门面、庭院、屋内的陈设用具上都颇费了一番功夫，当然价格也不菲，出入此处的大都为经济富裕的上层人物和商人，各地藩主派驻在江户城里的所谓“留守居”（类似于今天中国各省各地的驻京办）的人物也常常在此招待客人，因此又被称为“留守居茶屋”。在这之后，比较出名的料理屋还可举出“四季庵”、“平清”、“金波楼”、“梅川”、“万八楼”等，大都是些沿河而筑的风景优美的酒楼饭馆。

18世纪末期，兴旺一时的“升屋”渐趋没落，取代它地位的是“八百善”。“八百善”以取料精细、服务上乘为标榜，在江户文人的笔记中留下了这样的逸事。有几个对于美食已经厌腻的客人，来到“八百善”，点了茶泡饭。等了许久才见侍者端来了酱菜和茶，于是立即在米饭中注入茶汤开始品尝，滋味果然非同一般，一问，才知道这茶叶用的是上等的宇治茶（宇治乃京都一地名，以产上等茶著名，犹如中国的龙井），并特意请了飞毛腿去玉川上水的取水口取来上等好水烹茶，一结账，竟要一两二分，相当于今天的 15 万日元，价格之高昂，令客人咂舌。“八百善”最兴盛的时期是在文化、文政年间（1804—1830 年），此后由于幕府针对社会上的奢靡之风，颁布了厉行节俭的政令，“八百善”本身也恰好遭遇了火灾，于是便衰败了下来。

在茶屋或是料理茶屋开始兴盛的时候甚至是在此之前，京都、大阪，尤其是江户的街头，陆续有挑着食担的行脚商出现在人口稠密的街区，他们或穿街走巷，沿途叫卖，或在十字街口摆下固定的食摊，吸引各路主顾。因为在江户城内，居住着相当数量的各类工匠和手工业者，他们处于社会的中下层，挑着食担的行脚商或是固定的食摊，主要是满足这一阶层的需求。这样的行脚商，日语叫做“振卖”，而食摊，日语则叫做“屋台”。这种食摊，并不是今日可以随便用车推着移动的摊床，而是一种相对固定的设施，沿着街面搭建起来，有顶棚，除非有大名的行列经过，一般并不随意拆除。

排列在江户街头的食摊的种类主要有这样一些：用酱油的蔬菜或鱼类，天麸落，烤河鳗，寿司，麦饭，御田（一种将魔芋、豆腐、芋艿、鱼肉卷等用酱油调味后烧煮多时的菜肴）、烤团子、烤白薯、牡丹饼（一种用糯米或粳米做的、配有豆沙馅或芝麻的圆形食品，状如牡丹）、炒豆子、煮鸡蛋、新鲜水果、面汤、荞麦面、鱿鱼干等。手捏的寿司，天妇罗，烤河鳗，这些今天的日本人仍在经常食用的最富有日本风味的食物，或者被今人当作是传统日本料理的食物，当年就是在这些食摊上诞生的，它的历史，应该从 18 世纪中叶开始。

刀工、装盘与食器
——日本食文化的三大特点

囿于社会和经济发展的水平，相对于其他的文化领域，日本饮食文化的最终形成和完成是比较晚的，因此，相对而言，它受其他的相关领域文化的影响也是颇为明显的，这也使得它与整个日本文化的基本色调比较和谐，同时以它独特的形式进一步诠释了日本文化的基本特性。

10世纪中期前后开始，随着遣唐使的废止和唐的没落，日本的对外文化交流相对的处于比较迟缓的状态，传自大陆的文化逐渐在列岛上浸渗、蔓延，与原有的本土文化融通交汇，慢慢催生出一种不同于大陆文化的、具有本土色彩的新的文化形态，历史学家将其称之为“国风”，以区别于外来的唐风。那一时期，朝廷的政权操纵在外戚的摄政和关白手中，宫廷中的王公贵族和拥有巨大庄园的豪族们则优游岁月，沉湎于管弦丝竹，徜徉于林泉山水。游园，宴饮，吟诗作歌，差不多成了贵族们的主要生活内容。由此积聚和滋生出的精神，大致有两个方面，一是感受的纤细精致，另一是气象的狭小萎靡，这虽是平安中后期贵族阶级的精神，却对后来整个日本民族的审美意识都具有深远的影响。另有一个表现在艺术（尤其是雕塑艺术）上的特征，文化史家石田一良把它归结为“调和的美”（“调和”一词或可译为“和谐”），并认为这是该时期成立的日本的古典美，即具有绘画的造型美而缺乏雕塑的厚重质感。毫无疑问，这些都会在日后的饮食文化上烙下颇深的印痕。

这一时期前后，假名文字逐渐形成，由此诞生了《古今和歌集》等纯日本式的歌谣集和《土佐日记》《蜻蛉日记》《枕草子》等各类记录个人经历和人生感叹的日记体文学和随笔文学，11 世纪初《源氏物语》的问世，标志着日本文学已经进入了一个相当成熟的阶段，后来本居宣长将其美学精神归结为“物哀”，这后来与“幽玄”“闲寂”等构成了日本人的基本审美意识。其他领域，诸如美术上，大和绘虽然在笔法上尚未完全摆脱中国绘画的影子，但已具有明显的日本风味。与中国画主要以人物、花鸟、山水为题材的画作不同，大和绘主要描绘四季景物的变化，而且往往不是单幅的制作，春花、夏草、秋月、冬雪，注重的是人们对四季变迁的细微而敏锐的感受，这一类画人们称之为“月次绘”，这种美学追求，明显地影响到了日后的日本料理文化。

镰仓时期，禅宗正式传入日本，其影响已完全突破了佛教本身，渗透到了日本人的国民精神和所有的文化艺术领域中，或者说是激活了日本人精神生活中原本就有的相似的因子，并得到了热烈的共鸣，其具体的结晶是室町时期以禅僧梦窗疏石为杰出代表的造园家的诞生和鹿苑寺、西芳寺等一批禅意浓郁的秀美庭园的出现。这种在视觉和触觉（尤其是造型和色彩）上对美的精致经营，与日本料理的基本美学追求是一致的。还有应该提到的是茶道文化，本书对此将另设一章论述，此处不赘。不过，最终完成于16世纪后半期的茶道与而后最终完成的日本料理，在内在的精神上具有极大的共通性。

若以最后完成于江户时期的日本料理来看，其源流大概有四个方面。其一是炽盛于平安时代的公家（宫廷、贵族）有职料理，其特点为繁琐、精细；其二是镰仓后期逐渐兴起的禅院料理，其特点为雅致而讲究礼仪；其三是镰仓、室町年间的武家料理，其特点为俭素质朴；其四是长期存在于民间、而在江户时期蓬勃发展起来的庶民料理，其特点为形态多样。一般来说，最后形成的日本料理，似以第一、第二两方面的影响为大。日本饮食文化中这一讲究食器、且食器的材质和色彩又偏重于质朴和素雅这一特点，大抵也与这两个因素有关。日本在古时即已采用“配膳式”，与现今的分食制有点相近。公家时期，宫廷中的王公贵族生活颇为豪奢，且又讲究等级，为体现不同的身份，各阶层的人所用的食器也不尽相同，因此食器已开始就为人们所注重，而现今人们在食器的材质和色彩上的趣味，似乎与茶文化的兴起和演变更有关联。

在考察日本饮食文化的特征时，我想应该将其放置于日本的自然环境、日本的社会经济发展历程及由此产生的日本文化的总体精神这些背景之下来加以细微地把握。根据我自己对日本饮食的演进过程的考察和完成于江户时代的日本传统料理的研究，这里将其具有文化意味的特征归结为三点。

一、对食物原初滋味和其季节性意味的纤细感受

在前文中曾经述及的日本式的食物结构是“稻米加鱼类”，这里，稻米我们可以将其扩大地理解为以稻米为主体的谷物和各类蔬果，鱼类当然也包括了海水和淡水中的各类水产品。与肉类食物的禽兽相比，谷物、蔬果甚至水产品的生长期和品质受季节变化的影响要大得多。自古以来，长期处于湿润温和、植被丰富、四季分明的自然环境中的日本人，对日月星斗、春风秋露的细微变化养成了非常纤细的感受力，对周遭植物的兴衰枯荣倾注了非同寻常的关切，这使得他们对于食物原料的所谓“食材”有着十分细腻的分辨力。另一方面，在近代以前，尤其是在17世纪以前，由于经济发展水平的制约和海外贸易的不充分，日本的动物油和植物油的产出非常之少，砂糖和各类香辛料也一直是珍稀物品，在日常食物的烹调中，油料和具有强烈味蕾刺激功能的调味品用得非常之少，这也逐渐养成了日本人对“食材”本身的细致的体味能力。

在日语中，有关食物材料有两个颇有意思的词语，一是“初物”，另一是“旬物”，前者是指谷物、蔬果等在收获季节中第一批采摘的物品，姑且可以译为“时鲜货”，后者是指正当收获季节的当令食物，这两个词语都可以用来指水产品，

但作为肉类食物的禽兽似乎不在其列。“初物”和“旬物”往往是食材滋味最为鲜美的时节。

对“初物”的痴迷，缘起于室町时期的社会风潮，当时上层社会不少人相信食用“初物”能够长寿，一时受人追捧，这一风气逐渐浸渗到了民间。进入江户时期后，随着社会的相对稳定和城市经济的繁荣，饮食业发达起来。1630 年，在幕府御膳所当厨师的日根九郎兵卫正重写了一本《鱼鸟野菜干物时节记》，根据不同的月份对“初物”作了较为详细的记载。1787 年时又出了一本记述“初物”的书刊《七十五日》，书名源自当时的一句俗谚“吃了初物，可以多活七十五”。同时期，甚至还上演了一出名为《初物八百屋献立》(“八百屋”为蔬菜铺之意，“献立”是日本料理中菜谱的说法）的戏剧，可见当时“初物”的人气。1776 年出版的《福寿草　初物评判》，则对初出的鲣鱼、鲑鱼、酒、荞麦、鲇鱼、松茸、新茶、茄子等一一作了评判，而其中的鲣鱼，则是当时的江户人最为痴迷的。有的人为了吃到这一季节第一次捕获的鲣鱼，不惜带了银两赶到码头去等待，以期获得最时鲜的物品。为迎合这种心态，当时甚至利用了可能获得的技术和设备（比如用油纸搭建的棚屋，焚烧木炭的取暖设施等）来营造蔬果的温室栽培，以期时令蔬果能卖出高价。如此的痴迷者虽然只是一部分的富裕阶级，可作为一种社会风潮，却影响到了普通民众的价值判断，以至于今天的日本人对于“初物”和“旬物”仍然怀着非同一般的偏爱。此外，对于蔬果的产地，也是到了近似挑剔的讲究。在日本，颂扬某一道菜肴制作的精美时，往往会提及构成这道菜肴的各种食材的产地和出产季节，烹饪的手艺自然是关键的因素，食材的本身也决不能忽视。当然，日本以外的民族并非没有这样的区分和感受，但像日本人那样的细腻和讲究恐怕是罕见的。

除了“初物”和“旬物”之外，日本人还非常在意从饮食中获得四季不同的感受。对四季变化的敏感，至少可以追溯到平安时代，上文提到的《古今和歌集》和《新古今和歌集》(1205 年）中，已经有了许多对四季的缠绵的吟咏，以至于在后来的连歌、连句和俳句中形成了数量众多的“季语”，即所谓的季节之语，在诗歌中，甚至都不必出现对季节景象的具体描绘，只需有一个“季语”，就足以令人产生对这一季节的翩翩联想。这种思想体现在饮食上，大概开始于 16 世纪下半期的千利休茶道中的“茶怀石”料理。限于当时运输和冷藏技术，体现四季感的菜肴未必都是当令的时鲜物，但一定是这一季节最美味或最有代表性的食物。比如豆腐。新鲜大豆的上市是在每年的 11 月份，但美味豆腐的制作不能百分之百地采用刚收获的新大豆，而必须掺入一定比例的陈年大豆，到了 12 月和 1 月份，陈大豆的比率将逐次递减。而到了 2 月份，就应该全部采用新的大豆了，新大豆经过两个月的冬季储存后，滋味最为纯正，若配以清冽的山泉水，这时磨制出的豆腐，其大豆特有的香味和色泽达到了最佳状态，因此这时餐桌上的豆腐，绝对就是佳品，而令人联想到的季节，就应该是 2 月。

在传统的日本料理中，“吸物”是一道很能体现真滋味的菜肴。说是菜肴，其实它只是一碗滋味清淡、没有任何油星的汤，里面的内容只是一小块剔除了骨刺的鱼肉或是鸡肉，但必定会有当令的蔬菜同时入内，此外，还会有一小片树叶的嫩芽或柚子皮漂浮在上面，叶片的嫩芽无疑是告知季节的信号，而柚子皮的差异也时时透露出季节的消息。青柚子的季节，柚子开花的季节，柚子成熟的季节，柚子苦涩的季节，时时都让食客感受着时令和季节的变迁。

时至今日，即使日本料理的内涵已经发生了相当的变化，对季节感的追求依然是厨师和食客们所孜孜不倦、乐此不疲的雅事。尚是春寒料峭的时节，一碟精致的菜肴边，横亘着小小的一枝红梅，带来了新春的消息；冷雨潇潇的夜晚，形状奇异的餐具上点缀着数朵含苞待放的樱花，令人联想到了雨后的落英缤纷。今天稍微上点档次的日本料理店，只要你还存有一点雅兴和细心，几乎每次都能感受到四季交替、时令转换的氛围。当然，不能否认的是，随着温室栽培的普及、生物技术的发达，食物的季节感是越来越趋于淡薄了，用樱花、红叶和柚子表现的季节信号，往往也成了昔日留存的风雅了。

接下来的问题是，尽管对食材是相当的讲究，对时鲜是十分的留意，但烹调毕竟要大动干戈，水火齐上，诸如中国菜的一道松鼠鳜鱼，一道鱼香茄子，滋味虽则美矣，食物的原味却几乎已经难以辨识，日本料理又当如何处置？

原来传统的日本料理，其烹制手法与滋味浓郁的中国菜、法国菜、墨西哥菜大异其趣。被称为自室町时代一直延续至今的烹调流派四条流的第四十一代传人四条隆彦在他的著作《日本料理作法》中宣称："日本料理有一条原则，即其美味不能超过材料原有的滋味。"具体而言，就是"止于该材料所具有的滋味的最高点，禁止对此进行进一步的加工。"另一位日本料理的研究家奥村彪生在其论文《料理的美学——东西比较轮》中也说："日本料理当体现出材料所具有的真味，尽可能不用火工。"这样的说法，在习惯于吃热食的中国人看来，简直是匪夷所思。

这里就引出了日本料理的一条原则，即刀工胜于火工。奥村彪生在《料理的美学——东西比较论》中开宗明义、直言不讳地说："日本料理是倚仗庖丁（菜刀）的文化。"四条隆彦对此进一步解释说，每一种事物都有它本身内蕴的真味，厨师只要将这种真味不借助火功（或尽可能少地借助火功）、不借助其他的调味料（或尽可能少地借助其他调味料）开发出来就是上好的厨师了。若要添加一点风味或是风情的话，大抵只能在不损坏食物材料本身所含有的香味和滋味的原则下进行。他又用了个比喻说，做中国菜、法国菜差不多如混合运算中的加法，不断地添加各种东西进去，最后与材料合成一体做成一道菜，而做日本菜是做减法，将其浮沫撇去，将其有碍真味的多余的汁水抽去，稍加调味或不调味，便成一道日本菜。因为尽量少用火功，刀功便最见功夫。

日本料理文化中，有"板前"一词，"板"即砧板，"板前"者，砧板师傅之谓也。但在日本的厨房中，"板前"占有最高的地位，而具体做菜的"调理师"则听从他的指挥。这不仅是因为刀功的好坏在很大程度上决定了日本料理的精良与否，而且还在于“板前”必须具有识见，他要决定某种材料应怎样制作才能保持或引发出它的真味，他对于各种食物材料必须具有广泛的知识并具有敏锐的季节感。对于不少具有代表性的日本菜来说，只需要上好、新鲜的材料和娴熟精良的刀功就足够了。比如说“刺身”。可以说，“刺身”是最具有和风的最为典型的日本料理（关于刺身，我下面另列专节论述）。惟其刀功的重要，日本菜的制作对于刀具也极为讲究，名“板前”使用的刃物都是由名匠手工制作的，其中又分为切菜刀、出刃刀、柳刃刀、薄刃刀，切章鱼的有章鱼刀，切河豚鱼的有河豚鱼刀，此外还有金枪鱼刀、海鳗刀、河鳗刀等。厨房的刀具如此细分，在其他国家大概也是罕见的。每一种材料入盘时的厚薄大小、形状样态都十分讲究，只有刀功漂亮，才有“盛付”的漂亮。吃的时候只需蘸一点酱油或是放入了山嵛菜（俗称芥末）泥的酱油，就可充分领略到食物原有的真味。需要用火功的，也只是简单的煮、焯、蒸、烤、炸，且竭力避重用香辛料或浓油赤酱，以免损害食物原有的真味。

有一些食物，即便不用刀工，也尽可能少用其他烹调法。比如夏天最为肥美的鲇鱼，从溪流中捕获上来后，去除少许的鳞片后，也并不剖腹开肚取出内脏，便抹上了盐后插上铁条直接放在火上烧烤，不用其他任何的调味品，在日本人的眼中，这才最具真味。

不过，近代以后，随着西洋饮食的迅速传入和中国菜在日本的传播，上述的这种尽可能不使用火工、尽可能少使用调味料的传统烹制法正在受到极大的挑战。四条流的传人四条隆彦自己也承认："个人的好恶暂且不论，从根本上来说，菜肴绝对是滋味浓郁的比较好吃。"事实上，烹制手法的单一，在某种程度上来说，既是传统日本料理的特点，也是它的弱项之一。当近代日本的门户开放以后，外来的饮食迅速改变了日本人日常饮食的内涵并大大扩充了它的外延，这决不是"崇洋媚外"这个词语可以简单说明的。这一现象与中国的情形形成了一个比较鲜明的对比。中国人的饮食样式和内容，经历了数千年的深厚积淀，在宋代时已经基本完成，无论是食物的材料还是烹制的方式，都极其丰富多样且相当成熟，近代以后，虽然各色西洋文化也相继传入中国，却在饮食上未能从根本上动摇这一既定格局。而在今天的日本，"和洋中"三足鼎立已经构成了当今日本人餐桌上的一个基本格局，年轻一代的口味正在发生着剧烈的变化，菜肴的烹调手法也愈益多姿多彩。

二、对食物形与色的高度讲究

对食物形与色的高度讲究是日本饮食文化的第二个特征。具体的体现，是餐食的盛装，日语中称之为"盛付"。

将食物装盘时完全不注意它的形状和色彩搭配的民族大概是极少的，而像日本那样对此加以刻意讲究、并将此推向极点的民族大概也是极为罕见的。在日本，一个厨师水准的高下主要取决于两点，刀工（这部分我在上文已有讲述）和一双装菜的筷子。对于刀工，中国人颇能理解，何以区区一双筷子竟也有如此重要的地位，不免有点令人费解。前几年中国曾上映过一部日本电视连续剧《女人的胸怀》，讲述一家温泉旅馆的故事。剧中大量出现的镜头是厨房，但里面几乎没有我们中国人所熟识的炉火熊熊、热气蒸腾、厨师手持铁锅麻利地翻炒的场景，大量的倒是戴着白帽的厨师拿着一双长筷往盘中搛放着什么的场景。这便是筷子的功夫。中国的各色菜谱在介绍各款菜肴的烹制方法之后，最后一句话差不多总是千篇一律的“出锅装盘”。而在日本的烹饪艺术中，将锅中做熟的食物直接倾倒在盘中几乎是难以想象的。什么样的食物选用什么样的食器，在盘中或碗碟中如何摆放，各种食物的色彩如何搭配，这在日本料理中往往比调味更重要。

讲究“盛付”这种视觉上的美，最初也许起源于对神佛和先祖的供奉。早先人们为了祈求神佛的庇佑，往往在上供时竞相献出美食佳馔，且一般以堆放得高且满为上，日语中称之为“高盛”。尔后人们为了取悦于神佛，又渐次在馔食的盛放上竭力使其显出引人食欲的诱人色彩和形态。另外，在平安时代（约公元 8 至 12 世纪前后）的贵族中也已颇讲究菜肴的盛放，在宫廷中诞生了以悦目为目的的据供御和大飨料理，此后在镰仓时代曾有所衰弱，至室町时代又逐渐为上流社会所注目。

日本料理中这一注重形与色的美学追求，从更为直接的渊源上来说，应该是与日本 16—17 世纪的美学风格有关。镰仓时代的主流文化可以说是武家文化，比较崇尚俭朴质素，相对而言也比较缺乏高雅的学识。到了室町时代，一方面武家开始主动地汲取公家的文化因子，一方面也是受了禅宗的影响，于是在14—15世纪先后诞生了北山文化和东山文化。北山和东山文化虽然已经具有了很浓郁的日本风味，但在建筑和绘画上，传自南宋的禅宗样式和水墨画的影响依然是非常明显的。到了16世纪，在连年的战乱中，一时获取了政权的当政者们总是想要以各种方式炫耀自己的权威和权力，于是，注重装饰效果的、讲究构图配色的狩野派画风便应运而生。狩野家族历代都受到权贵的青睐，在织田信长和丰臣秀吉当道时，都是显赫一时的御用画家，当德川家族获取了政权、开创了江户幕府时，又再度左右了日本的画坛，继续保持了主流意识形态的地位。狩野派的画风是精致华美，金碧绚丽，有点像中国宋代的院体画。在17世纪，又兴起了一支有影响的画派，即宗达光琳画派。这一画派更加注重装饰效果，作品多为屏风画和和扇面画，构图奇特而色彩浓艳，具有贵族式的古典风情。这些画风所倡导的趣味，引领了当时社会的时尚，明显左右了中上层社会的喜好。而传统的日本料理，就完成于17世纪的下半叶至整个18世纪，其美学追求，显然受到了狩野派和宗达光琳派画风的极大影响，十分注重形与色的装饰效果，同时又受这一时期茶文化的影响，注入了相当的禅风禅意，在鲜艳中融入了几许空灵和雅致，因此，色彩上并不感觉很浓丽，在总体表现上，显得十分的和谐。

在上好的日本料理屋里，面对摆放在桌上的各色料理。说是在观察一幅幅立体的绘画作品或是一件件精美的工艺摆设大概毫不过分。以我个人的经验而言，一次有幸光顾京都的高级料亭“茂里”，那里的“盛付”实在让我赞叹不已。“茂里”距离纵向流经京都市区的鸭川不远，自松原街折入一条地面上铺着长方石块的小巷，幽静的巷边有一幢旧式两层楼屋宇，浅浅突出的低矮的屋檐下垂悬着几片颜色暗旧但洁净的布帘，日语称之为“暖廉”，上面书写着半是篆书半是隶书的“茂里”两字。进入店内最引人注目的是一长溜可以望见厨师操作的吧台式餐桌，据说这是用一整棵的扁柏做成的，白净净的一长条，没有任何接缝，不施任何油漆，材木纹理清晰。所用的食器自然是精心挑选的，但更注重的是与菜肴的搭配。首先上来的是下酒菜“先付”，在一个稍显粗厚的白色底盘上，上置一个切开的青色柚子，自然内囊都已去除，切开的柚子内盛放的是切成条状的根芋和切成丁状的嫩笋，另一半（应该说是三分之一）的柚子成盂状斜置于一旁，蒂头上还缀带着一小片青翠的叶子。还有一种也是供下酒的，在“怀石料理”中称之为“八寸”的酒菜，一个式样粗拙的陶器内，分别摆放着酱黑色的用酱油煮成的一小堆杜父鱼，一小堆用小黄瓜片拌和的虾肉，一个用昆布卷起来的鲷鱼肉，黑白分明，一小枝带青叶的煮熟的微型萝卜，一个球状的寿司，上置一枝红白相间的姜芽，外配一株我不知名的青葱植物，经精心配放后，宛如一件山水盆景。另有一品，也令人印象颇为深刻。在一个迹近墨色的细陶盘中，底下衬着一片绿菜叶，上面码放着三片蒸熟切开的野鸭肉，色泽红润，肉上再束放着数十根细嫩的青葱，绿菜叶边是一撮姜黄色的调味酱。数种对比强烈的颜色在稍有釉光的深褐色陶盘中和谐地组成一幅雅致的静物画。

当然，在日本料理中，最能体现出其“盛付”艺术的，也许当是“刺身”了。一般吃过日本菜的人，在“盛付”上印象较深的大概也多是“刺身”。据江户末期的风俗研究家喜多川守贞在《守贞谩稿》一书中的介绍，“刺身”的“盛付”讲究一种山水的感觉，在平坦的大盘中，用切成细丝的萝卜在左前方隆起地堆成小山状，上置一片青绿色的紫苏，旁边插放一支植物，便可使人联想起苍翠的远山，再将切成花色的鱿鱼、切成薄片的鲷鱼排放在其下，犹如潺潺的流水，或者再配放几枚红色的金枪鱼，置一朵黄菊，色彩就很悦目了。

这种对于料理的色与形的讲究，在大量的外来食物、尤其是西洋菜和中国菜乃至于韩国菜频繁涌入的今天，依然得以完美地留存了下来，外来的菜肴在烹制和装盘的过程中，依然被严格要求讲究色彩与形态，以至于这些外来的餐食在日本人的餐桌上出现的时候，往往会比本土显得更为精致和漂亮，至于滋味是否更为鲜美，那就又当别论了。

三、对食物器具和饮食环境的执着追求

京都西郊苍翠的岚山脚下，清水涟涟的渡月桥边，绿影掩映之下有一处颜色暗旧的木门，木门边的木桩上，挂着一

块小木牌，上面刻写着“吉兆”两字。据说，这大概是全日本最贵的料理屋。我从一本相关的读物上了解到，午餐每人的起价是4万日元，晚餐是5万日元。自然贵得令人咂舌。陈设的典雅、用料的讲究、厨师的技艺自然是价格高昂的原因，但还有一点却是我们中国人难以想到的，那便是用餐的器皿。

对食器的讲究是日本饮食文化的主要特点之一。当然，遍观世界各地上水准的餐食，完全忽视器皿的大概没有。中国陶瓷业的发达，陶瓷器的灿烂，在近代以前，在世界上常常是处于领先的地位。清代的美食家袁枚在其著名的《随园食单》中说：“古人云‘美食不如美器’，斯语是也。……大抵物贵者器宜大，物贱者器宜小，煎炒宜盘，汤羹宜碗；煎炒宜铁铜，煨煮宜砂钵。”然袁枚的着眼点，大抵不离食物的烹饪，且中国民间的审美目光，易受宫廷文化的影响。故宫博物院中陈列的皇家食器，多为金杯玉碟，银箸漆盘，图案大抵为龙凤仙云，民间也多以此为“荣”“威”“富”“贵”。不过一般的庶民，注重的乃在于菜肴本身，进饭馆很少人会留意用的是什么器皿，店家一般对此也多无意识。

据我在日本的观察和体验，稍有点水准的料理屋及一般庶民的家庭，在餐具上都颇为用心。上面所提及的“吉兆”，专设有一器物库，内藏有自桃山时代（16世纪后期）以降的名家制作的食器数百件，在一般人眼中，大概均是可在美术馆陈列的艺术品。“吉兆”依据不同的季节、不同的食物及不同的客人随时精心选择不同的食器，有些价值连城的古董，依然被用作盛物的器皿，不过此时会专门指定某人持奉，并前后各有一人导引，以免踬扑后摔破，而持奉之人，也定是战战兢兢、如履薄冰了。不用说，这一份价值，自然是算在了菜价里。用餐的客人，雅好陶艺的也好，附庸风雅的也好，在进食的同时，一定会留意并欣赏盛物的器皿，于是主宾皆大欢喜。

食物的器皿，陶瓷器一直是主角。日本的陶器制作，据最近的考古发现，根据同位素碳14的测验，始自12000年前左右，这实在是很悠久了。不过在公元5世纪之前，差不多一直是一种质地比较疏松、烧制工艺比较落后的“土器”。之后，朝鲜半岛过来的陶工，带来了东亚大陆先进的烧制工艺，产生了日语称之为“须惠器”(按其发音，也可以写作“陶器”）的一种新型陶器，它是一种将耐火度高的黏土用制陶的旋转圆盘制作成型后，放入窑中经千度以上的高温烧制后做成的结构细密、质地坚硬的硬陶器具。唐代的时候，中国的三彩技术传入日本，日本正式开始了铅釉陶器的生产，烧制出了光泽亮丽、色彩鲜艳的陶器。13—14世纪，以现在的爱知县濑户地区为中心的制陶业蓬勃兴起，日本的制陶技术走向了一个高潮，以至于如今的“濑户物”一词成了陶瓷器的代名词。16世纪末，丰臣秀吉出兵进攻朝鲜，强行带回来了一批陶工，其时中国的制瓷工艺早已传入朝鲜半岛。这些朝鲜陶工在日本的九州有田一带，成功地烧制出了瓷器，由此日本的陶瓷器工艺不断的突飞猛进，到了19世纪前期，基本上已经与当时的中国并驾齐驱了。日本人在饮食上对餐具的讲究，一方面是由于陶瓷制造业的进步，另一方面是由于与此相关的茶道艺术的发展。从时期上来说，应该是17世纪前后。

日本人在饮食上尤为注重食器，这与一个名曰古田织部的人物也有很大的关联。古田生活在16—17世纪之交，此时恰好是茶道已经在千利休的手中臻于完成，瓷器的制作技术也已经传来。古田原先只是一名武将，曾受到丰臣秀吉等的重用，但也喜好风雅，曾拜在千利休的门下学习茶道，被称为千利休的七大弟子之一。千利休死后，他被评为茶汤名人，成了大名茶的开创者。关键是他对陶艺、尤其是陶瓷器的制作极有兴趣，相对于千里休的谐和的美，他更强调不均衡的美，在奇拙古朴中，甚至在凹凸歪斜中发现不寻常的美。他的这一美学思想，对后人影响甚大，他的弟子中有成就杰出的小堀远州，在茶具制作、造园设计方面留下了优秀的遗产，对茶具的艺术追求，也推及到了餐具。17—18世纪，传统的日本料理开始形成，各色料理屋开始出现并逐渐走向高级化，料亭中的料理不仅食材讲究，烹制精美，而且食器也极为考究，与食物的色形一起，构成了视觉上飨宴。

与中国人在食器的质材上崇尚金银珠玉、色彩上喜好富华绚烂不同，日本人多用细腻的瓷器或是外貌古拙的陶器和纹理清晰的木器，色彩自多为土黑、土黄、黄绿、石青和磁青，偶尔也有用亮黄和赭红来作点缀。中国的盛器基本为圆形，至多也就是椭圆形，其实世界各地大都如此，而日本人独树一帜，食器完全不拘于某一形态，除圆形椭圆形之外，叶片状、瓦块状、莲座状、瓜果状、舟船状，四方形、长方形、菱形、八角形，对称的，不对称的，人们想到的或是想不到的，都会出现在餐桌上。描绘在食器上的，可以是秀雅的数片枫叶，几株修篁，也可以是一片写意的波诡云谲，一整面现代派的五彩锦绘，但总的来说，色彩大多都素雅、简洁，少精镂细雕，少浓艳鲜丽。筷子虽是从中国传入，但即使王公贵族也几乎不用镶金银或是象牙紫檀的材质，只是简素的白木筷而已。现在费金数万的高级料亭中依然如此。

早年黄遵宪在《日本国志·工艺志》中说："日本陶器，论其纯白雅素，实不如中国。而今日兼习佛兰西法，于所造器，巧构式样，屡变不穷，所绘花鸟，又时出新意，不习蓝本，着色亦花艳夺目。"1850年代初期曾随佩里（Perry）将军访问日本的美国东亚文化通威廉姆斯（S.W.Williams）在《日本的产物》一文中记述了自己当年对日本陶瓷器的印象："该国国民制作出了出色的瓷器，品质也非常的优秀。而且，恐怕任何形状的器具都能做出来吧。我们在店铺里所见到的作品大部分都是小型的酒盅和茶碗。陶瓷器虽然已经很普及，而且品质也都做得相当不错，但还远未达到中国人所使用的物品的程度。日本有几个瓷器样品，比我在其他任何地方所见到的都要显得轻薄而光洁。对这样高品质瓷器的需求正在增加。比较粗劣的陶器和不上釉的物品，价格比较低廉，而大多数作品都做得颇为雅致，形态千奇百怪。"

近年日本的瓷器制作，以我个人的观察，已在中国之上，而为一般中国人所不屑的陶器，仍大行其市，其古拙朴野之状，反而有一种不俗的艺术气息。日本人的餐具中，也有用漆器的，偶尔也有玻璃制品，但一般都不会显得太耀眼。

对饮食环境的考究，大概也是日本饮食文化的特点之一。1923年，名作家芥川龙之介受《大阪每日新闻》的派遣到中国来巡游，在上海期间，也遍尝各色中国料理，觉得“小有天”等菜馆的滋味“确实要比东京的中国菜好吃”，可是对中国菜馆的环境，却颇多揶揄嘲讽之词：“总体来说，上海的菜馆不是个令人舒心的所在。房间之间的相隔，即使是小有天，也是毫无风情的板壁。而且，桌子上的盛放食物的餐具，即使在以精美为招牌的一品香，也与日本的西餐馆毫无区别。此外，雅叙园也罢，杏花楼也罢，乃至于兴华川菜馆等，味觉之外的感觉，与其说令人愉悦，不如说是令人震惊。特别是有一次波多君在雅叙园招宴，我问侍者厕所在何处，他答道就在厨房间的水池里解决吧。事实上已经有一个满身油腻的厨师，已经先我一步在那里为我做示范了。这真令我惊恐不已。”（《支那游记》）当然，中国的实况并非都是如此，中国的士大夫阶级其实也是相当讲究的，《随园食单》中就有许多细琐的规定，李渔的《闲情偶记》中就更讲究居所的情趣了，但是一般的庶民，大概还真的没有这份闲情逸致。这部分当受制于当时的经济水平。

日本的武士，本来也是比较粗俗的，后来主动向僧侣阶级靠拢，又积极模仿王公贵族的作风，慢慢地也有了几分风雅。室町初期中上层饮茶之风的兴起，当时奢华的饮茶风气很讲究室内的环境，以后以“闲寂”为内在精神的“侘茶”虽然纠正了这些奢靡的风习，开创了简朴素雅的氛围，但这简朴素雅，其实也是刻意营造出来的，茶庭和茶室的构建都有非常繁琐的规矩（这我在第九章中详细叙述）。在江户时期形成的“大名茶”，更多的是追求情趣。这种看似素朴实际却非常精致的嗜好，自然会影响到日后出现的料理店，尤其是料亭。而一般日本人的居所，本来就比较洁净，这与其洁净的自然环境也有关联。这一点，早年去日本的外国人大概都注意到了。1859 年曾在长崎担任过英国领事的荷吉逊（C.P.Hodgson），在她的《长崎信札》中写道：“每家店铺都有一个美丽的小庭院，种着几棵修剪整齐的枞树、杜鹃和百合等，而且在小小的池塘中栽植着些水生植物，池中央有一股泉水喷涌上来，有很多的锦鲤在游泳。这使我感到十分的欣悦。因为由此我知晓了他们具有一种可说是精致的趣味，不是我原先所想象的那种野蛮人。”“每一家店铺整个的看上去都非常洁净，因为人们都把鞋脱在街上，在屋内穿拖鞋，人们在进入店内或屋内时，都会把鞋脱在门口。我所走进的几家商店和人家，都收拾得非常的干净，店主也好家里人也好，都穿着整齐，气宇不俗。”1885 年，当时在东亚颇享有文名的王韬应邀作东瀛之游，一路受到日本友人的款待，在他的《扶桑游记》中这样记录了日本的酒楼：“栗本匏庵（人名）招饮柳岛桥本酒楼，为余饯别。柳岛亦东都名胜所，其地村落参差，河水如带，板桥垂柳，风景宜人。临流一酒楼极轩敞，楼外之黛色波光与楼中之扇影衣香相掩映。”当时来自所谓文明之邦的英国人和中国人都有这样的感觉，可见江户末期和明治初期的日本，在饮食环境上已经颇为雅致了，也难怪芥川龙之介在上海会发出如此的感叹了。

如今的日本，经济已经相当发达，物质上的水平，与当初自不可同日而语，但仍然鲜见屋宇宏大、楼堂相连的大餐厅，而多的是那种小巧雅致的店家，而对饮食环境整洁干净的追求，则一如往昔。至于价格不菲的料亭，往往都坐落在僻静的小巷内，绿荫掩映，门扉轻启，一般里面都有秀雅的庭园，一泓池水，半堵假山，处处都可见经营者的良苦用心。即便是开设在大都市摩登大厦内的料理屋，也会挂出两片布帘，点缀着几只古旧的灯笼，营造出些传统日本的情调。这一点，我们在今日开设在中国的日本料理店中亦可略窥一二了。在今天经济发达的中国大都市，尤其是高尚的街区，当年芥川龙之介所描绘的景象大概已是昔日的西洋镜了，但是在稍微偏僻的乡村小镇，我们依然可以经常见到这些历史的残影（我自己曾在紧邻南京的安徽省的香泉镇有过印象深刻的经历），而在日本，即便是偏远的山陬海澨的小饭馆，也大抵都是窗明几净的。

传统日本料理滋味的基底
——酱油和“出汁”

江户时代日本料理的最后完成，与酱油的诞生和普及、砂糖进口量的增加和本土生产的开始是密不可分的，酱油的角色对日本料理的最后形成在某种程度上可以说起了关键性的作用，甚至可以毫不夸张地说，倘若没有酱油这一调味料，日本料理就不是今天的这一面目，许多典型的日本料理甚至都无法最终成型。没有酱油，就不可能产生真正的刺身（刺身必须蘸着酱油吃），就不可能有风行全日本的烤鳗鱼（烤鳗鱼的调味汁主要是酱油），就不可能有蘸着调味料吃的荞麦面条和天妇罗（其调味料主要也是酱油），甚至江户中期诞生的“握寿司”一般也是蘸着酱油吃的。可以肯定地说，去除了酱油，就没有今天的“日本味”，酱油是构成今天“日本味”的主梁。

很多日本人，包括一些专门的研究者，都认为酱油是日本独特的产物，甚至认为是日本人发明了酱油，如今日本的酱油风靡全世界就是一个明证，油井宏子在《酱油》一文中认为：“酱油可以说是日本固有的东西。虽然在中国等地可以见到它的源流，但是我们所称之为‘酱油’的东西是日本独特的物品。”平野雅章在《日本的食文化》一书中认为：“以大豆、小麦、食盐、水为原料的酱油，是具有独特鲜味和风味的日本独自的调味料。”而中国的学者则是另一种立场，中国的食文化研究大家赵荣光在对酱油的历史和生产工艺进行了深入研究后得出的结论是：“中国是‘酱油’的祖母家，是中国人最早开始了酱油食用的历史。”而事实究竟是怎样的呢？下面，我根据中国和日本双方的有关史料来作一个尽可能客观的论述。

首先可以明确无误的一点是，酱油起源于酱。中国在先秦时就已经产生了成熟的制酱法并普及了酱的食用，日本早年的制酱技术也是传自中国，并形成了谷酱、肉酱（包括鱼酱）和草酱三种主要形态，谷酱可以认为是后来的“味噌”（豆酱）的祖先，肉酱由于8世纪后历代天皇出于佛教不杀生的戒律而倡导禁止肉食，后来就没有发展，草酱则演变成了后来的腌菜或酱菜。在产生了制酱技术的中国，在约两千年前的汉代已经出现了酱油的雏形“清酱”，东汉末年的崔皂在《四民月令》中明确记载庶民百姓之家一年之内顺时应节的生产生活大事，其中就有“正月……可作诸酱、肉酱、清酱”的确切文录。以后在后魏贾思勰的《齐民要术》(约成书于6世纪30年代）中的菜肴制作法中，频繁地多次出现了作为调味料的“酱清”“豆酱清”和“豉汁”，这虽然还不等同于今日的酱油，但显然是出自于酱的液体状调味料，将其视作原始酱油或是酱油的雏形亦无不可。“酱油”一词的明确见于历史文献，今日所见是在宋代。宋时，“酱油”已多见于文人笔录，如北宋文学大家苏轼曾记载了用酽醋、酱油或灯心净墨污的生活经验：“金笺及扇面误字，以酽醋或酱油用新笔蘸洗，或灯心揩之即去。”这大概是目前所见的“酱油”一词的最早记录了，虽然没有用作调味，但这里与酽醋并用，应该就是后人所熟识的酱油，而南宋人林洪在《山家清供》一书中所说的“韭菜嫩者，用姜丝、酱油、滴醋拌食，能利小水，治淋闭”，则无疑已是调味料的酱油了。由此可以断定，中国至迟在宋代已经诞生了近似于今天意义上的酱油，酱油一词也逐渐流布开去，当然类似的称谓也有不少，比如“豆油”，在相当区域范围内与酱油是同一意义的词语。在1596年问世的李时珍的《本草纲目》中，有关于“酱油”制作工艺的明确文字记载：“豆酱有大豆、小豆、豌豆及豆油之属。豆油法：用大豆三斗，水煮糜，以面二十四斤，拌罨成黄。每十斤入盐八斤，井水四十斤，搅晒成油收取之。”清代顾仲所编撰的《养小录》中的记载更为详细：“红小豆蒸团成碗大块，宜干不宜湿，草铺草盖置暖处，发白膜，晒干。至来年二月，用大白豆，磨拉半子，橘去皮，量用水煮一宿，加水磨烂。取旧面水洗刷净，晒干，辗末，罗过半炒末内，酌量拌盐。入缸，日晒。候色赤，另用缸，以细竹篦隔缸底，酱放篦上，淋下酱油，取起，仍入锅煮滚，入大罐，愈晒愈妙。余酱，酱瓜茄用。”从宋以后的文献来看，酱油在菜肴的烹制中使用已经很普遍了。明清时季，各地酿制酱油的酱园纷纷问世，如传创办于明世宗嘉靖九年(1530年)的“六必居酱园”是其历史较为悠久者。此外，广为人知的酱园还有诸如创建于清康熙十七年(1678年)的“王致和南酱园”、创建于清乾隆元年(1736年)的“桂馨斋”、创建于清同治八年(1869年)的“天源酱园”等，都是当时颇有规模的老牌酱园。

在日本的历史文献中，最早见有“酱油”词语的是1597年刊行的辞书类的书籍《易林本节用集》，而这部书被认为是室町时代中期著作的传抄本，另外，在16世纪中叶的贵族山科言继的日记《言继卿记》(记录的内容自1527—1579年）中也有“薄垂”“垂味噌”(一种从豆酱中分离出来的液体状调味汁)，说明16世纪中期日本已经出现了酱油或是类似酱油的物品，从文献上的词语出现来看，至少较中国晚了450年左右。无疑，酱油是从豆酱中滤沥而来。在平安时代的9—10世纪刊行的《倭名类聚抄》可以见到“豆酱”一词。根据当时皇家所藏的正仓院文书《正税帐》的记载，各地作为税收向朝廷贡纳的酱类物品有“豆酱、真作酱、荒酱、未酱”等，这说明当时作为制酱的原料大豆和麦等的种植已经比较普遍，而酱的制作，由于当时商品经济的不发达，并没有统一的技术和市场，在16世纪的室町时代的末期之前，基本上都是各地农户自己生产和储藏，自给自用，这期间，“味噌”(此语据云来自朝鲜语的“蜜祖”，这一类型的食品制造技术也主要来自朝鲜半岛，大致分为以大豆为原料的“豆味噌”和以麦为原料的“麦味噌”，也有两者混用或加入大米的，“豆味噌”勉强可以翻译为“豆酱”）是其主要的形式，而酱油的来源是将煮熟的大豆、麦加入食盐、曲子后发酵形成的味噌。

日本的酱油最早产生于味噌留下的液体，日语称之为“味噌垂”，所谓“垂”，就是滴落下来的液体的意思。最初的“味噌垂”大概是自然产生的。后来人们发现这液状的“垂”味道颇为鲜美，经其调味的食物尤其可口，于是开始有意识地收集和制作。“味噌垂”的制作方式是在一升的味噌内加入三升五合的水，将其熬制到三升左右，放入袋中扎紧后让其垂滴，滴落的液体就是“味噌垂”，也就是制作技术比较原始的酱油。还有一种是“薄垂”，制作的材料配比大致相同，只是没有煎熬这道工序，而是将其用力揉搓搅拌后垂滴。“垂”的滋味好坏，往往取决于味噌的制作如何。总之，16 世纪下半期到 17 世纪，确切地说，是进入了江户时代以后，日本的酱油酿造业开始起步。到了 18 世纪时，酱油的酿造业已经十分兴盛，形成了数家规模宏大的制造商，加之流通业的发达，酱油的酿造和食用自西向东扩展到了整个日本。

由此看来，日本酱油的诞生似乎是独立成长起来的，其实未必。首先，作为酱油的初始形态的酱的制作技术是从中国大陆传来的，而作为日本酱油的直接来源的“味噌”又是来自朝鲜半岛，而朝鲜半岛许多农产加工品的源流往往可以追溯到中国大陆。因此，从根本的渊源上来说，还是与中国大陆有着千丝万缕的关系。另外，很多日本书籍上记载，日本酱油的诞生，是源自日本僧人从中国浙江带来的径山寺（又写作“金山寺”）味噌，说是建长元年（1249 年）信州（现长野县）的禅僧觉心到南宋的中国修行，1254 年回国时带来了径山寺（金山寺）味噌的制法，酱油的产生，主要是后人根据这径山寺味噌改良而成的。但直到现在，我还没有看到非常确切的原始文献，不能肯定这一说法有多大的可靠性。另外，13 世纪中叶这种味噌的制法已经传来，而最后酱油的诞生要到 16 世纪的中叶以后，这期间间隔了三百多年，似乎也过于漫长了。不过这倒从另一个侧面显示了日本酱油与中国的渊源关系。

日本的酱油酿造业是从关西地区（今天的大阪周边）正式开始起步的。最早的大概要推纪州的汤浅（位于现在的和歌山县西部，邻近大阪）。1535 年时，当地的一个叫赤桐右马太郎的人，对源于径山寺的“味噌垂”进行改良，开始制作酱油，1586 年将一百余石的造酱油用船运往大阪杂鱼市场的小松屋伊兵卫，开始了大规模的商业销售，后来又得到丰臣秀吉的许可，被允许在各地销售酱油，此后又受到当地诸侯的保护，一时酱油酿造业领先全国。不久，大阪西面的龙野（位于现在的兵库县西南部）也兴起了酱油酿造，当地的圆尾孙右卫门开始是从事酿酒业的，后来转入酱油业，由于市场的需求，规模渐趋扩大，成了大阪等的主要酱油供应地之一，1666 年创制出了淡口酱油，以后一直是淡口酱油的主要产地之一。酱油的生产与当时日益兴旺的日本料理相辅相成，市场迅速获得了拓展，京都最兴盛的时候，城里有酱油铺 150 余家，满足了市内约 40 万人口的需求，大阪则在 1764 年的时候，酱油铺的数量达到了 700 余家，基本都是由本地或周边地区的酿造商供应的。一时间，以酱油为调味料的食品赢得了很高的人气，当时最负盛名的剧作家近松门左卫门的净琉璃（一种人偶戏）中出现了“乌冬面和切面，汤汁都要酱油味”“您要什么口味的汤，酱油吗？”这样的台词，酱油成了人们最喜爱的口味。

江户时代初期，关西一带的酱油通过船运传到了以江户为中心的关东一带，立即受到了欢迎，当时大阪一带运过来的酱油，其价格是米价的3—4倍，属于高价商品。不久，江户周边的酱油酿造业也迅速兴起，因为酱油酿造所需要的大豆、小麦、食盐等江户地区都有出产，酿造技术也迅速传播到了关东，在今天千叶县的野田、铫子等地形成了著名的酱油产地，17世纪下半叶起步以后，在18世纪下半叶达到了高潮。享保年间（1716—1735年）通过大阪运送到江户的酱油曾经达到了10—16万桶，但是到了1821年的时候，江户每年所需要的125万桶酱油中，有123万桶已经是江户周边地区生产的了，到了1858年，由大阪输往江户的酱油锐减到了700桶，两年之后更是降到了500桶，在关东的市场上几乎已经没有占有量了。而野田等地，占据了地理的优势（只需8个小时就可运到江户中心市场，这在当时而言可谓是极其便捷了），这大大刺激了酱油生产的规模，以至于后来诞生了日本最大的酱油制造商“亀甲万”（目前其产品在日本国内的市场占有率达到了32%，前几年曾打入中国市场，虽然品质优秀，但一来价格高昂，二来品牌还不为消费者所熟知，似乎并不成功），在铫子则产生了日本第二大的酱油企业YAMASA（市场占有率约为8%）。

起源于室町时代末期、成熟于江户时代中期的日本酱油，从类别上来说大致可分为淡口酱油和浓口酱油两大类。所谓的浓口酱油，就是一般人们所说的酱油，酿造工艺基本上与中国的相同，原料主要是大豆或脱脂大豆，充分蒸熟后，加入碾碎的小麦和曲子，使其繁殖出菌来，然后加入盐水充分调和后，放入酿造罐内熟成，经过滤后就成了酱油，具有独特的色、香、味。从功效上来说，还可分成烹饪的、蘸用的、凉拌的等多种，目前的市场占有率是83%左右，一般来说，江户一带的关东人更喜爱浓口酱油。不过浓口酱油并不等于中国的老抽，其颜色和浓稠没有达到老抽的程度。另一类是淡口酱油，最初是由兵库县的龙野和歌山县的汤浅的酿造商开发出来的，其制造工艺基本与一般的酱油相同，在大豆和小麦的处理上颇下功夫，盐的含量稍多，大概比浓口酱油要多10%左右，因此口味稍咸。有时根据需要还可加入糖化的大米，它的熟成时间比较短，因此酱油的颜色比较淡，口味比较鲜美，多用于精进料理、冻豆腐和豆腐衣等比较清淡的菜肴，能够将材料原本的滋味充分体现出来。淡口酱油主要受关西人的喜爱，目前市场的占有率大约是14%。从淡口酱油中又分化出一种白酱油，主要的原料是小麦，也放入熬制过的大豆，颜色很淡，主要的市场在名古屋一带，多用于需要保持食物本身颜色的菜肴，比如乌冬面的汤汁、煮蔬菜和鱼等。此外还有少量生产的风味独特的酱油，比如有一种称之为“溜酱油”，它原本是在制造“豆味噌”的过程中分离出来的液汁，其基本功能与浓口酱油差不多，但更为浓稠，酱香也更浓烈，更多地用于显出烧烤食物的酱色和光泽，目前日本国内的生产量占到1.7%左右。还有一种叫作“甘露酱油”，是将尚未进行加热处理的酱油重新再酿造一次，滋味很浓，主要用于刺身和寿司的蘸用，目前只有山口县柳井地区有少量生产。“刺身酱油”，顾名思义，主要是用于食用刺身时的蘸料，能进一步提升刺身的鲜味，一般都是小瓶装，价格稍贵。

近代以后，日本的酱油制造商在技术革新和设备更新改良方面取得了很大的进步，使得酱油的品质不断提升，现在有酿造商3200家左右。进入20世纪后，中国开始引进日本的先进技术和设备，从原先作坊式的酱园发展为近代的酿造厂，如今中国的酱油产品也在日益细分化，品质明显上升。不过就目前而言，日本酱油的品质在整体上似乎仍高于中国酱油，在国际市场上享有良好的口碑并占有相当的市场份额，目前日本的酱油出口到世界上将近一百个国家和地区，在海外市场上，说起酱油，人们首先想到的是日本酱油。

其实，除了酱油之外。日本料理中还有一个极其重要的调味元素，那就是“出汁”(罗马字可写成dashi)，有时中文会将其译成“高汤”或“海鲜汤”，其实这两个译名都不是很妥帖，在中文中，高汤一般是指用鸡鸭猪牛等的肉或骨熬制出来的汤汁，海鲜汤的感觉是有很多海鲜食材的汤，而日语中的“出汁”与前者完全没有关系，与后者基本也不相同。“出汁”是岛国日本人在长期的历史生活中积淀起来的一种饮食智慧的结晶。熬成汤汁的基本食材主要有鲣鱼花（“花”这个词也有些不妥)、昆布、沙丁鱼的幼鱼干等。这里分别稍加叙说。

鲣鱼，是一种生长于热带或温带的透明度较高海域的鱼类，中国的海域应该也有，但长江口一带的海域，因为受江河淤泥排出的影响，水体透明度不够，很少见其踪影。鲣鱼体长可达一米左右，一般捕捞上来的约有60公分左右，背面呈暗青紫色，腹部为银白色，新鲜时的鱼肉呈暗红色，日本人的使用方法，鲜度很高的话，可用来做刺身，或者日语称之为“敲”(tataki）的做法，将其表面稍加烤炙，用手或菜刀的背部稍加敲打，使其肉质稍稍紧致一些切成片状（与刺身大致无异)，浇上葱姜末和调味汁食用，这两者我都吃过，不过鲣鱼作为刺身的材料不算上等，它更多的是被用来制作鲣鱼花。其基本制法是，将鲜鱼去骨去皮去头尾，纵向切成三段，蒸熟，然后在天然环境（现在未必是天然环境了）中晾晒，让它发霉，再晾晒，如此反复，直至坚硬如木头，然后去除表面的霉斑，将其用刨刀刨成木材的刨花状，就成了所谓的鲣鱼花。如此制作的鲣鱼花富含肌苷酸，具有独特的鲜味，就被日本人用作提取鲜味的主要材料。如今各种市场上，仍可见各种不同品质的鲣鱼花，或者由调味品公司将其汤汁浓缩后制成颗粒状的调味品。

昆布，中文有时称为海带，因栖息的海域不同，形态和品质也各不相同，一般而言，在水温较低的北部海域，其宽度会比较大，肉质比较肥厚，因此北海道的昆布、尤其是西北部利尻岛附近海域捕捞的昆布，全日本出名。昆布在日本主要用于制作“出汁”，晾干以后切成一段段，富有氨基酸，与鲣鱼花等一起熬汤，能增加鲜度。

沙丁鱼等小鱼，用盐水煮过以后晾晒成干，用来做汤或熬汤，在中国也有，称之为“海蜒”，我记得我们小时候夏天经常用海蜒加紫菜做汤，加点葱花和麻油，也很可口。日本人做“出汁”，也常加上这样的小鱼干，小鱼干本身不吃，只是用来熬汤。现在的“出汁”，还常常加上干香菇，用来增加鲜味和香味。这样的“出汁”，用途极其广泛，乌冬面的汤，荞麦面的蘸料，“关东煮”等日本的各色“煮物”以及各种菜肴的调味料等，基本上都离不开“出汁”，它也成了日本料理具有日本风味的最关键的元素，具有非常鲜明的日本滋味。

“刺身”的由来和种类

日本料理中，最著名的也许莫过于刺身了。中国人名其为生鱼片，大致是不错的，当然它的材料并不局限于鱼。我们现在所熟悉的刺身，通常是蘸着酱油和山葵泥吃的，这样的吃法,形成于江户时代。上文说到，酱油的普及，是在江户时代的中期，因此，这样的吃法并不古老，事实上，今日形态的刺身，其本身的历史也不太久远。因为在现代流通业（包括快速的交通和冷藏设施等）发达起来之前，在远离海边的山区（包括京都）要经常吃到新鲜的鱼虾并非易事。

刺身的前身应该是鲙，即将鱼肉（也包括一部分其他肉类）切成细丝，拌上佐料后食用的一种食品。鲙这个汉字，在远古的中国文献中就有了，大多写作“脍”，而用“鲙”字表示时，多指鱼类，有时两者混用。鲙或脍，至少先秦就有了,《论语 · 乡党》中的“食不厌精，脍不厌细”，大概是人们耳熟能详的词句了。《礼记 · 少仪》中说：“牛与羊鱼之腥，聂而切之为脍。”《说文解字》中解释说：“脍也，细切肉也。”这里的肉，没有明言是生的还是熟的，但从别的文献来看，大多是生的，因此杂食的猪不在其列。黎虎主编的《汉唐饮食文化史》认为，脍或鲙有如下的特点。第一，脍的原料大多指的是鱼。如后汉辛延年的《羽林郎》中有“就我求珍肴，金鱼鲙鲤鱼”的句子。第二，用活鱼和鲜鱼。汉代枚乘的《七发》中有“鲜鲤之鲙”的词语。第三，以薄切、细切为其刀工要领和特色，唐代杜甫的《观打渔歌》中曾写道：“饔子（指厨师）左右挥霜刀，鲙飞金盘白雪高。”这里引用的文献中，都是用“鲙”字。

日语中的“鲙”字，自然是从中国引进的，但是，它的发音只有训读，而没有音读，换句话说，这个词所表现的意思，日本人的语言中原本就有，只是借用这个汉字来表达原本已有的语言。日语发音是 Namasu。也许可以推论，列岛上的居民，尤其是海边的渔民，原本就有将鱼肉或其他肉类切成细丝拌上佐料食用的习惯。这样的鲙，至少在我上文所引录的室町时代的御膳料理的食单中已经出现了，在更早的年代应该也有了。

刺身这个词，也有写作“指身”、“差身”，发音都是一样的 Sashimi。为什么会写作“刺身”，有一种解释是，当鱼被切成一片片端上来时，食用者无法辨别盘内的鱼究竟是何鱼，于是便将该鱼的鱼鳍或鱼尾插在上面，由此可知是何鱼，于是有了刺身一词的产生。这种解说未免有点牵强。也有的说，鱼切成片状，日语里称之为“切身”，“切身”似乎太不吉利，于是改成“刺身”。不过，“刺身”这个词看起来也不舒服。这大概都是好事者事后想出来的种种辩词，未必可信，姑且存录。

在室町时代的中原康富的日记《康富记》的文安五年（1448 年）的记录中，出现了“指身”一词，这大概是目前所能看到的较早的有关刺身的记载。在之后的《四条流庖丁书》(16 世纪）中曾用“サシ味”“差味”这样的词来表示，虽然读音都是 Sashimi，但是汉字或假名的表达不统一，也说明了这个词语在当时还没有成熟。在江户时代后期的国学家小山田与清撰写的《松屋笔记》中这样记载道：从鲙中产生了刺身这样一种名目，并由此诞生了一种刺身的制法，大概是起始于足立将军（室町幕府的开创者和统治者）的时代吧。至少在 15 世纪中期之前，现有的文献中尚未出现有关刺身的纪录。

起初的时候，刺身和鲙之间的较大的区别在于鲙是鱼丝，而刺身则是鱼片甚或鱼块，调味料有生姜醋，用木鱼花和梅干、炒盐和酒熬制的“煎酒”，用菠菜汁和醋、甜酒、盐等拌合起来的“青醋”等，与此前的鲙有点相近。请注意，江户时代初期的刺身调味料中，还没有酱油，也未必用山葵泥。18 世纪以后，酱油和山葵泥逐渐取代了生姜醋等，到了 19 世纪，刺身所用的材料、调味料和装盘形式渐渐定型，形成了与今日相近的刺身料理。

与刺身同时装盘的，一般还有三类食物，日语分别称为けん（ken)、つま（tsuma）和药味，前两者没有汉字。けん的内容有萝卜丝、黄瓜丝和海藻等，つま有紫苏叶、蓼的叶片、防风（植物名）的叶片等，药味（日语中的“药味”指的是葱姜等去除腥味的植物）有山葵泥、生姜等。けん是可以与刺身一起食用的，つま的功效是解毒杀菌，也可以点缀色彩，而药味则可放入酱油中作为调料，也可直接涂抹在刺身上。装盘也颇有讲究，单份的有“牡丹”、“蔷薇”、“茶花”等种种形式，而多人食用的拼盘，三个品种的，有所谓的“天地人”的形式，还有模拟山川的样式，尽可能使其形状高低错落有致，颜色搭配美丽协调。还有一种刺身称之为“洗”(arai)，一般是将鲜活的鲷鱼、鲈鱼、鲤鱼和鲫鱼等鱼身白皙的河海鱼切成薄片或丝，在清冽的山泉水中漂洗干净，使其肉身紧缩，脂肪流失，配上山葵酱油或是醋味噌，吃口清爽而富有弹性，适宜于夏季食用。在比较高级的温泉旅馆内，提供的丰盛的晚餐中，刺身一般称之为“造”(otsukuri)，不仅食材一定要新鲜，且盛器和摆放也相当讲究。

刺身的制作有三大要领，第一材料要新鲜，这是决定刺身是否美味的关键。最佳的自然是捕上来后当场食用，若要从甲地运送到乙地，一般不能冷冻，而是用冰块低温保鲜，这样才能保证鱼虾的肉质鲜嫩而富有弹性。第二是刀工，这也非常重要，厚薄大小，形态的整齐，都会因其视觉效果直接影响到食欲，因此在日本料理中，刀工极其讲究，各种不同的食材，也要配上不同的刀具，考究的厨师，一般都会拥有数十种刀具，这其实在制作鲙的时候已经表现出来了。第三是装盘，这也是使食物上升到艺术品的一个重要环节，这里集中体现了日本人的审美意识，上文已经有所涉及，这里不再赘述。

刺身本身的材料，江河湖海中未受污染的鱼虾贝类皆在其列，新鲜的牛肉马肉乃至鹿肉也常常被端上桌。比如生蚝和海螺片、贝类等。我第一次领教生蚝，是在1992年的东京，其时在早稻田大学游学，同一宿舍的一位朋友，正在那里念博士，夫人也在伴读，某日自市场买来新鲜生蚝，邀我同享。吃法甚为简单，用清水洗净，撬开外壳，榨出柠檬汁浇在上面，即可食用，或许也可淋上一点白醋，但不蘸酱油，因生蚝本身有一点点咸味，如此吃法，可最大程度品味出生蚝本身的滋味，鲜嫩滑爽，入口即化，且毫无腥味，关键在于食材的新鲜和肥硕。在日本，牛肉马肉的刺身并不罕见，比较极端的，我还吃过一次鹿肉的刺身，那是1998年在长野县，受日本友人邀请参加一次餐叙，席间端上来一大碗深红色的食物，说是鹿肉的刺身，已用酱油调好了味道，主人热情地请我品尝，说实在，这一碗类似于生猪肝的刺身真的难以激起我的食欲，勉强尝试了一块，还是觉得有些血腥气，且野生的鹿肉，好像也不感到鲜嫩，说到底，还是我这个外来客入乡不能随俗吧，喜欢上的人，他心里一定觉得这是一道难得的美味。

鱼的刺身，无论在日本还是在国内，自然是尝过无数次了，印象较深的有两次。

一次是1997年的秋天去访问爱知大学，当时爱知大学的主校区还在丰桥市。丰桥市在靠太平洋的一侧，濒临三河湾，附近有著名的三河渔港以及高丰渔港等，海产品甚为丰富。到达的翌日晚上，当地的中国友人请我们吃饭，在一家以海鲜著称的料理店（惜忘其名），在一条颇为僻静的巷子内，进入店内，灯光也不明亮，但在入口的醒目处，有一个略呈斜面的展示台，底下铺满了小冰块，冰块上是一条条活色生香的海鱼诸如比目鱼、鲷鱼、竹荚鱼等，在不很亮丽的灯光下依然可以感觉到它的鲜艳光泽，这就是所谓的冰鲜鱼，保持了很高的鲜度。后来是朋友点的菜，只记得上来的刺身，无比的新鲜，一盘比目鱼（正确的名称是木叶鲽）的刺身，特意保留的鱼头昂然向上翘起，眼珠鲜亮（这种摆放方式，日语称之为“姿造”），翠绿的紫苏叶上叠放着切成薄片的鱼肉，晶莹得有点透明，稍稍蘸一点山葵泥酱油送入口中，立即感到一种弹牙的鲜美，鱼肉紧实而略带嚼劲，令人立即联想到进口处冰块上摆放着的鲜鱼。这一天当然还有许多美食，但都印象依稀，唯有颜色鲜亮而美味的刺身，至今不能忘怀。

还有一次是在东京，一位日本朋友请吃河豚鱼。那是我第一次吃河豚鱼。他带我去的馆子，在一条不甚热闹的街上，单开间门面，毫无高级的感觉，如同一家小面馆，只是客人寥寥。我事先不知道是吃河豚，但我知道河豚在日本是很贵的。东京当然不是河豚的产地，日本野生河豚的主要产地在福冈和下关一带，下关的唐门鱼市场大概是全日本最出名的河豚的流通集散地，2005 年夏天我去下关参观“日清媾和纪念馆”的时候，就是在唐门鱼市场内的餐馆吃的午饭，市场内置放了许多水槽，捕获或运来的河豚就放养在里面。日本人吃的河豚，一般多为“虎河豚”，虎头虎脑肥嘟嘟的河豚，在水槽里自在的游泳。市场内也有好几家吃河豚的店家，我只在门前走过而已。如今物流业发达，东京的河豚，也是鲜活地被运过来的。河豚的日本吃法，首先是刺身，一个底色为深翡翠色（有些店家用宝蓝色）的大盘子上，如菊花盛开般地整齐地码放着切成柳叶状的河豚鱼身，极薄，透过几乎晶莹剔透的鱼肉，依稀可看到盘子的底色花纹。中间摆放着绿色的葱段和葱花，一撮有点微辣的明太鱼子，和四分之一个切开的青色的柚子（应该不是柠檬），每人面前一小碟橙醋（中国本土没有，一种用橙子的果汁为原料制成的醋），根据个人喜好，可在橙醋内放入一点葱花和明太鱼子，将青柚子的果汁挤出滴在刺身上（它的主要功效是去腥并增加酸味的果香），然后蘸一点点酱油吃。河豚刺身给我最深的印象是鲜。明明白白可以感觉到它的鲜。除此之外我并无特别的赞美。河豚的鱼骨被炸成脆香骨，也别有风味。刺身用下的边角料，则煮成一锅鱼汤。朋友请客，我当然不宜问价钱，但我知道，一个人应该在八千日元以上。

吃刺身，为了消毒，也是为了增加风味，要在酱油内放入山葵泥（真正的吃客是将山葵泥涂一点在刺身上）。山葵，中国一般都叫它芥末。其实芥末与山葵是完全不同的两种植物。芥末色黄，山葵呈青绿色。上好的山葵，价格不菲。在长野县时，1999 年的一个晴朗的三月天，还有点寒意料峭，一位日本朋友开着敞篷跑车带我去看一处山葵种植园，后来才知道这是日本最出名的“大王山葵农场”，在长野县的中部偏西北，到了那里我才知道山葵原来是一种水生植物，这里的山葵农场利用日本北阿尔卑斯山脉涌出的溪流种植了大片的山葵，由于溪水清冽，水温正好，光照也合适，所以这里生长的山葵品质最佳，一小段山葵（重量大概只有 30 克），日元在一千左右。除了产地之外，我在日本直接看到有售卖新鲜山葵的，是在东京的筑地鱼市场，小的每株五百日元，大的一千日元。上好的山葵，都是在料理屋内现场研磨出来的。廉价店里供应的所谓山葵，不是劣质的就是替代品，那种从牙膏管里挤出来的，当然不是真正的山葵。当然，以我个人的喜好而言，我不习惯山葵的那种辛辣的刺激，一定要用，也只是一丁点而已。

我们常常会惊异于日本人的生食习惯，但第一，鲙的吃法也许中国更悠久，第二，日本人普遍食用生鲜食物，其实也是近代以后的事情，近代以前尚无快捷的运输和冷藏设施，连身居奈良和京都宫廷中的王公贵族日常也无法充分享用，以为全体日本人自古以来就常常吃刺身等生鲜鱼类，未必是事实。

从“回转寿司”说起

1990年代后期，上海的外滩开出了一家“元禄”寿司店，采取“回转寿司”的方式，普通的上海人还没有接触过寿司，回转式的吃法也颇为新奇，一时人气大旺，连锁店或者假冒店出现在各处的街头。

现在寿司差不多成了最典型的日本食品，人们一看见寿司或是瞥见寿司这两个字，立即会联想到日本料理。当然，如今的我们最常见的，或者知道这是寿司的，大概主要是一个小饭团上盖上一片鱼或虾的寿司，就是通常在“回转寿司”店看到的那种，这在日语中称为“握寿司”；或是由紫菜包裹的切成圆块状的，里边往往会有些蔬果鸡蛋之类的，滋味有些酸甜，有时会在“罗森（lawson）”之类日系的便利店中见到，这在日语中称之为“卷寿司”。一般人以为也许日本人自古以来就是吃这些食物，其实，如今这类的寿司，历史才不过两百年左右，也就是说，是在江户时代末期的19世纪才诞生的。那么，是否在这之前日本就没有寿司了呢？当然不是。只是“寿司”这一词语的广泛使用，历史并不久远，它是在江户时代由日本人自己创制出来的汉字词语。

在权威性的词典中，寿司的正确写法应该是“鮨”，现在的寿司店中，这个词很常用，更古一点的写法是“鮓”，现在已不多见，但其发音都是sushi。无疑，前两个汉字的词语来自中国。其实，最初的寿司或是“鮨”，无论是制作方法还是形态、滋味，都与今日的寿司大相径庭，而演变到今日的状态，也决非一夜之间的突变，最初的样态是“驯鮨”或写作“驯鮓”（日语发音为Narezushi），这中间经历了一个名曰“生驯”(Namanare)的时期，再由“生驯”过渡到“早驯”(Hayanare）的阶段，最后成了我们现在所看到的寿司，这一蜕变过程，是在江户时代完成的。所有上面这些词语中的“驯”，在日语中是经发酵以后成熟的意思，“驯鮓”是指经过发酵以后成熟的鱼，“生驯”指在鱼内塞入与盐拌和的米饭经过4—5天或半个月的发酵后与米饭同食的食物，“早驯”则是指用盐和醋拌和的米饭加上略加腌制的鱼同食的食品，产生于晚近的17世纪，比较接近现在的寿司，换句话说，江户时代中期以前，日本人吃的寿司，主要是“驯鮓”和“生驯”，也许，后者才是真正的寿司。

那么，这种“驯寿司”或“驯鮨”“驯鮓”到底是怎样的一种食物呢？其实，最初它的源头也是在中国。中国至迟在汉代已经出现了“鮓”以及“鮓”的成熟的制法。刘熙的《释名·释饮食》中说：“鮓，菹也。以盐米酿鱼以为菹，熟而食之也。”南北朝时后魏的贾思勰在《齐民要术》的卷第八中有一节非常详细的“作鱼鮓”，其中主要的内容这里姑且用半文半白的语言把它复述一遍：首先，材料要选新鲤鱼，鱼以大为佳，但不必肥，肥者虽美而不耐久。作鲊的季节以春秋天为宜，冬季太冷，难以成熟，而夏季则太热，易生蛆；其次是加工，去鳞之后切成长二寸、宽一寸、厚五分的块，每块都带有鱼皮；再次是进行调味，撒上白盐，榨去水分，再将粳米煮成比较干的饭，饭烂容易腐烂，置于盆中，再放上茱萸、橘皮和好酒搅和，此谓之“糁”，然后将鱼码放在瓮中，一层鱼，一层糁，一直到放满为止，鱼腹部肥腴者放在上面，因为肥腴者不能久放，熟后就先食。码放以后，以竹叶和箬叶交错置放其上，共八层，再用竹签交错插于瓮口内，置于屋内阴凉处，不可放在炉边或太阳下，温度高易腐臭，赤浆出来时，将其倾倒除却，白浆出来后，味酸，即可食用。这差不多是一千六百年以前中国的制作法。我为什么不厌其烦的大段复述《齐民要术》中的制鲊法呢？说老实话，我是先读了许多日文的有关“鲊”的文献，对于日本的制作鲊或鮨的方法（起初我觉得很独特、很新鲜）已经比较熟悉了之后，再仔细阅读《齐民要术》中的制鲊法的，不料竟是如此的相同或相近，可以毫不犹豫地说，日本早先的鲊或鮨的制作法应该源自中国。这一点，基本上也得到了日本研究者的证实，著名的饮食文化研究家篠田统经过长期研究后写出的《寿司考》(1961 年）和《寿司书》(1966 年）和民俗学家石毛直道的大著《鱼酱和驯寿司的研究》(1988 年)，都证实了日本的寿司与中国等东南亚各地稻作文化的渊源，日比野光敏在《探访寿司的历史》一书中坦率地承认说：“总之，与稻作有深刻的关联，是经由中国传到日本来的。”

日本的文献中最早出现“鲊”这一词语的是718年颁布的法令《养老令》，在734年正仓院文书的《尾张国正税帐》和《但马国正税帐》以及被认为是同一时代的平城京遗迹的出土木简中也有“鲊”的汉字，这说明，至少在奈良时代的初期，或者更早，日本已经有了“鲊”这样一种食物。那么，早期日本的“鲊”(准确的表达应该是“驯鲊”）是怎样的一种食物呢？根据927年完成的《延喜式》等古代文献的记录，其基本原料应该是鱼、米饭和食盐，这一点与《齐民要术》中所表述的是一致的，但具体制作法却并不清楚，料理研究家饭田喜代子在《从“驯鲊”到“早鲊”》一文中根据江户时代的各种料理书进行了归纳整理，将“驯鲊”定义为“将用食盐使肉质变硬后的鱼和米饭渍放在一起，经长久置放后，只吃已经有了酸味的鱼的一种食品”。这其实是一种食品的保存法。米饭的淀粉因为乳酸菌的缘故而受到分解，产生乳酸，从而阻止腐败菌的繁殖，鱼类因此而得以长时间保存。江户时代的17世纪后半期开始出现的“生驯”，则有较大的不同，它是将鱼和放入盐的米饭一起置放在一个容器内，经4—5天或是半个月之后，鱼与米饭一起吃，米饭要让它发出酸味，与洗去酸味的鱼等捏在一起吃，而置放时间很短或差不多立即就能吃的则称作“早驯”，这已经接近今天的寿司了。

早期的要让它出现酸味的“鲊”应该置放多少时间才比较适宜呢？《齐民要术》中没有明言，日本江户时代的文献中则是根据不同的鱼（当然也有季节和地区的差异）来决定其置放时间，具体为三天到一年不等，真是千差万别。在“驯鲊”中，最富有代表性的大约是鲫鱼，现在在日本中部的滋贺县靠近琵琶湖的地区，依然还留存了一部分鲫鱼的“驯鲊”的制作和食用习惯。对寿司深有研究的日比野光敏氏曾深入滋贺县的近江地区，对当地还留存的“鲫鱼鲊”的制作和食用情况进行了实地调查，并在《探访寿司的历史》一著中作了详细的表述，这里将其主要内容作一个译述。

春天，当琵琶湖水有些转暖的时候，人们便开始在湖中捕捞鲫鱼，这时候的鲫鱼比较壮大，形同鲤鱼，当地人称其为“似五郎”(五郎是鲤鱼的别称)，用来做“鲊”的都要选取比较大而且有子的鲫鱼。将捕捞上来的鲫鱼洗净，去除鱼鳞，从鱼鳃处挖出内脏，这时最要紧的是不能弄破苦胆，不然苦味会蔓延到全身。然后在鱼身上抹遍食盐，并通过鱼鳃将食盐塞入鱼腹中。之后将腌制的鱼放入木桶内，压上重石，置放三个月，这样，鱼就变得硬硬的了。到了夏天大约7月中旬的时候，将腌制过的鲫鱼用清水洗净，并把鱼浸在水中让咸味变淡，这时候，鱼的咸味控制在怎样的程度将决定日后“鲊”的鲜美程度，这完全凭制作人的经验和感觉。然后将米饭放入木桶里，一层米饭一层鱼，鱼必须由两层米饭夹住，等完全放满后，盖上嵌入到桶内的盖子，再压上一块重石，有比较仔细的人，要让桶内渗出水来蔓延到盖子上，这样能将桶内与外面的空气隔绝。然后将木桶置放在阴凉处，使鱼和米饭发酵。到了年底，差不多可以食用了，以前都是用作过年时的美食，这时打开盖子，取出鱼，去除沾在上面的米饭，切成薄片装盘上桌，鱼腹内的鱼子金灿灿的甚为诱人。经过近一年的制作和存放，无疑的，这鲫鱼本身具有了一种独特的风味，喜好的人觉得这是至上的美味，不习惯的人会觉得有一种无法接受的酸臭，就犹如以前浙东一带的臭冬瓜和腌鱼一样。因此，虽然日本近江一带的“鲫鱼鲊”相当出名，但如今喜欢的年轻人却是日益减少，再加上这原料是完全取自琵琶湖的野生鲫鱼，制作又完全是手工，非富有经验者不能完成，因此价格就非常高昂，一桶“鲫鱼鲊”的成本会在10万日元左右（现在大约相当于人民币5030元），每一条的价格会在数千日元（数百元人民币），因此，在实际生活中，尤其在大都市中，这样的“驯鲊”，已经渐渐在退出历史的舞台。

上述这种“鲊”的制作方法，与中国1600年以前《齐民要术》所叙述的真的非常相像。自然，在中国本土，除了云南等极少数的少数民族聚居区还能看到一点蛛丝马迹外，差不多已经完全退出了人们的记忆。因为，当年“鲊”的产生，除了独特的美味外，主要是作为一种鱼的保存法而诞生的，经过这样的制作，“鲊”尤其是河鱼的“鲊”差不多可以保存数月到数年不等，与此同时，当时的人们也习惯或喜欢上了这种独特的滋味。如今，作为保存法，它已经失去了意义，而它的手工制作，在今天看来又是工本浩大，关键是它的滋味，喜欢的人正在日益减少。它的逐渐退出，恐怕也是一个无奈的事实了。

上面所叙述的“鲊”，无疑是“驯鲊”，如果奈良时代已经成立了的话，距今也已有差不多1300年的历史了。到了室町时代中期的15世纪，“鲊”的制作发生了变化，在记录1472—1486年生活的《卷川亲元日纪》中数次出现了这样一个词语“生成”(可以理解为“生驯”，发音相同)，这就是我在上面提到的鱼与米饭发酵后同食的“生驯”。“生驯”与“驯鲊”之间的共同点是它们的材料的是相同的（鱼、米饭、盐)，制作法也基本一致，即拌和后发酵，而它们的差异点则是：一，发酵时间比较短甚至大幅度缩短；二，吃的时候米饭并不除去，而是共同食用。何以会在这一时期产生了“生驯”，至今似乎还没有能充分令人信服的说法，有学者解释说，一是人们忍受不了如此漫长的发酵时间；二是将米饭丢弃，是珍惜大米的日本民族所难以容忍的；三是室町时代末期、也就是战国时期，社会动荡，外来的新思想、新事物的冲击不小，人们也试图在“鲊”的制作上寻求新的突破，于是诞生了“生驯”。这些解释有些道理，但未必都经得起深入推敲。我认为，“生驯”的诞生，应该也不是一夜之间的突变，它是一个渐进的过程，人们在反复的实践中，渐渐地体悟到了“生驯”比原先的“驯鲊”有更多的合理性，于是在不断的改良和试验的过程中，逐渐形成了“生驯”这一新的形态。米饭与鱼同食，这为近代寿司的问世奠定了一个基本前提，也为寿司成为一种具有日本独特风味的食品提供了一个基本的可能。“生驯”已不再是一种单纯的食物保存法或保存食品，未经充分的发酵决定了它不可能达到长期的保存，而经过短期发酵（根据鱼的品种或季节的不同，发酵的时间有所差异，一般在数日至数周）所形成的独特的酸味，恐怕才是它吸引人的魅力所在。

到了江户时代的18世纪后半期，在“鮨”的制作上又出现重大的革新。由于江户时代、尤其是江户时代的中期以后，城市经济比较繁荣，饮食文化日趋发达，人们对食物的制作和食用越来越讲究，制作繁琐且带有浓重乡土气息的早期的发酵“鮨”，渐渐的与新的城市生活有点格格不入了。在这样的情形下，诞生了“鮨”的又一个新的形态，这就是“早驯”或者叫“早寿司”。“早寿司”与原本的“鮓”或“鮨”的一个根本的区别，就是它不再经过一个发酵的过程。人们曾经尝试过用酒、酒糟、酒曲等来腌制鱼，试图不通过发酵就能获得独特的风味，但似乎都未达到理想的效果。后来人们索性就用醋来拌和米饭，用醋的酸味来替代原本通过发酵获得的酸味，这样的尝试渐渐走向了成功。制作“鮨”的容器也不再是以前的木桶或箱子，因为木桶和箱子必定是大量的制作，倘若不能长期保存，一次性的大量制作就失去了它的合理性。于是人们想出了另一种用具，这就是“箦子”，即用竹子和芦苇秆编成的帘子状的东西，将鱼和醋饭合在一起，再用“箦子”卷起来定型，展开后就能食用。这样的“早鮓”或“早寿司”一般有两种形态，一种叫“姿寿司”，即头尾相连的一条完整的鱼，保存了整个的一条鱼的姿态，还有一种是将鱼去骨去头尾后切成厚片状。“姿寿司”在实际食用时其实是很麻烦的，头尾实际上无法食用，而鱼骨因未经充分发酵，是很硬的，因此，“姿寿司”只是好看而不好吃，于是人们又进行了改良，将头尾切下后装在盘子内作装饰，鱼身则一剖为二，剔除鱼骨，盖在米饭上捏紧，切成整齐的一块块装盘上桌。为了使其形状整齐，后来人们又制作了专门的底板可抽取出来的木盒子，先将米饭填入木盒，再盖上加工过的鱼（大部分都用青花鱼，日语的汉字是“鲭”），然后用木盒的盖子压紧，将盒子的底板抽取出来后取出的寿司就成为一个整齐的长方形，然后用锋刃切成厚块装盘，这样的寿司也叫“押寿司”或“鲭寿司”、“盒寿司”，18世纪末至19世纪初兴盛于大阪一带。

在这样的种种改良的基础上，终于在文政年间（1818—1830年）的江户市内，诞生了寿司中最具有代表性的品种“握寿司”。“握”一词，在这里可作“捏”来理解。具体的发明者虽然难以确定，但肯定是经过华屋与兵卫的改良之后形成了今天这样的形态（当然当初与现在的形态还是有若干差异的），即将上好的大米蒸煮之后，盛在一个浅口的不上任何油漆的木桶内，在其尚未冷却时用白醋拌匀，随即由熟练的师傅将这些米饭快速地捏成一个个椭圆形的小饭团，其间在饭团内加入一点点山葵泥，最后在饭团上加上一片生的（也有熟的）鱼片或虾片等（日语中称之为Neta，用假名写作ねた，无汉字），食客可蘸上一点酱油吃，一般是一口一个。这就是最为现代人所熟悉的寿司，它的正确的名称应该是“握寿司”。华屋与兵卫这个人开始是经营寿司的行脚商，原本从大阪一带传来的“押寿司”制作颇为麻烦，在食摊上制作和食用都有些不方便，材料也大抵局限于青花鱼，口味比较单一，经他改良过的“握寿司”问世后，立即受到了食客的普遍欢迎，他也因此声名鹊起，生意兴隆起来，最后开出了高级的寿司专门店。鱼生的材料也不局限于青花鱼，江户湾盛产各种鱼虾，据完成于1853年、具有相当史料价值的随笔集《守贞漫稿》的记载，当时用作Neta的主要有鸡蛋烧（一种日本式的几乎不用油的摊鸡蛋）、金枪鱼刺身、大虾、银鱼、穴子（一种类似于河鳗的海鱼）等，每一个价格都是8文，如今的Neta还有海胆、鲷鱼、三文鱼、秋刀鱼乃至于鲍鱼等，其中尤以位于鱼腹部的脂肪肥腴的金枪鱼为珍品。华屋与兵卫的成功，引得其他的经营者纷纷群起仿效，在19世纪的30年代前后，各种寿司的食摊和专门店遍布大街小巷，尤以食摊最受普通民众的喜爱，经营者往往在街衢巷口支起一个摊床，将捏好的寿司一一排放，供食客选择，或由食客点吃，经营者当场捏制，主客皆大欢喜。“握寿司”因其制作简便，口味鲜美，立即越出了江户，风行至全日本，到了19世纪的中期和后期，已经成了寿司的主流，不久便成了日本寿司中最富有代表性的品种。因其起源于江户，人们戏称它为江户的“乡土料理”。

在“握寿司”登场的前后，日本还产生了各色各样的寿司。

在1750年的《料理山海乡》和1776年的《新撰献立部类集》中出现了一个新词语“卷鲊”，顾名思义，就是卷起来的寿司。上面提到的用“箦子”卷起来的米饭和鱼就可以称为“卷鲊”。不过，这时会碰到一个问题，就是米饭会沾在竹帘子上，寿司的形状也会缺损。于是人们想出了一个办法，就是在竹帘子上再铺上一张纸或紫菜，这样米饭就不会沾在竹帘子上了。可是纸是不能吃的，还得把它取下来，比较麻烦，而紫菜则可直接食用，于是，用紫菜包卷的寿司诞生了。里边的内容，开始时还只是用醋拌过的米饭和鱼，渐渐地人们将鱼切成小块，再放上各种蔬菜或酱菜、鸡蛋或其他食物，这就形成了现在的“卷寿司”。如今形态的卷寿司，最终产生于19世纪的江户时代。我最初知晓寿司，就是“卷寿司”。大约是1980年，其时我在北京求学，教授我们日语的一对日本夫妇，将我们几个学生召集到其下榻的友谊宾馆，招待我们享用他们自己制作的“卷寿司”。那时改革开放刚刚开始，对于国外的东西完全不甚了了，所用的日语教科书，还有很浓厚的文革遗迹，对于日本饮食，既无知识，也无感觉，当时只是感到日本人吃的东西挺好玩的，有一点酸，有一点甜，凉凉的，既没有感觉好吃，也没有感到难吃，以为普通的日本人平常吃的就是那种用紫菜包裹起来的米饭。这是我对寿司的最初印象。

在19世纪前期诞生的还有一种称作“稻荷寿司”的新品种，具体起源有些不甚明了，《守贞漫稿》中记录了天保年间（1830—1843年）的小铺子中在出售一种称之为“稻荷寿司”的食品，具体形态是在煮成甜味的“油扬”（类似于中国的油豆腐，但要大得多，形状有长方形，但更多的是三角形）中塞入用白醋拌和的米饭，饭内有切碎的牛蒡、胡萝卜、木耳等，没有鱼肉等荤腥物。大部分的料理书中均无“稻荷寿司”的条目，初始的制作法也不很清楚，但在1852年刊行的《近世商贾尽狂歌合》中有一幅街头小贩售卖“稻荷鮨”（当时还是写作“鮨”而非寿司）的图画，寿司的形状呈长条状，价格一个16文，半个8文，一段4文，显然是比较大众化的食品。“稻荷鮨”至今仍然是日本人喜爱的食物，乡村中还有人会自己做来吃，城里人则基本上都是买来吃了，如今的各色便利店都有出售，价格大约在每个200—300日元，上海等地的日系便利店中也有卖，青年学生颇为喜欢。

当初在制作“押寿司”或“盒寿司”时，开始时尚未发明出可以抽取底板的木盒子，这样在取出寿司时，会有不少米饭沾在盒子内，于是人们将这些米饭掏出来，再放入些切碎的鱼肉等拌合在一起吃，1795年刊行的《海鳗百珍》和同时期的《名饭部类》等记载说这些醋饭中又拌入海鳗和用酱油煮的章鱼等，因其已经不再具有一定的形状，于是人们称其为“散寿司”，后来里面的菜码越来越丰富，鱼虾、鸡蛋、蔬菜都可放入其内，人们又将其冠名为“五目寿司”（什锦寿司之谓），成了一种家庭料理。

总之，到了江户时代末期的19世纪中叶，现在日本所具有的各种寿司的形态大致已经成熟。当然，各地因地域不同，还有许多不同的制作法，材料也丰富多彩，不过，风行全日本，并广为人们所知晓的大抵是以上几种。

“握寿司”的吃法，日后还有一种新的形态发明，那就是回转寿司。1967年夏天，一家名曰“元禄寿司”的店家在东京的锦系町开出了第一家回转寿司店，之前曾在船桥的健康中心开设过试验店，不久便正式推出。样式为一椭圆形的吧台，吧台内寿司的制作人现场捏制各色寿司，然后放在由传送带转动的吧台上，食客根据自己的嗜好和需要自由取用。最初的时候，每个小盘内有3个寿司，价50日元，现在大抵为2个，价100日元，最后按盘子的数量或颜色（有时不同的颜色表示不同的价格）结账。这样的新形态立即受到了食客的欢迎，它的魅力在于一是现场制作，新鲜；二是可自由取用，方便；三是价格相对低廉，实惠。这一形态，现在已经传到了海外。上海曾经风行过一阵，现在好像没有那么热了。

吃寿司的店家，在日本自然有无数，最具盛名、价格也颇为高昂的当属东京银座的“久兵卫”本店。虽说是在银座，可已是银座的八町目，距离新桥车站更近。饭店的外观和内饰朴素而高雅，从地下一层到地上五层，各个楼层的格局不尽相同，价格也各有差异，消费水准一般午饭在每人6000—15000日元，晚饭在10000—30000日元之间。除了包间之外，多为吧台式，可以随意观察厨师的制作，也可轻松地与他们搭话。二楼的午饭有三种套餐：“志野”6000日元；“织部”7500日元；当日由厨师搭配的10000日元。“织部”套餐有这样几种：金枪鱼腹部的中等品（金枪鱼腹部的鱼肉脂肪肥厚，入口即化，故价格较贵）；真鲷；大虾；海胆；金枪鱼腹部的上等品；短时腌制的青花鱼（肉质比新鲜的更加紧致）；星鳗；鲑鱼的鱼子。当然，食材绝对都是上乘的。有意思的是，这里做寿司的米饭是温的（一般都是凉的），口感更佳，这也要求捏制的技术更高。吃寿司的时候，一般都不喝酒，现在通常的情形是佐以凉的乌龙茶。到银座的“久兵卫”去吃一次寿司，是很多日本人的向往。除了银座的本店外，还在东京的新大谷饭店、大仓饭店和大阪的帝国饭店等最高级的酒店内开设了分店，在这样的地方请人吃寿司，当然是很有脸面的事。

也有不少口碑甚佳、价格却不太贵的店家。靠近东京湾的“筑地”鱼市场内，凭借新鲜的食材，开设了好几家寿司店，门面都很小，每天顾客盈门，狭窄的店门口，经常排着不短的队列。一个冬日周六的上午，我也慕名前往，市场内售卖的各色鱼鲜和干货都很诱人，市场边上的料理店，也是游客趋之若鹜的所在。有一家名曰“寿司大”的店家，终日排着长队，等上一两个小时是必须的训练。店铺自然没有什么高级感，店堂也颇为狭小，但一样干净。这里的卖点就是食材新鲜，省去了运输和冷藏的时间和成本，3900日元的厨师挺搭配的套餐，货色不比“久兵卫”逊色，价格却是大大的亲民。还有一家“美味鮨勘”，也爆有人气，门口一直拉着队列线，正可谓门庭若市，店家从清晨五点半经营到下午三点，消费平均在每人2500—3500日元，你付出的代价，就是要等上漫长的时间，风和日丽倒也罢了，风雨大作或烈日暴晒时，真的也很难淡定，但每天真的有那么多食客慕名而来，队列中，有不少金发碧眼的欧美客，中国台湾过来的也不罕见，但中国的大陆客倒真的难得遇见，也许大家都忙着去扫货了，或者对于大冬天吃冷冷的鱼饭团还没有产生真正的兴趣。

“天妇罗”与河鳗的“蒲烧”

在有代表性的传统日本料理中，“天妇罗”大概可以位居前列。可是在16世纪以前，日本肯定没有“天妇罗”，甚至在江户时代中期以前，一般人大都不知晓“天妇罗”。它的名称的来源，虽然众说纷纭，但来自葡萄牙语大概是可以肯定的。那么，“天妇罗”也可以算是传统的日本料理吗？这里就牵涉到一个对于日本料理的定义问题。根据食物史研究家原田信男的说法，日本料理指的是近代以前西洋料理和中国料理大量传入日本之前在日本业已存在的料理。如此说来，“天妇罗”也可说是日本料理的一种，因为产生于近代之前，也可归入传统的日本料理之列。

这里先解释一下“天妇罗”是一种怎样的料理。它的材料主要是虾虎鱼（一种长度在20公分以内的栖于水底的小鱼）、大虾、目鱼、沙钻鱼（一种长度在30公分以内的体形细而圆的小鱼）等鱼虾类和番薯、茄子、三叶、香菇、胡萝卜、牛蒡、藕片等蔬菜，将其切成薄片（小鱼和虾一般都是原形，不过没有头）后裹上面浆，放入油锅内炸，炸成淡金黄色后捞起，沥干油，放入垫有白纸的竹编容器内，蘸调料吃。这调料是专为“天妇罗”做的，成分是味醂（一种日本甜酒）三分之一，酱油三分之一，“出汁”（用海产物熬制的高汤）三分之一，食用时放入萝卜泥调匀即可。“天妇罗”的发音用罗马字写出来是 Tempura，有中国人将此戏译为“甜不辣”，倒也道出了它的几分滋味。日语中的“天妇罗”三个字，也是根据它的发音用汉字附会上取的。

多田铁之助的《滋味的日本史》中记录了这样一段“天妇罗”的来历。16 世纪中叶葡萄牙的传教士初入日本，一次在长崎街头做油炸食物，当地的日本人见了便询问此为何物？因语言不通，那洋人也不解他的问题，待弄明白时便回答他说 temper。这回轮到日本人听不懂了，于是便拿了纸叫洋人写下来，日后请教通洋学的先生，知其读音为 tembero，后来发音又讹传为 tempura。这大概只是逸闻，不可尽信。不过，这样的油炸食品，是在 1549 年首位西方传教士弗朗西斯科 · 沙勿律登陆日本以后才出现的，这一点应该是肯定无疑的。

当初的所谓天妇罗，当然不一定是今天的面目，也许只是一种裹上面浆的油炸食品，这样的食物，16 世纪后半期开始出现在长崎，17 世纪的时候流传到京都一带，18 世纪的时候以食摊叫卖的形式在江户赢得了人气。前面已经说到，江户中期的 18 世纪，作为大都市的江户已经逐渐形成，餐饮业开始兴旺起来，其中主要的形态是街头巷尾的吃食摊。18 世纪左右，油料的供应较以前有大幅度的增加，这也使得油炸食品成为可能。其时江户的流通业已经颇为发达，形成了以日本桥等为中心的诸多市场，各种蔬果都有及时的供应，更重要的一点是，江户湾盛产各类鱼虾，像虾虎鱼、沙钻鱼等小鱼，市场价值并不高，但用来作为天妇罗的材料，倒是相当的适宜。经营天妇罗的，也不必要有高堂大屋，只需一个简便的食摊就可，这也决定了天妇罗一开始就是一种大众食品，价格低廉，滋味可口，很受普通市民的欢迎。因为它的平民性，所以天妇罗在江户时代始终未能登上怀石料理或是会席料理的食单，上层人士对此似乎有些不屑一顾。经营天妇罗的正式店铺，直到江户末年（1860 年前后）才开张，而有座位、可供堂吃的天妇罗屋则始于 20 世纪的大正年代（1912—1926 年），此后，逐渐为上层阶级所瞩目，成了日本料理的代表品种之一。说它是日本料理，并无任何勉强之处，除了油炸和裹面浆的做法在传统的日本并不多见外，其他都具备了典型的日本风味：所用的材料都是鱼虾类和蔬果类，滋味是清清淡淡的，装盘时的形状是富有错落感的左高右低，装盘的器具大抵都用朴素雅致的竹编品，尤其是它的调味料，味醂是日本独有的，“出汁”更是独一无二的“日本制造”。

我个人在日本有几次品尝天妇罗的经历。这里记述其中的两次。

1993 年初冬，因某教授的缘故，日本规模颇大的物流公司“山九”的社长请我们俩吃饭，地点选在日本桥附近的一家名曰“天茂”的天妇罗屋。汽车开进一条小巷，主人领我们走上楼去，是一幢年代久远的木屋，抬头可见人字形的屋顶和熏得发黑的房梁，地板踏上去咯吱咯吱响，显然是有年头的老铺子。这里是事先预订的，屋内就我们六位客人。坐席是半菱形的吧台样式，吧台内是两位六十开外的老妇人，一位取材做准备，一位则负责油炸，边炸边与客人聊天。现在用的都是色拉油，已无昔日油烟滚滚的旧景，所用的材料据云都是取自东京湾的鱼虾，只施以薄薄的一层面衣，炸好后依次分给客人，没有定量，可任意食用，只需吩咐老板娘就是了。做天妇罗，材料的新鲜是第一的，其次是控制油温，一般以180度左右为佳，色泽呈淡金黄即可。蘸的调味料虽然各家稍有差异，但大致的比例我上面已经有叙述，外行人恐怕难以辨别。这里的天妇罗确实做得不错，但一顿酒宴，始终都是天妇罗，不久也就腻了，滋味毕竟单一了些。

还有一次，是1997年的晚秋，早稻田大学的理事野口洋二教授请我和另一位教授去其府上用晚饭。野口先生与另一位教授不很熟，不详其能否吃刺身，便安排了中国人无碍的天妇罗。野口先生的宅邸坐落在交通便捷却很僻静的一条巷子内。掌勺的是野口夫人，一位温文和善的日本妇女，一开始有几样下酒菜端出，接着便是用不同的材料（虾和香菇、番薯片是我印象深刻的）做的天妇罗，装在雅致的食器中，滋味相当好，完全不亚于日本桥的那家“天茂”。主人作了相当的准备，但天妇罗实在无法多食，油炸物能勾起的食欲是有限的。那晚留下最深的印象倒不是天妇罗，而是主人的浓浓的人情和温馨的家庭式气氛。

大约在明治时代的晚期（1910年前后），出现了一种面向中底层收入者的盖浇饭，天妇罗盖浇饭即是其中之一。盖浇饭均用一种深底的陶碗，日文写作“丼”，天妇罗盖浇饭就简称叫“天丼”。东京街头有一家天丼屋的连锁店名曰“天屋”，早稻田大学文学部的左近有一家，店堂不大，除一排吧台之外，靠墙有几个小桌。坐定后即有侍者送上大麦茶一杯，吧台内有几个中年妇女在油锅前忙碌，另有一两个打工的学生在奔进奔出。通常的价格是500日元，在日本算是相当低廉了，六七分钟后端了上来，深底的大碗内，底层是米饭，上面依次排放着裹了薄衣的刚炸成的大虾一枚，无刺的虾虎鱼一尾和南瓜、茄子、小青椒各一，上面浇有一勺调味汁，不是加了萝卜泥的那种，滋味要浓郁得多，似乎更适宜于中国人的胃口，乃属店家自制。食客多为学生和公司的员工，天天顾客盈门。

再说一种江户时代最后完成的传统料理，河鳗的“蒲烧”。先解释一下“蒲烧”这两字。“烧”是烧烤的意思，“蒲”则是一种植物，因烧烤之后，食物的形态像蒲的穗，故名曰“蒲烧”。这样的解释也未必有道理。总之，当初产生了这样的名称，后人跟着叫就是了，或者尽可能将前人的名称解释得有道理。这里说的是一种烤河鳗。

河鳗虽称为“河鳗”，其实产卵和幼时生活的场所是在海里，中国的东部沿海、朝鲜半岛的西部沿海和日本本州中部的沿太平洋地带都有栖息。自鱼卵长成的幼苗大约在每年的11月至翌年的4月间溯河而上，一般在河里生活8年左右完全成熟，然后再下海产卵。现在人工养殖的，生长期当然大大缩短了。中国人做河鳗，多为清蒸，火候极为重要，做得好，肉质细嫩肥腴，堪称上品菜。不过久食也会腻味。上海老饭店有一种红烧的，选用上好肥硕的河鳗，浓油赤酱，最后撒上一把葱花，入嘴则是肥酥滑嫩，浓香满口，较之清蒸的，滋味更佳。

太平洋沿岸的日本人，很早就知道了河鳗的美味和营养价值。距今1300年的奈良时代的诗歌集《万叶集》中就出现了河鳗的词语（写作“武奈伎”，发音与今日的“鳗”相同）。不过古时的吃法，和今天大不相同，或制作鲙和刺身生食，或是撒上盐生烤，也有熏制或加水煮的。日本人相信，在夏季最炎热的土用的丑日（土用乃是农历的节气之一，每年四次，立秋前的18日为夏之土用）吃了河鳗后，暑气就无法沾身。因此在炎夏之时有食用河鳗来大补元气的习惯。河鳗美味，也可以此来刺激食欲。约在江户时代的元禄年间（1688—1703年），京都出现了河鳗的“蒲烧”（一说起源于大坂），后来又传到了江户。据饮食文化研究家渡边善次郎的研究，将河鳗剖开后去头剔骨、抹上作料汁的“蒲烧”，则形成于18世纪初的正德年间（也有人认为是在19世纪初的文化、文政年间）。

直到今天，“蒲烧”仍有关西（京都、大阪一带）和关东（东京一带）的不同制法。关西是将河鳗从腹部剖开，去头尾（最早的做法是保留鱼头），剔除大骨和边刺，切成长约五寸的段，用一根铁钎子串起来放在炭火上烤（考究的店家现在仍用炭火），第一遍称之为“素烧”，即不抹任何调味汁，烤至半熟时，再在两面抹上作料汁（日语的汉字写成“垂”，读作 tare)，烤至将熟时，再抹上一遍作料汁。河鳗肥腴，烤的时候不断的“滋、滋”滴下油来，走过“鳗屋”(烤河鳗的店铺)，远远就可闻到一股香味，勾起人们的食欲。而关东的做法则有不同，是将河鳗从背部剖开，切段后用四根铁钎子串起来烤，烤至半熟时放入蒸锅内蒸熟，再取出抹上作料汁，放在炭火上烤出香味。上品的店家佐料汁要抹上好几遍。就制法而言，关西的在前，关东的在后（形成于 19 世纪上半叶)。现在可以说是“东风压倒西风”了。这里有两个原因。关西的制法只是烤，烤的河鳗肉质偏硬，且油脂过多（但关西人觉得这样才能保留河鳗的原汁原味)，而蒸过一次以后，脂肪部分大抵已经消除，更合现代人的口味，且这种制法，烤成后肉质比较肥嫩。故关东式的“蒲烧”属改良型，更受食客的欢迎，迅即风靡全国，现在日本的“蒲烧”，大都是关东制法。另一个原因是，关西多山地，溪流湍急，捕得的河鳗少泥土气，而关东多平野，河流平缓，河鳗多泥土气，蒸过一次后，泥土气大减，滋味更鲜腴。

如今野生的河鳗已经急剧减少，大都用养殖的，日本自 1892 年在静冈县的滨名湖开始河鳗养殖，当时的养殖期大概在 1—3 年，而且一般与鲤鱼和鲫鱼混养，战后养殖业更为兴盛，近年来已采用温室养殖，养殖期也缩短到了 1 年。不过，河鳗的养殖，多少会影响周边的环境，现在的日本，80%依赖进口，1960—1970 年代主要从中国台湾，现在则主要来自中国大陆和东南亚。随着水环境的改变和食客的剧增，野生的河鳗已经成了珍稀物品，市场上可见到的，多为养殖物，不过即便是养殖的，进口货和本地货的价格差异也不小，本地的河鳗大概是中国进口的两倍价钱。

河鳗的“蒲烧”，除材料的鲜活外，作料汁和火候是关键。老牌的店家，都有自己密制的作料汁，其原料主要是酱油和味醂（一种用于烹饪的甜酒），另加数种原料一起文火熬制，直到浓浓的带有黏稠性，放入陶坛中密封保存。配制的材料，各家各有高招，大约有鱼干、虾米、菌菇类的植物甚至洋葱、苹果等蔬果，此乃企业秘密，一般秘不示人。自然，烤制时的火候也不可轻视，厨房有经验的师傅每人都用一把小蒲扇在毕剥作响的薪炭上适时地“煽风点火”，一边适时地抹上作料汁，待表面烤成闪亮的金黄色而稍带一点焦香时，便可上桌了。

我在长野县上田市居住的时候，曾去过西南郊的名曰“若菜馆”的“蒲烧”专营店，始建于明治三十年（1897年）。这是一座用原木筑成的两层楼房，立在汽车路边，有点像早年美国西部的木屋，却是纯粹的日本风情，不施一点油彩。进得门内，也是一色的原木，木地板木桌木椅，虽已历经风雨，却仍可感觉到当年树木的芳香。从窗户望出去，并不宽广的田野间夹杂着错落有致的房舍，再远处，是逶迤苍郁的群山。坐定后，点了一种基本的菜式，有一份“蒲烧”，一碗米饭，一小碟“香物”（暴腌的萝卜等），以及用木碗盛着的“吸物”（一种内有鱼肉和蔬菜的鲜汤），价2500日元。不过，“蒲烧”并不马上端上来，它是需要现烤现制的，客人得有耐心。待端上桌来，果然色香诱人，酱黄中油色闪亮，用筷夹一段送入口中，有一种令人感到滋润的肥腴，甜中带着一点焦香，几乎还没有细品到鱼肉的纤维便酥化在嘴里了。“若菜馆”，开业已逾百年了，至今仍然矗立在信州（上田一带古称信州）的大地上，美味的“蒲烧”体现了它长久而顽强的内在生命力。

我在京都祇园附近吃鳗鱼饭的经历，似乎也聊可一记。那是一个染井吉野樱花（就是我们常见的樱花品种）正在慢慢凋落、花色稍艳的枝垂樱开始盛开的一个傍晚，春雨绵绵，祇园的街上挤满了来自各地各国的游客。我要在那里换车，突然觉得有些饥肠辘辘，街边的一家食店，正亮出了诱人的广告牌，一种标价 1280 日元（不含 8%的消费税）的鳗鱼饭，使得我停下了脚步。食店其实在三楼，坐了电梯上去，走进店内，空无一人，倒也未必是生意不佳，而是时间太早，只有五点多一点，一脚已经踏入，就不宜再转身出去，于是就要了一份广告牌上的鳗鱼饭。等候没多久，食物端了上来，一个漆器的餐盘上，中间是鳗鱼饭，一边是一碗小小的“吸物”，另一边是一碟小小的“渍物”。鳗鱼饭的盒子实在是小，取下盖子，米饭上是三段小小的烤鳗鱼，我不知是否是现烤的，我早已饥肠辘辘，自然是觉得挺好吃，但是量似乎也太少了，就像小孩过家家，米饭还不到二两，瞬息之间，已经被我风卷落叶般地一扫而空。广告牌上色彩鲜艳的图片，又没有标明尺寸，再说就这样的价格，在一家还算不错的食店，怎么可能吃到足以令人畅怀的鳗鱼饭呢？

东京有好几家历史悠久的烤河鳗老字号，诸如小满津、竹叶亭、大黑屋等。开张于幕府末年的“竹叶亭”，坐落在银座南端靠近筑地的一条小巷内，不算高级店，但毕竟历史悠久，门面也颇为雅致，往往是名流政要频频光顾的地方。以前供应的都是野生的河鳗，如今大概也改为养殖了吧，价格属于中等偏上，一份烤河鳗定食，4200 日元，一份烤河鳗的怀石料理，10500 日元。鳗鱼因为烤前蒸过，肉质丰腴，佐料汁的颜色并不浓郁，烤出来的河鳗在金黄中透出焦黄，令人食指大动。

日本料理近二十年前传到中国大陆时，菜谱上也有一款烤河鳗，一般的店家大概为了节省成本，鳗鱼都很小，烤的技术也很差，佐料汁好像是事后浇上去的，通红的一片，很难有肥腴的感觉，真的很难恭维。近年来随着日本厨师的进驻，至少在我生活的上海，已经出现了多家颇可一顾的料理屋。在西区靠近虹梅路的“九井”，以比较纯正的烤河鳗赢得了一波铁杆食客。那家店是三井物产的高桥先生带我们去的，走过狭窄的地板通道，最里侧有几间包房。正是夏天，按照日本的习俗，说是吃河鳗可补元气，消除暑热。那天喝的不是日本酒，而是高桥带来的南澳的红葡萄酒，与烤河鳗的滋味倒也是相当的吻合。最后出来的装在长方形盒子内的鳗鱼饭，果然没有红彤彤的一片，显出了诱人的焦黄色，滋味不坏，但不知为何，总缺乏一点在日本本土品尝时的丰腴的感觉，也许是因为那天在吃鳗鱼饭前，已经饱啖了太多的美食。浦东香格里拉酒店内的“滩万”，其制作的鳗鱼在圈内也绝对是有口碑的，价格也颇为高昂。

与天妇罗盖浇饭的“天丼”一样，烤河鳗的盖浇饭“鳗丼”也极受欢迎，它的历史据云要比“天丼”为早。据江户末期成书的《守贞漫稿》的记载，江户时代的文化年间(1810年左右)，有个戏院老板叫大久保今助的，常叫附近的一家名曰“大野屋”的鳗屋送“蒲烧”来吃。当时烤好的河鳗是将糠烘热后用热糠来保温的。后来有人想了个主意，一样要另备米饭，何不将刚烤好的河鳗置于热饭之上，再浇上一勺作料汁，这样河鳗可得保温，也可兼食米饭，可谓一举两得。于是就诞生了“鳗丼”。据说是由江户葺屋町的大野屋创制的。另外还有一种“鳗重”，是一个颇为精致的木盒，里面有两重，上面置放烤河鳗，下面是米饭，也有的里面并没有隔层，就是米饭上置放烤河鳗，这就跟“鳗丼”差不多了，只是看上去比较有派头。现在考究一点的店里，一般供应“鳗重”，而比较有庶民气的小店，多为“鳗丼”，两者的价格相差也颇大，而滋味则并无大异。我曾在东京上野的一条小巷内吃过一回“鳗丼”，一段烤河鳗650日元，两段1000日元，这样的价格是十分低廉的了，河鳗自然是进口货（国产的养殖的河鳗价格也会翻倍），烤得刚刚好的河鳗盛在厚底陶瓷碗内，饥肠辘辘时，一样的鲜香无比。

日本人总觉得河鳗营养丰富，夏季人容易疲惫乏力，食欲下降，因此每当夏日土用的时节（立秋前18天）有吃河鳗的习惯，那天前后媒体总要热闹一番，是否吃过烤河鳗，也成了街头巷尾谈论的话题，那些烤河鳗的店家，这一段日子生意尤为红火。

“渍物”——日本的酱菜

樱花盛开的四月初的午后，独自来到外地或外国游客来京都必定要去的祇园一带闲走。在热闹的四条大街，临街有一家风格雅致的店铺，在优雅的灯光的照射下，店门口的绿色植物在春风中摇曳生姿，女店员穿着素雅的和服，笑容满面地迎接着每一位来客。进入店内，才发现这里是专门卖渍物、也就是酱菜的店铺，叫“西利”。酱菜店居然开在了寸土寸金的观光地段，而且如此的风雅清幽，恐怕大部分的外国人都会感到些许惊讶。

这一章里我想与各位聊聊“渍物”，也就是一般所理解的酱菜（当然渍物不只是以素菜为原料，鱼类也可以，但一般理解的大致与中国的酱菜相当）。“渍”，就是浸渍的意思，将食材放在盐及其他物质中长期或短期浸渍，经过发酵或不完全发酵或不发酵，最后制成的食品。因乳酸菌或其他成分的功效，形成特别的风味和养分，在南方，我们一般称之为酱菜，北方多称之为咸菜。难道酱菜也有专辟一章谈论的必要？一开始我也这样想，但后来稍稍深入到了一般日本人的生活中，就会感到渍物在日本人的日常饮食中所占据的位置，实在要远高于我们中国人的酱菜。最高级的日本料亭里所供应的怀石料理中，最后必定有一小碗米饭和一小碟渍物端上来。到京都来旅行的日本人，不少会选择京都的渍物来作为馈赠佳品。很难想象，在中国人的高级宴会中，竟会出现酱菜，也极少有中国人会用酱菜来作为礼品。

渍物或者说酱菜当然不是日本人的发明，作为一种发酵或者保存食品，在世界各地都屡见不鲜，中国腌制食物的历史更为悠久。但像日本人那样几乎奉为一日三餐的必需品（日本式的早饭，必定有渍物相配，咖喱饭也会加上几片染成红色的腌萝卜；中国料理的套餐，每每会配上一小碟榨菜，至于每一份便当或定食，在菜肴中一定会有渍物；惟有洋食，一般没有渍物），在京都等地有多家历史悠久的专门店铺，在每一家食品超市中都有专门的渍物区，恐怕在全世界都是颇为罕见的。

现在日本渍物的种类，从用于腌制的材料来说，有盐渍，酱油渍，味噌（豆酱）渍，醋渍，粕（酒糟）渍，糠（在日本多用米糠）渍等数种，其中除了酱油诞生于江户初期之外，其他的各种渍物，也都有上千年或以上的历史了。至于腌制的食材，主要是根茎类和叶菜类，腌制的时间从一两年到一两天甚至几个小时不等。

最具有日本特色的渍物要算是梅干了。梅子原产于中国，梅干的历史在中国至少可以追溯到两千多年前的战国时代，马王堆的出土文物中，有一个装满了梅干的壶。在中国的稻作文明传入日本后，梅子等东亚大陆的谷物和果物也渐渐随着人员的交流被带到了日本列岛。至少平安时代，日本人已经在食用梅干了。梅子最初无论在中国还是在列岛，主要都是用来制作醋的，后来人们发现烤过的梅子还具有治疗腹痛、解毒、排虫的功效，也就成了汉方药中的一剂药材，后来在日本渐渐演变成了用于佐餐的梅干。做梅干的梅子，选用6月后成熟的梅子，摘下后用盐腌制，然后晾晒三天，因为盐分很高，可以保存很长时间。大约到了江户时期，人们开始用红色的紫苏叶与梅子一起腌制，于是梅子也被染成了红色，这就是今天人们所看到的梅干都呈现出红色的缘由。过去一般的日本人生活穷苦，到田头或工厂学校带去的便当，只是在白白的米饭上放一个红色的梅干来用于下饭，后来人们就戏称为“日之丸（太阳旗）”便当。如今盐分这么高的梅干已经不受欢迎，战后生产出了一种“调味梅干”，将腌制后晾晒过的梅干再放在水里浸泡，使之减去盐分，种类也多了起来，用昆布一起腌制的称为“昆布梅”，用鲣鱼花调味的称之为“鲣梅”，也有的加入了蜂蜜的称之为“蜂蜜梅”，但是梅子依然保持了它独特的强烈的酸味，这种主要由柠檬酸导致的酸味，刺激味蕾，促进食欲，且有益于健康，因此梅干今天依然是日本人最喜爱的渍物之一。在日本，古代的纪州、也就是今天的和歌山县是日本最主要的梅子产地，尤其是南边町生产的梅子，以其个大肉厚而被誉为梅子中的佳品，名为“南高梅”，做成的梅干要比一般的贵不少。我在超市中见到，标为“南高梅”的，价格是800日元。我慕其名，曾带回来一盒，用以佐餐，每餐一枚足够了，咸中带酸，酸中有甜，强烈的柠檬酸使人无法多食。只是中国人吃饭（我在家主要吃晚饭）一般还不习惯食用渍物，我往往忘却，结果一盒梅干，还有三分之一没吃完就过了保质期，最后不得不舍弃。

我初到日本时，比较中意的一种日本渍物名叫“泽庵”，一种颜色黄黄的腌萝卜，即日本称之为“大根”的长萝卜。吃起来脆脆的，略带点甜味，甚至有一点点果香。买回来切成片，用于佐餐，似乎也很合中国人的口味。后来查了一下资料，说是之所以名叫“泽庵”，是因为江户时期有一个禅宗临济宗的和尚叫泽庵宗彭的，在自己创建的东海寺里，制作了一种渍物，自然没有名称。后来江户幕府第三代将军德川家光来寺院里来访他，泽庵让他品尝了自己腌制的萝卜，家光觉得相当美味，询问此为何物，泽庵答说自己做的，也没有名称，家光便命名此物为“泽庵”。当然这是一种类似野史的记载，难以确定有多少可靠性，不过好像也不是空穴来风。总之，就有了这种名曰“泽庵”的渍物。它的做法是，将挖出的长萝卜洗净后放在自然的环境中晾晒，数日之后渐渐变软，然后放入容器内，加上盐和米糠，腌制数月，盐分使萝卜中的水分减少，滋味浓缩，米糠中的曲子则将淀粉分解为糖分，增加了萝卜的甜味，而米糠的颜色渐渐渗入萝卜内，使之慢慢变成黄色乃至黄褐色。喜欢不同风味的，还可加入昆布、辣椒和柿子皮等，以求得鲜味、辣味和独特的果香。这些都是传统的腌制法。如今，随着人口的城市化，自己制作的人已经日益减少，而厂商为求得经济利益，也使用了各种现代的制作工艺，萝卜的自然晾晒几乎已经消失，都是用事先调配好的腌制液，将洗净的萝卜放入里面，再用食用染色剂将其染成黄色，没有几天即可上市，口味是咸中带甜，又有一点点酸味，还有萝卜特有的香味，生脆爽口，很受一般市民的欢迎。但是在神奈川县东南部的三浦半岛、三重县的伊势地区和德岛县的一些地方，人们依然用传统的方法腌制，依然有此类产品上市，不过因为工期比较长，价格也相应的偏贵，不过仍然有些消费者热衷于传统的泽庵，成了坚定的粉丝，产品依然畅销。不过一般人们（包括我）所食用的，则多是厂商生产的，我家人也很喜爱，曾经特意从日本带了回来。

京都是日本渍物的大本营，它的一些老字号店铺在全国都享有很高的声誉。像我在开头时提到的“西利”，它的本店位于著名的西本愿寺边上，巍峨的一幢楼，走入里面，仿佛进入了百货公司，事实上它在京都最高级的百货公司“高岛屋”内也设有门店，其他诸如岚山、清水寺、平安神宫等观光地都有它的连锁店，甚至在东京的热闹地带日本桥也开设了分店。它不仅出售各色渍物，也供应与渍物相关的食物，甚至还有渍物怀食料理，菜肴无非都是渍物，标价 2700 日元，摆设得相当好看，各色渍物间的色彩搭配、盛放器皿的精心选用，都使得原本并不怎么高级的渍物达到了艺术的境界。也有渍物“食放题”(畅食)，配有渍物寿司，每人 1500 日元，小孩减半，人们在这里，就是品尝各种渍物，日本人已经将渍物做到了如此的境界，真让人啧啧称奇。“西利”是做得比较高调的。还有一些历史比“西利”更为悠久的老字号（日语称之为“老铺”，这个词也很耐读），诸如开张于江户元禄十二年（1699 年）的赤尾屋，没有“西利”那么多的门店，主要凭借自己悠久的历史和卓著的声誉，向全国做配送的生意，各种渍物的盒装组合，价格大致在 3000 多到 5000 多日元，另加送费。“成田”也是一家“老铺”，创业于 1804 年，在上贺茂的本店，就像是一家高级料亭，两家分店也分别开在高级百货公司的高岛屋和伊势丹内，他们的商品，除了现场出售外，更多的是通过物流的渠道接受订购，向全国广泛发送，如今则多了网购的渠道，几乎规模较大的渍物商铺都在网上开设了在线销售。但仍有些老铺则不追求规模效应，他们孜孜不怠地秉承着先祖留下的传统，坚持手工制作，坚持传统的发酵方式，工期虽长，价格虽高，却依然赢得了那些高级料亭的青睐，比如祇园地区的“村上重”，他们的商品很多是专门供应那些恪守着品位的高级料亭。

京都渍物的三大代表，就是“酸茎”、“千枚渍”和“柴渍”。

“酸茎”的食材是冬天收获的芜菁的变种，俗称酸茎菜，根茎和茎叶都可食用。收获之后先用盐水浸一晚上，然后抹上盐，在户外放上 7 天，再移入室内搁置 8 天使其发酵后，就可食用。茎叶的颜色接近龟甲色或饴糖色，根块部则呈现出淡黄的乳白色。将茎叶切细，根块切片，就成了一种带有特别酸味的渍物。时间越久，其酸味也就越浓，非常刺激食欲，喜好的人爱不释手，不习惯的人会觉得稍稍有一股异味。

酸茎含有较丰富的乳酸菌和食物纤维，对疏通肠胃有良好的作用。

相对而言，似乎“千枚渍”的名气最响。千枚渍的食材是芜菁，中国江南一带俗称大头菜，其肉质较圆萝卜来得细密紧实。京都的千枚渍主要原本产于京都的寺院圣护院的田产中，后来将其种植在京都其他合适的土地上，一般就称为圣护院芜菁，其生产时期在当年的11月至来年的3月。其做法，最初是由一个名叫大黑屋藤三郎的御用厨师在1865年研制出来的。在腌制前，就将其切成薄片，一个芜菁要切成一千片那么薄，千枚渍的名称据说就来源于此。当然事实上并没有那么薄。将切成片的芜菁，装入一个桶内，用盐腌制后，控除水分，然后用优质的昆布一起腌制，制成后，因乳酸发酵的原因，就带有芜菁原本含有的甜味，乳酸发酵的酸味和昆布的鲜味，于是变成了人们喜爱的一款渍物。二战以后，为了适应人们的大量消费，就加入了砂糖、醋和调味料来制作，达到了大量成产。京都做千枚渍最有名的店家，是江户末年辞去了御用厨师之后的大黑屋藤三郎取其名字的两个字开设的“大藤屋”，后来就成了制作千枚渍最正宗的店家。

“柴渍”又称为“紫叶渍”，其发音在日语中一样。它的食材主要是茄子，后来又有黄瓜和瓢荷，制作方法是将茄子和红色的紫苏叶一起用盐腌制，紫苏叶的红色慢慢将茄子染红，食用时切成小片。它名称的来源又有一段小故事。平安时代末期，一度主掌政权的的平家被源氏家族打败后，平清盛的女儿、一度贵为高仓天皇皇后的平德子也不得不藏匿到京都郊外的大原，大原这个地方盛产紫苏，当地的村民将本地腌制的、加入了紫苏的茄子送呈给她，平德子非常喜欢，就将它命名为“紫叶渍”，代代相传，后来就成了京都渍物的名产。它的腌制时间，原本很长，差不多要花费一年，由乳酸发酵产生的酸味，引得了全体日本国民的喜爱。只是现在的制作方法，主要不是靠乳酸发酵，而是加入了醋，因此它的滋味应该与往昔有所不同，也有坚持老的制作方法，尽管时间的成本较高，但更具有传统的价值，如今人们将传统方法腌制的“柴渍”或“紫叶渍”，冠名为“生柴渍”或“生紫叶渍”，数年前，曾经很红的明星山口美江出演食品厂商富士子“渍物百选”的电视广告，一句“好想吃紫叶渍啊！”风靡了全日本。

各地都有不少渍物的老铺，数京都的店家最有名，像创业于明治三十五年（1902 年）的大安本店，创业于大正六年（1917 年）川胜总本家，以及稍后的“谷彦”、“长濑”等，店铺都开在江户时期或明治时代的老房子内，有的甚至还有幽雅的庭院，竹木扶疏，很有风情。大多数老铺，坚持不使用现代的化学合成剂，尽可能延承昔日的做派，因此尽管价格稍贵，依然人气很高。相比较而言，中国大陆的许多老字号，1949 年以后经过各种各样的改造，旧日的传统大都已经风化飘零，当年的老房子也基本被拆除，真的成了往事如烟了，想来不免使人扼腕叹息。

日本的渍物中，有一种被称为“浅渍”，中国的江南一带称为“暴腌”，就是腌制的时间比较短，许多尚未进入乳酸发酵的阶段，因此一般没有酸味（当然近代以后加入了醋则是另外一回事）。因其腌制的时间短，食材的颜色就比较鲜艳，吃口也比较爽脆，带有一种特有的清香，在日本又被称为“香物”，或者“御新香”，随米饭一起上的，大多为“香物”，但不可久放。比起长时间浸渍的渍物，我个人觉得“御新香”在口味上只是有些咸，内蕴不够，也没有乳酸发酵后产生的独特的酸味。

乌冬面、荞麦面和素面

从世界饮食文化史的角度来考察，中国大概是面类食品的发祥地。在东汉的刘熙所撰写的《释名》中，有“汤饼”和“索饼”的记录，但是未有详细地记载，究竟是怎样的一种食物，后人难有确切的把握，清代的《释名疏正补》说：“索饼疑即水引饼，今江淮间谓之切面。”但这也只是后人的推测而已，虽然事实的可能性很大。在魏晋时期，对汤饼的描述就稍微详细写了，至少我们可以了解到这是一种有热汤的面制品，也许是面条，也许是面片。对于面条有比较明确记载的，还是刘勰的《齐民要术》，里边举出了一种称之为“水引”的食品：“水引：挼如箸大，一尺一断，盆中盛水浸，宜以手临铛上，挼令薄如韭叶，逐沸煮。”赵荣光教授根据这一记述，经反复模拟实验，取得了“水引”面标准条的如下数据：长约 75 厘米，宽约 1 厘米。虽与现今的面条稍有些不同，但相去也不远了，可以看作是当今面条的始祖。唐代时，面条的形式仍然以“汤饼”一词表现，《新唐书·后妃传》中有“生日汤饼”的词语，表示长寿，应该是一种细长的面点。唐代的文献中还出现了一种名曰“冷淘”的凉面，从杜甫等人的诗文中的频频出现来看，凉面的食用也已经比较普遍。以上都是我们根据文献做出的分析和推断，令人欣慰的是，2002 年在现今青海省新石器时代齐家文化层内，考古工作者发掘出了 4000 年前用谷子和黍子混合做成的面条，长约 50 厘米，宽约 0.3 厘米，粗细均匀，颜色鲜黄。这大概是目前所能知道的最早的面条了。宋代时，面条已经十分普及，“面”这一词语也正式诞生，从名称到内容都与今天我们所吃的面没什么区别，南宋初年的孟元老在追述北宋都城汴州（今开封）的著作《东京梦华录》中的《食店》一节里出现了“插肉面”、“大奥面”等词语，说明“面”在北宋已经比较普遍。而在同为南宋人吴自牧撰写的记述杭州的《梦粱录》中，已经专设了“面食店”一节，面的种类就更丰富了，有丝鸡面、三鲜面、鱼桐皮面、笋泼肉面、炒鸡面等。可以想象，市井上面已如此受人欢迎，寺院中僧人自然也会食用，只是寺院里不准有荤腥罢了。

日本是什么时候开始有面条或是与面条相关的历史记录呢？根据市毛弘子的研究，在奈良时代的天平六年（734 年）的正仓院文书《造佛所作物帐断简》中出现了“麦绳”一词，在 758 年的正仓院文书《食料下充帐》和《食物用帐》中，首次出现了“索饼”这一曾经在中国东汉的《释名》中出现的词语，而且在《食物用帐》中还记录了索饼的配料：“小麦五斗，作索饼舂得三斗七升，又粉料米五升。”索饼的原料不仅只是小麦，还有 10%的大米一起磨成粉。拌的佐料一般有盐、酱、醋和生姜等。根据文献记录，索饼当时还作为商品在平城京（奈良市）的市场上有出售。被认为是1144—1177年间完成的《伊吕波字类抄》中，对索饼这两个汉字注有读音“むぎなわ”，若还原成汉字，应该是“麦绳”，可见应该是一种条状的食物。中国文学研究家青木正儿从《今昔物语集》(12世纪）中有麦绳化作小蛇的描写在其所著的《华国风味》一书中推断说：“看来麦绳也就是索饼具有相当的粗细和长度。”市毛弘子经过对奈良时代的文献的仔细研究后得出的结论是：“可以认为，小麦粉及其加工品，是伴随着佛教从中国传过来的。此外，像麦绳、麦形等文字，在鉴真来到日本之前就已经在造佛所使用了，因此可以认为，在相当早的时候就随着佛教一起传来，以寺院为中心，渐渐地传播开来。”在整个平安时代，时常可以见到在宫廷和寺院中的人们食用索饼或者麦绳，但在当时这还是比较珍贵的食物。

大约完成于1341年左右的《顿要集》中出现了“索面”这个词，在完成于1350年之前的《吃茶往来》中，有镰仓时代后期人们举行茶会时食用索面的记录，“这一记述，显示出在镰仓时代索面和禅宗一起传到了寺院的吃茶习俗中。”但这一时期的文献，都将索面和索饼分别记述，看来两者还是有一定的区别，但是，从16世纪开始，文献中索饼的出现渐渐减少，说及面类食物时，几乎只用索面了。1529年左右刊行的《七十一番歌合》中有“索面卖”的图画，可以想见索面已经普及到了相当的程度。

从以上的考察中我们可知，面条类的食物大约在8世纪初随佛教从中国传入日本，起初的名称曰索饼或麦绳，镰仓时代的后期出现了索面的名称，以后逐渐取代索饼。

再往后，索面的写法变成了素面，在日语中的发音不变。室町时代末期开始流行，但是它的普及，则是进入了江户时代以后。当时的素面，都是将面团反复揉捏了以后用手工拉长的，就像我们这边的手工拉面一样。素面的特点是长而细，吃口清爽，按照现在日本的农林规格（JAS），直径必须在一毫米以下，奈良南部的三轮素面、大阪的河内素面、爱媛的五色素面都是名产，素面的主要出品地还是以日本西部为主。以后逐渐扩展到东部，进入江户，一下子兴盛起来。现在的素面，主要用作冷食，夏天的凉面，都是用素面做的。开始时调味料很简单，“药味”只是芥子、茗荷和葱花。20 世纪以后，受中国冷面的影响，已有各色浇头，鸡蛋丝、黄瓜丝、胡萝卜丝、火腿丝乃至西红柿等，汤汁略带酸甜，色彩既绚丽，口味又丰富，夏日在一般的便利店都可买到，价格在 500—800 日元之间。

那么，至今风行于全日本的乌冬面是如何形成的呢？这里，我们首先要把乌冬面还原成它的日文汉字，就是“饂飩”(其发音用罗马字写出来就是 wudon)，今日中国人根据它的发音翻译成“乌冬面”，这一名称源于台湾。“饂飩”这两个字是日本人自己造的，最初也不是现在这个写法，而是写作“混沌”，最早出现在平安末期的《江家次第》一书上，但 18 世纪江户时代的伊势贞丈在《贞丈杂记》中认为当时应该是一种面粉做的有馅的团子状食品，其卷六云：“馄饨又云温饨，用小麦粉作如团子也，中裹馅儿，煮物也。云混沌者，言团团翻转而无边无端之谓也。因圆形无端之故，以混沌之词名也。因是食物，故改三水旁为食字旁。因热煮而食，故加温字而云饂飩也。……今世云饂飩者，切面也，非古之馄饨”。江户时代相距当年的平安时代末期，也有 600 多年的阻隔，他的推断，也许言之有据，也许只是一家之言。总之，“饂飩”这两字的形成，应该与中国的馄饨有关，但是现在日本的“饂飩”，则是与馄饨大不相同的乌冬面。后来的“饂飩”为何物？伊势贞丈认为它就是“切麦”，也就是“切面”，它的源头在中国南北朝（或者更早的汉朝）的“水引饼”。它的定型，大概是在室町时代末期的 16 世纪，当初与索面（或写作素面）一起，构成了日本面条的两大基本形式：“饂飩”也就是我们现在翻译为“乌冬面”的，是一种较粗的面条，与索面（素面）主要用作冷食不同，它通常用作热汤面，开始大概多由僧人自中国传来，范围也多在寺院，以后逐渐走向一般社会。

乌冬面在日本的普及，大概是在江户时代中期以后。这里有两个条件，一个是都市饮食业的发达，另一个是酱油的普及。乌冬面的汤料，在我们中国人看来，只是酱油汤，其实里面有所谓的“出汁”，即由海产品熬制的高汤，但一般并无油水，其形式多为“狐饂飩”，即在面条上放上一个较大的油豆腐（形状和滋味和中国的油豆腐有些不同），因其颜色像狐狸的毛色，故有此名，此外再撒上一把葱花，就成了。放在面上的这一块呈扁平状的油豆腐，制法也与中国很不同，豆腐油炸之后，却要将其放入开水中将油气煮尽，然后沥干水分，放入糖、酱油、海鲜汤慢慢煮至入味，因此面汤上几乎没有油星。近来颇流行“鸭饂飩”，即用做好的野鸭肉码放在面上，汤水中也有野鸭的肉汁，味道就要鲜美多了，不过江户时代大概还没有。江户时代各种食摊的繁荣，大大推进了乌冬面的普及，以后又从都市推广到乡村，成了日本人的日常饮食之一。

最早在都市的街头出现的乌冬面面馆或是食摊，不是在江户，而是大阪，而它更出名的地方是在更西面的四国岛上的讃岐（今香川县），我生平第一次吃乌冬面，就在香川县的高松，第一是惊异于它的粗，比一般面条要粗不少，第二觉得很白（日本现在多用美国进口的面粉），第三觉得滋味也就是淡淡的酱油汤（其实不只是酱油汤，这里面用了由鲣鱼花和昆布等熬制的海鲜汤）。今天人们的吃法，更多的是在吃牛肉火锅或是其他什么火锅的最后，那时锅内的汤汁已经相当鲜美，放入原本煮熟的乌冬面，煮热后捞起来盛入小碗内，撒上一点葱花（日本往往都是切细的大葱），自然好吃。

日本的乌冬面也在与时俱进，现在不少店家推出了滋味改良的乌冬面，连锁店遍布全国的大众食堂“松屋”，近来推出了一种“担担乌冬”，就是在乌冬面的基础上，放入了担担面的佐料，汤色油红红的，面上放入了用辣酱炒过的肉末，吸引了一部分喜欢尝新的食客。类似的还有韩国泡菜乌冬面，咸辣之外，还有些许白菜发酵后的酸和甜，滋味别具一格。日本人确实善于汲取东西洋的各种饮食元素。

说起乌冬面，关西人对它的喜爱还是要超过关东地区，如今在大阪府内，有乌冬面馆2000多家，作为乌冬面发祥地的香川县，人口只有100万出头，也有各种乌冬面馆500多家，可谓人均第一。

荞麦作为麦的一种，原产地主要在贝加尔湖以东的亚洲北部地区和喜马拉雅山南北两麓的山区地带，在中国的东北部地区和云南一带很早就有生产，7世纪起开始见诸文献。不过，荞麦在中国的粮食中所占的比重一直不大。大约在8世纪经由朝鲜半岛传入日本，也有说是在绳文时代的晚期就从中国传来了。日本文献中最早有记载的是797年成书的《续日本纪》，书中记载说在养老六年（722年）发生了干旱，元正天皇下令栽种荞麦以备饥馑。以后，荞麦主要是作为一种救荒作物在山区种植，一直未能跻身五谷之列，只是山地农民的粗粮而已。最早的种植地是现在滋贺县的伊吹山附近，之后逐渐向东蔓延，扩展到岐阜县、长野县和山梨县一带，如今以长野县（古称信州）为最有名。

荞麦粉因为没有黏性，开始时只是将其制成各种团状或饼状的食物，如荞麦饼、荞麦馒头、荞麦团子或是荞麦粥等，蒸煮以后，蘸上味噌吃，大概吃口未必佳，只是作为一种辅助食物。大约在16世纪末期，荞麦面开始逐渐形成。荞麦由于本身没有黏性，很容易断落，所以未能成为面条的材料。后来荞麦面的诞生，有多种说法。江户中期的天野信景在随笔集《盐尻》中说，荞麦切（日语的原本说法）始于甲州（今山梨县），初时去天目山（就是我在陶器部分说到的山梨县境内的天目山）参拜者颇众，当地居民便在荞麦粉中掺入少量米麦，做成食物卖于参拜者，此后学饂飩（乌冬面）的样式，即成为今日的荞麦切。还有一种说法是在江户初年，一位名叫元珍的朝鲜僧人来到奈良的东大寺，教会了日本人在荞麦粉中掺上小麦粉，使其具有黏性和弹性，于是，荞麦面条诞生了。而在水户的文献中，则记载说是明末的朱舜水向日本人传授了面条的制发，朱舜水东渡日本是在1659年，在年代上倒是与荞麦面的出现颇为吻合。总之，荞麦面的最后形成，也在江户时代。除了小麦粉之外，还可加入山药等具有黏性的材料。其配比有二八、三七、四六等多种，即小麦粉占二成或三成、四成等，其余则为荞麦粉。制作的方法是将面团反复揉之后，用擀面杖擀成平面，再用刀具切成长条状，当时称之为“荞麦切”，也就是荞麦面条，在日语中简称为“荞麦（soba）”。荞麦面诞生后，因其制作颇费工夫，在山村一般只限于喜庆或祭祀的日子食用，后来其制作技术经岐阜、长野传到了江户，它的广泛传开，与乌冬面一样，还是得益于江户街头的食摊，立即受到了中低层阶级的欢迎。

到了18世纪下半叶时，荞麦面馆和各种食摊遍布江户的大街小巷，据万延元年（1860年）江户町奉行所的调查，其时江户城内的荞麦屋的数量已经达到了3763家，这在当时是一个惊人的数字。其中最著名的是开在江户麻布永坂的“更科”，更科是原先信州的地名，在今日的长野县，那一带以出产上好的荞麦著称，当时挂出来的店招是“信州更科荞麦所”，一时名声大振，后起者打出的招牌往往也是“更科”，于是信州荞麦声名鹊起，成了最具代表性的荞麦面条。相对于乌冬面主要风行于日本西部而言，荞麦面的产区主要在日本东部（关东地区），信州和江户的荞麦面才是它的正宗。日本人虽然一直自称是食用米饭的民族，其实面制品、尤其是面类的食用量也并不低。据明治九年（1876年）《东京府统计表》的统计，东京市民一年内食用的乌冬面为1382.5017万份（价值60371日元37钱8厘），荞麦面是13414.0666万份（价值224367日元71钱9厘）。因为没有此前的统计资料，无法判断是否是增长还是减少，但是1876年时包括郡部在内，当时东京府的总人口是890681人，那么当时人均每年荞麦面的食用量是150.5份，这好像是一个相当高的频率。

荞麦面有多种吃法，大致说来主要有两种，一种称之为“盛”(mori)，另一种称之为“挂”(kake)。所谓“盛”，指的是将荞麦面在大汤中煮好后捞起放在凉水中后盛入竹制的蒸笼或是竹篦中上桌，佐料盛在一个碗或是类似酒盅的容器内，日语称之为“液”或是“汁”，其基本配方是酱油和甜酒、“出汁”，这“出汁”大抵是用小鱼干、昆布、虾干和香菇等多种食物熬制而成的，但绝无油星。吃的时候便是用筷子夹起面条放入盛有“汁”的容器内稍微蘸一下即可。这是一种最正规的、也是最能品味荞麦面特有风味的吃法，甚至更有些美食家，最初的几口什么味汁也不蘸，就将荞麦面直接入口，据说这样才能真正品尝出荞麦独有的清香味，这大概是到了很高的境界了。所谓“挂”，这里的日语意思是浇在上面，即将汤汁浇在面上，还可以放上各种食物，诸如天妇罗、蛋黄、野鸭肉、海苔等，前者大抵是冷食，后者多为热食。真正的荞麦面爱好者，大都取前者。

这种称为“盛”的冷食的荞麦面我在各种场合吃过不少，而去专门荞麦屋的次数却不多。1998年的一个夏天，一位日本朋友开车带我们去游览避暑胜地轻井泽，中午在中轻井泽车站附近的一家荞麦面馆用餐。轻井泽位于长野县境内，长野古称信州，多山，种植荞麦的历史颇为悠久，信州荞麦面享誉全日本。我们用餐的一家荞麦屋是一家有年头的老铺，不少人慕名专门驱车而来，我们进入店内时已经下午一点多了，依然是食客盈门，好不容易在里面觅到一张小桌，巧的是，正邻靠做面的师傅。面师傅约有五十上下的年纪，有节奏地、十分费力地（在我看来是这样）用擀面杖在擀着面，每擀一下，都会咬一下牙，抽搐一下脸，我不知道这是他的习惯动作呢，还是擀面真的要这么费力。我们要的是那种冷食的“盛”，现在一般称作“笊荞麦”，即我刚才叙述过的放在竹编的盛器内的那种，除了味汁外，还配有一份天妇罗。味汁做得很好，另备有一小碟葱花和山葵泥，可随客人的喜好放入。面确实有股独有的清香，不过对于我这样一个外国人来说，须静下心来细细品味才能感觉得到。

还有一次是2014年11月上旬的一个灿烂的秋日，有一次学术采访，从名古屋来到了岐阜县一个人口只有四万多一点的瑞浪市。午饭时分，当地的安排者带我们去了一家荞麦面馆“水木”（原文只有假名），在郊外，房子是根据江户末期的民居改建的，老式的两层木结构瓦房，素朴无华，不远就是绿树葱茏的山冈，房子的一侧是一个不小的店家专用停车场，这里人们的交通都靠自家车。岐阜县紧邻长野县，风土相近，食物相通，食用荞麦面在当地很普遍。远远地可看见店家的广告，表明这里的荞麦面是手工擀制的，看模样也很有些年头了。停车场干干净净，店门口干干净净（门口种植了一些赏心悦目的花草），店堂内干干净净，须脱了鞋才能进入。这里主要就是供应荞麦面，午饭有冷食和热食两种，价格又分成 A 和 B 两种，配炸大虾的是 1100 日元，配炸牡蛎的是 1600 日元，当然这种“炸”，都是天妇罗的炸法，裹上面衣，炸成淡淡的金黄色。其他人要的几乎都是冷食的“盛荞麦”，我要的是热食的“挂荞麦”，每人一个深红色的托盘内，分放着陶瓷盘（不是竹制的“笊篱”）盛装的冷荞麦面、炸虾天妇罗、一小碗米饭、一碟酱菜，热食的荞麦面则使用陶瓷碗盛放的，加上了热的汤料，犹如汤面。面都是由老夫妇俩制作的，是否手工，没有看见，但应该不会有假，等了不少时候倒是真的。对于荞麦面的妙处，我还是不大能体会，只觉得这家店很干净，屋内垂挂着几盏灯罩是用和纸做成的发出晕黄色光亮的灯笼状的灯，榻榻米上宽大的木桌上，放着由几种花草组合的插花作品，靠外面的玻璃窗内，还有一道纸糊的格子窗，窗外就是恬静的乡村景色。

有汤汁的热食的荞麦面在东京还尝过几回。印象较深的是在东京大学附近本乡大街上的一家面馆，时值 11 月，秋风已经有些寒意。那次吃的是“鸭南蛮”，这是一种将野鸭煮成的高汤做底汤，经调味后盛入煮好的荞麦面条，再放入鸭肉和葱花的汤面，“南蛮”一词是16—17世纪时指称中国、朝鲜以外的海外的意思，这样的烹饪法，显然不是传统日本式的，除了盛面的深底陶碗外，我实在感觉不到多少纯粹的日本风味，不过在中国人看来，滋味倒是相当不错。

在留意中日两国面食历史的过程中，我有过两次兴奋和激动。

刘勰的《齐民要术》中，较为详细地提到了另一种面条类食品：“碁子面”。制面工序大抵与“水引”差不多，但是做完后“截断，切做方碁”，也就是像棋盘格一样的形状，故称“碁子面”。宋代时又称作“雉子面”。不管名称如何，总之这种食品在当今的中国似乎早已绝迹。2005年6月去参观爱知世博会，在名古屋城附近的一家饭馆吃午饭，主人安排的竟是“碁子面”，原来这一食物在名古屋一带还留存着。其面条的特色是，形状不是圆的，而是扁平状，即将面团揉捏成很薄的方形，然后按一定的宽度切断，有点像中国的宽型面条。汤料是用圆鲹鱼、青花鱼、鲣鱼等的鱼干或鱼花熬制出来的，不可加任何的味精，细细品味，相当鲜美，上面只是撒上一些葱花而已。整个感觉有点类似关西的乌冬面，但面条的形状不同，薄而宽，也成了名古屋一带的名物。我不知道中国古代的“碁子面”究竟是如何的，但只要这一名称还留存着，就令我感到万般的亲切。

16世纪末、17世纪时在日本形成的素面，其发音来自原本的“索面”，细滑爽口，在今天的日本，主要用于夏日的冷面。索面或素面的叫法，在中国甚少听见，似乎文献也不见有记载。然而 2015 年 2 月去浙江永嘉县的楠溪江一带旅行，早餐时尝过素面，同样细滑。在岩头镇的集市上，看到有晾干的拢成一团团的素面在出售。在岩头镇南端的“芙蓉古村”内，随意走进一处老建筑，院子里的竹编大箩内，正晾晒着素面，出来一位老妪，询问这素面是否是自己制作，答曰是，然后领着我们穿过一条幽暗的通道走到后院，放眼望去，只见竹竿上晾晒着好几排用手工拉制成的长长的素面，在冬日灿烂的阳光下，闪耀出接近金黄的亮色，同时透发出一股柔和的麦香。一位比老妪稍年轻的农妇正在打理。我不由得发出一阵欢呼，原来中国也有素面！且这传统已经相当悠久，至今保持着手工拉制的工艺，代代相传。我想，日本的素面，其名称和制作工艺，应该都是浙江一带传过去的，室町时代，幕府第三代将军足利义满促成了日本和明代中国之间的海上贸易，浙江的明州（今宁波）是主要的对日贸易港，其间也常有僧侣来往于两地，素面也许就是这一时期传到日本去的吧。我立即买了若干，带到上海，恰好有朋友送来海门的红烧羊肉，于是用素面做了羊肉面，撒上一把葱花。素面有一个特点，用长筷将面捞上来时，锅内竟然一根不剩，稍带酱色的羊肉汤内盛上小麦原色的素面，嫩嫩的葱花点缀其上，麦香和肉香、葱香交织在一起飘荡在碗口，让人欲罢不能，素面与羊肉汁，真是绝配！

西洋饮食的兴起和发展

1854年1月，美国东印度舰队司令佩里海军准将率领七艘军舰打开了日本的国门，1858年江户幕府又被迫与英法俄诸国签订通商条约，横滨、神户、函馆等港口对外开放，西洋势力以各种形式登陆日本，所谓的“锁国时代”也正式宣告瓦解，明治以后，更是主动吸纳西洋的物质和精神文明，洋人大批来到了日本。

这样的时代转变以及如此众多的来自西方的外国人登陆日本，不仅给日本的政治社会和经济社会带来了巨大的变革，而且也使得日本人的饮食生活也发生了重大的变化。当然，对于日本人而言，在饮食上与西方人的接触并非第一次，16世纪时来自葡萄牙、西班牙和荷兰的传教士和商人已经将他们的饮食喜好部分地传到了日本，但一来由于登陆的地域有限，二来丰臣秀吉以及后来的德川幕府对西方人采取了严厉的禁止，三来限于交通运输条件，当时在日本的西方人的饮食也未必是纯粹的洋食，因此它的影响也就比较有限。而19世纪时，欧美的资本主义已经成熟，农业经济、近代的酿酒业和食品加工业已经发展到了相当的水准，并且这次西方人来到日本，西自长崎，中部有神户和横滨，北部至函馆，可谓是全方位的登陆，更加上已经有一部分日本的先进分子走出列岛亲自体验了西方的生活，这一切都决定了明治时代以及尔后的大正和昭和时代在日本人的饮食生活中所造成的变化，将不再是局部的、表层的，而是根本性的、在某种程度上甚至是带有革命性的嬗变。

这一嬗变主要体现在如下几个方面。

第一，饮食内容的变化。其中最大的变化便是将肉类、尤其是以前完全禁绝的牛肉、猪肉、鸡肉等全面导入了日本人的饮食中。其他诸如奶制品、面包、葡萄酒、啤酒以及各种新型的蔬菜也陆续进入了一般日本人的生活中。后期则有来自中国的馒头、拉面、饺子和炒饭陆续登上了日本人的餐桌。

第二，烹饪方式的变化。原本日本所没有的煎、炒、炖和西洋式的用烤箱进行的烤，以及大量来自西洋和中国的炊具，拓开和改变了日本人的传统的烹调方式。

第三，饮食方式的变化。日本人早先的“铭铭膳”的独自分立、没有桌椅的用餐方式，逐渐改变为使用桌椅或是小矮桌的方式，在食用西餐（这在现代日本则是非常普遍的现象）时，使用西洋式的刀叉。

第四，调味料上的变化。食用油、辣椒、咖喱、奶酪、花椒、砂糖等以前使用不多或从不使用的调味料的普遍、大量的使用。

这一切变化的最终结果，便是导致了日本饮食在内涵上的丰富和外延上的扩展，而日本文化本身的积淀，也将外来的饮食渐次地日本化，注入了日本文化的因子，使得日本饮食文化在继承传统的基础上，呈现出一个令人惊异的新生面。

早年出洋的一些先进者已经在欧美体验到了与传统的日本饮食迥然不同的西方饮食。1860 年，日本近代最大的启蒙思想家福泽谕吉首次随遣美使节出访美国，当时只是对烤全乳猪这样的美国食物感到惊讶，但翌年 12 月他随遣欧使节到达巴黎后，深为西洋饮食的美味而倾倒，1867 年他出版了一部《西洋衣食住》，“食之部”文字不多，主要介绍了西洋人的用餐方式和各种餐具：“西洋人不用筷子。食用肉类及其他食物时，切成大块放在自己的盘子中，右手用刀将其切成小块，左手用叉叉住送入口中。用刀叉住食物直接入口是非常没有教养的。汤也盛入浅口的盘子，用汤勺舀着喝。喝汤以及饮茶时，口中若发出声音，也是十分不礼貌的。”此外，他还介绍了西洋人经常饮用的红葡萄酒、雪利酒以及待客时和庆贺时喝的香槟酒等，尤其还介绍了啤酒，他在书中用的是汉字词语“麦酒”。

日本最早的西洋餐饮店出现在长崎。

长崎在日本的历史上可以说是一个最早接触西洋文化的城市。1570 年，应当时葡萄牙商人的要求，幕府决定将长崎定为对外贸易港，从那一刻起，长崎便染上了浓重的西方文化色彩。1634 年，在长崎一角的海面上填海造地，两年之后，筑成了一个出岛，另建一座桥梁与长崎本地相连接，散居在长崎街市的葡萄牙人被要求集聚在岛上，1639 年，锁国政策日益严厉，葡萄牙人被驱逐出了日本，而被认为对日本没有什么侵害的荷兰人，在1641年被允许将荷兰商馆从稍远的平户移建到出岛上。这出岛上的荷兰商馆，日后就成了日本最早的西洋餐饮店的摇篮。据《长崎荷兰商馆日记》的记载，平户商馆时期，居住在这一带的荷兰商人雇用了2个日本人担任厨师。这一情形在出岛时期应该也会延续。在荷兰人商馆中担任厨师的日本人，日长月久，在日常的实践以及耳濡目染中自然会慢慢熟悉以荷兰菜为主的西洋饮食的烹制法。只是，当时闭关锁国政策十分严厉，他们无法在荷兰人的圈外获得施展拳脚的机会。1854年以后，锁国政策已经形同虚设，他们也终于得以脱颖而出，1863年，第一家正式的西洋餐饮店“良林亭”在长崎诞生。

此时，长崎的餐饮业已经颇为发达，据《长崎市史·风俗篇》的记载，这一时期长崎的料理店已经有65家，其中的一部分已经兼营西洋饮食，如开设在出岛大工町的“先得楼”，樱马场的“迎阳亭”，金绀屋町的“吉田屋”三家被指定为面向外国人的料理店，这三家饭馆可谓是日本西洋餐饮的先驱。1860年前后，小岛乡的“福屋”也开始经营西洋餐饮。在这样的基础上，一个名叫草野丈吉的人于1863年开出了第一家西洋餐饮的专营店“良林亭”。草野丈吉曾长期在荷兰总领事大卫手下做事，大卫曾将他带到荷兰军舰上周游了函馆、江户和横滨，估计是在大卫的手下学会了西洋菜肴的烹饪。1863年，他得到了萨摩藩士五代才助的支持，在伊良林若宫社下的自己家中开出了一家专营西餐的“良林亭”。说是西餐店，其实是一间十来平方米的小屋，中间搁两个酒樽，上面放两块木板，铺上一块白桌布，就算西餐桌了。当年藩士五代才助所品尝的全套西餐有餐前菜、汤、炸鲜鱼、熏制冷肉、生的蔬菜、上等烤肉、水果、咖啡和冰激凌。这一菜谱不知是否确实，若是确凿的话，那么这该是由日本人烹制的面向日本人的最早的西餐了。不过价格也颇为昂贵，当时需要费金三朱，这三朱大概要相当于今天的18000日元。由此，草野丈吉渐渐出了名，长崎的官府也常请他去做西餐。这一年，他将店名改成了“自游亭”(后又改为“自由亭”)，并在翌年的1864年开出了一家新店，新店的规模要宏大许多，建筑面积达到了30坪（约100平方米）。后来五代才助到了大阪出任大阪府外务局长，于1869年将草野丈吉召到了大阪，出任外国人宿舍的司长，并在1881年在大阪的中之岛开设了自由亭宾馆，而后又将商务扩展到了京都。当年明治时期的“自由亭”建筑物，现在已由长崎市政府移建到了市内的格拉瓦花园，作为咖啡馆向一般市民开放。2009年初春，我曾特意去踏访了这一历史的遗迹，不过房屋已经是新构，呈明治初期洋楼的风格，旁边立了一块碑，谓“日本西洋料理发祥之地”。

在长崎之后，在函馆和横滨也陆续出现了西洋餐饮店。函馆本是位于北海道的荒蛮之地。北海道在1869年之前被称为虾夷，除了部分阿夷奴族人之外，人口稀少，其实并不在日本当局的直接管辖之下。19世纪上半叶，石油的开采还没有大规模开始，美国人为了获取油脂，组织庞大的船队远涉重洋来到太平洋西北部捕鲸，需要食物和淡水的补给，因此要求日本方面开放补给港口，继而又要求日本开放商港，于是有了1858年的《日本修好通商条约》的签订。第二年的1859年，开辟长崎、函馆和神奈川（以后成为横滨市的一部分）为通商口岸。函馆在当时可谓是一张白纸，当时兴建的建筑多为西洋式的楼房，也是日本较早有西洋居民的地方。在《明治二年（1869年）函馆大町家并绘图》中可看到有“重三郎　料理仕出　洋食元祖”的记录，结合其他的文献，可知在1859年，一个叫重三郎的人已经在函馆开出了面向西洋人的西餐馆“丸重”。如果这一说法成立的话，那么“丸重”也许可算是日本最早的一家专门的西餐馆。不过至迟它在《明治二年（1869年）函馆大町家并绘图》出来之前肯定已经开业，这是毫无疑问的。此后，虽然横滨、神户等商港的地位很快超越了函馆，但函馆因其在北方的独特地位，当地的西洋餐饮业依然有一定程度的发展。据1878年创刊的北海道最早的报纸《函馆新闻》的广告，可知在1879年4月开张的有“元祖西洋料理开成轩”，在1885年刊行的《商工函馆之魁》上可以见到“西洋料理养和轩”、“西洋料理店木村留吉”等的名录，考虑到函馆在当时只是一个人口数万的边陲小城，在明治前期已经有这样的西餐馆，也算是得风气之先了。

不过，在江户幕府末期和明治前期，在导引包括西洋饮食在内的近代西方文化方面最具有影响力和辐射力的恐怕要推横滨了。1858年日本与西方五国签订了通商条约之后，横滨在翌年被辟为通商口岸，准确地说，当时被辟为口岸的是神奈川（当时的城镇名，不是现在整个的神奈川县，如今已是横滨市内的神奈川区）。但是，来到神奈川的外国人发现对岸的横滨村更适合做一个商港，便主要居住在横滨，当时的幕府出于防卫等战略上的考量，便决定将横滨作为对外开放的商港。于是，在现在的山下町一带，形成了一个外国人居留地。一开始西洋饮食的影响仅仅局限于当地外国人频频举行的餐饮会，参加者也多为外国人，当地的日本人只是有缘见识了一些原先所不知的稀罕物。之后，居住在此的外国商人也常到居留地周边的地方去游乐，1860 年，幕府为了迎合这些外国人，便将原先的一片沼泽地填埋改造成了一个青楼区（日语称为“游廓”，位于现在的横滨球场一带），将这一块地方命名为“港崎”，日常约有 100 名青楼女子（日语称为“游女”）供洋人寻欢作乐。当地最大的一家青楼名曰“岩龟楼”，在 1861 年绘制的《横滨港崎廓岩龟楼异人游兴图》中可以清楚地领略到当时宴饮的场景，当时的屋内还是榻榻米的构造，餐桌也只是小矮桌，洋人不得不席地而坐，而桌上则多为大盘的肉食品。不过洋人们昼夜喧嚣的场景，使得当地的日本人颇为反感，洋人们的食物，似乎也并未引起当地日本人的很大兴趣。

这一时期，在东京等地也陆续开出了多家西餐馆。据 1907 年东京市编的《东京指南》一书的统计，截至 1887 年 4 月，东京市内共有西餐馆 35 家。最早的是 1867 年 7 月挂出店招的位于神田桥的“三河屋久兵卫”，而在此之前，已经在经营牛肉和西洋料理了。差不多在同一时期，在东京的九段坂上富士见三番地也开了一家名曰“南海亭”的西餐馆，并且留存下来一份当时的菜单，得知当时供应的有汤、牛排、面包、咖啡等，而价格相当昂贵。有意思的事，在西菜的名称旁，都注有日文的解释，比如说“汤”相当于日本的“吸物”，以便于一般日本人了解和接受。在早年的东京，最有名的西餐馆大概要推最初1873年开业的位于京桥采女町上的“精养轩”，这里靠近筑地明石町的外国人居留地，开始时与其说是纯粹的西餐馆，还不如说是一家西式宾馆内的餐厅。那时候，东京市内肉类食品和洋酒还比较罕见，店里每天派了小童来往于东京和横滨之间采购食品。之后，于1877年在可以眺望不忍池的上野开出了一家分店，当年的《朝野新闻》曾经详细记述了当时的情景，称这是一家面向日本人的真正的西餐馆，“上野公园内的精养轩，昨14日开业。房屋均是西洋样式，进门处有美丽的西洋式装饰，屋檐前挂着很多灯笼，前庭有一片圆形的草坪，周边种植了万年菊。花园前供眺望的地方用芦苇秆围起，内设置了几张椅子可让人休息，头顶上方用绿叶覆盖，人造的藤蔓形成了一条甬道，边上挂了许多灯笼，实在是相当华丽。在屋内用餐，恰可俯视不忍池的景色，堪称一绝境。”今天的精养轩依然是东京著名的餐馆，不过原来的建筑已经不存，代之而起的是新盖的高楼，餐馆内供应的，除了西餐之外，竟然还有日本料理和中国菜，恰好是今天日本人饮食的一个象征。

那么，当时日本的西餐味道如何？这里有两份西方人的记录。一份是一个名叫克拉拉·惠特尼的美国女孩的日记。当时她随到日本来任教的父亲来到东京，刚抵达时，因住所未定，暂时在筑地附近的精养轩宾馆居住了两个星期。1875年8月21日的日记中这么写道："大家都说我们家做的菜要比精养轩好吃。精养轩的才是英国式的、法国式的和日本式的混合体，营养也不好，价格也贵。"还有一份是1885年作为法国练习舰队的舰长来到日本的法国作家皮埃尔·罗蒂所撰写的《秋天的日本》。罗蒂对精养轩的印象是："房间里冷得要命，显得相当阴暗，那里一点也没有烧火的感觉，门就像夏天一样敞开着，……而且，菜一点都不热，相当难吃。"精养轩一直被认为是代表了日本高水平西餐的历史悠久的餐馆，在当时西洋人的眼中，却只有如此的评价，由此也可见当时日本的西餐，似乎还不怎么样。

西洋食物进入列岛后对日本最大的冲击就是始于奈良时代的肉食禁止令的瓦解。肉食的进入对于传统的日本饮食而言，无异于一场革命。它的过程也充满了有趣的波澜。

由出生于1864年的石井研堂完成于1944年的大著《明治事物起源》中，有这样的一段记载：文久二年（1862年）时，有一个在横滨住吉町五丁目开居酒屋的名曰伊势熊的店主，看着外国人吃牛肉，也想开一家牛肉店，于是便与妻子商量，妻子听后大惊，答曰如果这样的玩意儿也可以做买卖，那我就与你分手吧。后经人调停，决定将原来的居酒屋一分为二，一边作为普通的饭馆，由妻子经营，另一边则开设牛锅屋，由男主人打理。尝过了牛肉美味的顾客，渐渐都汇聚到了男主人那边，生意日趋兴隆，妻子见此，索性拆了中间的隔离。这段逸话未知真实与否，1862 年的时候是否真的已有日本人开的牛锅店，现在无法细考，不过却也反映了一种人们对新事物将信将疑的时代风气。1871 年，被辟为对外通商口岸的神户也开出了第一家正式的以外国船员为顾客的牛肉屋“大井”。京都府劝业场于这一年在全国率先创建了一家畜牧场，以后在个通商口岸建起了规模不一的养牛场等，以满足对于牛肉的需求。

社会舆论对于促进肉食的普及也起了很大的作用。福泽谕吉是日本最早具有西洋经历的人士之一，他的《西洋衣食住》，也是日本最早介绍西方饮食生活的书刊。以他自己的实际经历，他认为西洋诸国是日本仿效的楷模，而西洋诸国之所以强大，其原因之一是西洋人种高大，而西洋人种高大，乃在于他们吃肉和喝牛奶。恰好，明治三年（1870 年），他患了一场肠菌痢，身体迅速消瘦，后来东京筑地的一家牛马公司向他提供牛奶，不久即恢复了健康，由此他更加痛感西洋饮食的合理性，于是在其主持的《时事新报》上发表了著名的《肉食之说》。文章从营养的角度慷慨激昂地论述了日本人肉食的必要性，并驳斥了以往的认为屠杀牛马残忍的说法，因为此前的日本人也屠杀鲸鱼，也活剖鳗鱼，也有鲜血淋漓，为何没有“秽”的感觉？屠杀牛羊与此无异。文章指出：“而今我日本国民缺乏肉食，乃是不养生的做法，因而力量虚弱者亦不在少数。此乃一国之损亡。既然已经知晓其损亡，如今又知晓了弥补之法，为何不施用？”此外，他又写了一篇

《应该吃肉》，他在文中进一步论述道，欧美人和日本人在体格大小上有明显的差异，“其原因的大部分乃在于日本人和欧美人食物的差异。欧美人食用人类最重要的滋养品禽兽之肉，而日本人则吃滋养不足的草实菜根，不喜好肉类。因此，即便在血气充沛的壮年，在劳动身心时也不如欧美人那么劲头十足，不仅如此，稍微上了年纪，便体力大减，顿显老态，而欧美人即便满头白发，却依然脸色红润，年届七十而不必借助拐杖，其差异真是何止天壤之别！”福泽谕吉在当时已经是一位颇有影响的启蒙思想家，他的鼓吹，应该有相当的感召力。

比起民间的舆论来，也许官府的政策和做法更为有力。其中最具有号召力的，是明治天皇的率先示范。其实，日本的上层早已知晓肉食的益处，宫内省自明治四年（1871 年）11 月起，就给明治天皇的每日膳食中配入了两次牛奶。1872 年 1 月 24 日，在明治政府官员的鼓动和安排下，时年 20 岁的明治天皇为了奖励肉食，自己对负责宫廷膳食的膳宰下令，这一天试食牛肉，并通过《新闻杂志》等媒体向全国报道此事，通过天皇亲自食用牛肉这件事，向全国昭示自天武天皇开始实行的肉食禁止令正式撤销，民众从此可以自由吃肉，不再有所忌讳。令人感到惊讶的是，1872 年的 4 月，政府还颁布公告，准许僧侣可以吃肉、蓄发、娶妻，竟然在寺院中也推翻了佛教的戒律。同时，政府为了增强军队将士的体力，于 1869 年率先在海军中将牛肉定为营养食物。在政府当局的上下推动下，食肉风气逐渐在全国蔓延开来。

大概在1870年左右开始，横滨、东京等街头陆续出现了面向大众的“牛锅屋”，供应的牛肉是用肥肉在铁锅底部熬出油脂，再将切片的牛肉放入锅内煎，烹上酱油，撒上葱花即可食用。这样的“牛锅屋”当然不能算西餐馆，但与传统的日本料理屋也迥然不同，最大的差异是之前被禁食的牛肉唱了主角。至1875年时，东京已经有牛锅店70家，两年后的1877年，猛增到550家。《东京新繁昌记》中这样描写了当时牛锅店的场景：“肉店分为三等。在楼头飘扬着旗帜的为上等，在屋檐的檐角挂出灯笼的是中等，以纸糊的门窗充作招牌的为下等。都以朱红色书写牛肉两字，以表示鲜肉。锅又分成二等，用葱相配的称为普通锅，价三钱半；有脂膏擦锅的称谓烧锅，价五钱。一客一锅，供应火盆。”

日本食用牛的饲养历史虽然十分短暂，却在各地陆续出现了一些口碑甚佳的地方牛。其中声名卓著的大概首推神户牛。神户在1867年开埠，以后逐渐有外国商船进出，形成了外国人居留地，神户也是西洋餐馆开设较早的地方，对于牛肉的需求产生了当地牛的饲养业和屠宰业。当时供应市场的牛，主要是饲养在六甲山北麓的三田地区的但马（现在与神户同属于兵库县）牛。这一地区距离伊丹和池田两个出名的酿酒地比较近，酿酒的时候在碾米加工的过程中会产生大量的细糠，此外当地还以制作冻豆腐出名，在豆腐制作中也会产生大量的豆腐渣，这些都为牛的饲养提供了丰富的饲料，因此当地出产的牛肉质细嫩，肥瘦得当。最初这些牛名之谓“三田牛”，后因当时这些牛大都在神户屠宰或是通过神户港运往外地，所以一般都称为神户牛。早在 1872 年，居住在神户一带的外国人就交口赞誉神户牛堪称世界第一，于是声名日渐隆盛，名播遐迩，其实未必是在神户本地产的，这就如同上海附近的阳澄湖大闸蟹，在日本都名曰“上海蟹”一样。稍后出名的还有生长在琵琶湖边的近江牛（也称江洲牛）和三重县的松阪牛等。其实，松阪牛最初也不是松阪本地出产的，它的源头还在于三田牛或但马牛，松阪牛生产者协会会长久保巳吉证实，松阪牛是购入兵库县但马地区产的雌性牛犊，再精心饲养三年后（其他地方的优良牛一般是两年）上市。现在的饲养条件是，用隔成一间间的瓦房（镀锌瓦楞板的屋顶室温不易控制）单独精心喂养，甚至还让牛喝啤酒，听轻松的音乐使其放松神经，从而使得它的肉质更加肥嫩，当然，其价格也要明显高于一般的日本牛肉，而现在的日本牛肉（日本称之为“和牛”），在总体上价格又要明显高于进口的美国牛肉和澳洲牛肉。近来神户牛肉受到了中国食客的追捧，上海等地出现了一批号称供应神户牛肉的餐馆，价格不菲，真假如何，当由食客自己来判断。

猪肉的传入，我放在中华料理这部分再叙说。

除了牛肉和猪肉等之外，明治时期传到日本的还有相当不少之前所没有的或只有零星传播的食物材料。1871 年，为了引进西洋的作物和家畜，在北海道和东京设立了开拓使官园，试种或试养新品种，这一年在东京涉谷开设的第一和第二官园内就开始了各种农作物和葡萄、苹果等的栽培试验。另外据《新闻杂志》明治五年（1872 年）第 62 号的记载，有一位姓津田的在东京三田自己的菜园里试种了牡丹菜（即后来的卷心菜）、天冬目（芦笋）等10种新的西洋蔬菜，结果出售获得了相当好的收益。同一年，政府在现在的新宿御苑开辟了试验场，试种自外国引进的作物，同时鼓励民间大量种植外来的作物，将种子分发给愿意试种者。新设立不久的北海道开拓使考察美国归来之后，于1873年出版了《西洋果树栽培法》和《西洋蔬菜栽培法》，竭力向民众推广西洋的蔬果。据明治十七年（1884年）刊行的《舶来果树要览》的图文记载，其他传来的作物还有西红柿、洋葱、各种卷心菜（当时写成甘蓝菜）、西瓜和南瓜。不过，其中的西瓜和南瓜都不是明治时代才刚刚登陆日本的，事实上，西瓜和南瓜在16世纪末的时候就已经传到长崎，之后又通过琉球传到九州的南部，大约在17世纪后期就已经传到江户一带，19世纪时普及到整个日本，只是在明治时代又传来了经过改良的西洋南瓜，这在当时是稀罕物，所以还是将其列在舶来品内。此外，在明治时代传入日本、或者以前虽然有但品种明显不同的还有甜瓜、草莓、苹果、土豆、青葱、甜菜、花菜、西洋芹菜、荷兰芹等。

不过，有一样后来广泛种植并深受日本人喜爱的蔬菜是来自中国而不是西洋，那就是大白菜。1875年，开馆不久的东京博物馆内陈列出了三颗来自中国山东省的大白菜，其中的两颗后来卖给了爱知县植物栽培所，当地就开始试种，结果怎么也无法结成球体状，于是就用稻草将其捆扎起来，终于培育出了日本最初的大白菜，后来，宫城县立农学校又开始了正式的研究，形成了今天日本的大白菜。

上述这些新的食物材料的传入，大大丰富了日本人饮食的内涵。由此也产生了新的饮食内容，这里举出两个比较有代表性的例子：牛奶和面包。

日本还在大和政权的7世纪时就已经从唐代中国传来了乳牛和乳制品，上层的王公贵族有一个时期曾经饮用或食用乳品，但后来由于肉食禁令的颁布，产自于牛的乳品也很快退出了舞台，在日本销声匿迹了差不多一千年。随着肉食的复活，奶牛的饲养也渐渐在日本兴起。1871年，京都府劝业场最早在日本国内设立了畜牧场，并从美国旧金山进口了27头牛，请来了德国人作指导。这一年在东京涉谷开设的第三官园内，开始饲养奶牛、猪和马，将这边榨取加工的牛奶提供给宫内省，明知天皇就是自这一年起饮用牛奶的。为配合政府倡导饮用牛奶的政策，1872年山口县的国学家近藤芳树出版了《牛乳考》，向民众宣传说日本人很早就开始饮用牛奶，以前的天皇、贵族都是牛奶的喜好者，喝牛奶在西洋已经是一般人的生活习惯，毫无污秽可言。这一年，在京都最先开始了向普通家庭上门送递牛奶。1890年，东京的牛奶销售人员达到了404人，奶牛的头数超过了1万头。在东京等大城市，喝牛奶已经不是一件稀罕事了。如今，日本牛奶的品质可谓有口皆碑，尤其以北海道的牛奶最受欢迎，脂肪含量一般都达到3.6，芳香醇厚，口感绝佳。令人不可思议的是，其价格要低于中国市场上脂肪含量远低于3.6的国产品，在日元汇率走低的今日，一千毫升的北海道鲜牛奶，不到人民币 10 元，而这边“光明”的“优佳”，竟要卖到人民币 25 元，日本明治在中国生产的牛奶，也要 20 元一盒，价格倒挂如此巨大，令人在匪夷所思之外，实在是咋舌不已。

面包传入日本，并不始于明治时代，16 世纪后半期，西洋来的传教士就曾携来了面包，稍后的长崎荷兰商馆内，当地的日本人也见识到了面包是如何烤制出来的，但是由于 1639 年幕府当局实行了严厉的锁国令以后，面包被视为与基督教相关的食品而遭到了明令禁止，直到近代日本的国门被重新打开以后。1868 年，报纸上刊登了中川屋嘉兵卫的面包广告，这大概是日本正式制作面包的开始。在翌年的 1869 年，在东京的芝开设的木村屋、下谷的文明轩也是日本早期的面包店，值得一提的是，文明轩在 1872 年创制出了一种豆沙馅的面包，具有革新的意义。江户时代，日本的豆沙糯米饼或是豆沙馅的糯米团子已经比较盛行，文明轩的老板将这一日本人的创意运用到了面包制作上，创制出了豆沙面包，可谓将日本传统的工艺与外来的面包制作完满结合为一体了，更加符合日本人的口味。此后，东京的面包店逐渐增多，到了 1877 年，达到了 10 家，1882 年达到了 16 家，1885 年 19 家，面包也渐渐进入了寻常民众的食物之列，并逐渐从城市向乡村传开。1885 年，日本海军的伙食中引进了面包，但陆军由于德国留学归来的军医总监森鸥外的反对，一直未采用面包作为主食。在 19 世纪，面包主要是法国和英国的品种，一战以后，美国的面包传入了日本，而二战以后，由于战后日本食物的极度匮乏，从美国大量运来的面粉制作的面包成了众多饥饿的日本人的救星，如今，面包已经成了日本人极为寻常的主食之一。1960 年代以后，随着烤面包机的普及，面包登上了绝大多数日本人的早餐桌，各色精美的西点面包店，比比皆是。

此外，明治以后从西洋传入的食品可谓不胜枚举。1873 年在东京的若松町开设了一家名曰“风月堂”的果子铺的米津松造，购入了新式的食品机械，请了一个法国人来作指导，1875 年在日本首次成功制作出了饼干。另据 1878 年 12 月的报纸《邮便报知》的报道，“风月堂”在这一年制作出了日本最早的巧克力，同时还在该报上刊登广告。有意思的事，当时外来的名词还较少使用仅仅表示注音的片假名，而是用了一个发音相同的汉字词语，曰“猪口令糖”，“猪口”一词日语中原本就有，指的是陶瓷的酒器或是盛放下酒菜的酒盅状食器，日本人见了并无怪异的感觉，中国人见了这一汉字词语大概会忍俊不禁。在明治年代，巧克力自然还是稀罕物，以后逐渐普及，战后日本巧克力的制作已经达到了相当高的水准，有浓郁的可可和牛奶的香味，甜度适中，入口丝滑，“明治”公司等生产的巧克力已经打入了中国的市场，迷倒了一大批馋嘴的美眉，但是价格，较之日本本土更贵。

风行全日本的咖喱饭

日本放送协会教育电视台前两年发布了一项日本人新年里最爱吃的五种食物，位于前三的分别是“拉面”、咖喱饭和麻婆豆腐。中国人有些生疏的咖喱饭在今天的日本居然有如此大的魅力！

咖喱饭除了米饭是日本原有的饭食外，包括其他原料在内的整个烹调法或是调味法差不多可以说颠覆了传统日本料理的概念，是一款与传统日本食物迥然不同的新料理。在日语中，用的也是外来语，还原成原文，应该是 curry rice。但是在今天的日本，咖喱饭已经成了日本人在新年中最爱吃的食物之一。在日本的大街小巷随意漫步，不时会飘来咖喱的香味，循味望去，必然可以看见咖喱饭馆的身影。

当然，咖喱饭不是日本的传统料理，尤其以其中必定含有的牛肉或鸡肉等肉食来看，它的传入，也不会早于明治时代。虽然咖喱饭是何时、以何种方式、由何人在何地传入日本，现在已经无法确切考证，但是根据现存的文献资料，我们还是可以大致考究出它传入日本的情形。文献上先于咖喱饭的是咖喱菜肴，咖喱一词最早出现于明治五年（1872 年）

出版的由敬学堂主人著的《西洋料理指南》和小说家假名恒鲁文编的《西洋料理通》上。《西洋料理指南》上对咖喱菜肴的制作是这样介绍的：咖喱的烹制，乃是将切成细末的大葱、生姜、大蒜用黄油炒过之后，加水，再放入鸡肉、虾、鲷鱼、牡蛎、赤蛙同煮，之后再放入咖喱粉一起煮，最后放盐和面粉勾芡即成。这与后来的咖喱菜肴、特别是咖喱饭的内容有较大的不同，主要是像土豆、胡萝卜、洋葱等外来的蔬菜在明治初期还非常罕见，而用了较多日本容易获得的海产品。在《西洋料理通》里用的词语是 curried veal or fowl，估计是直接从英文中移入的，也就是用咖喱煮成的小牛肉或鸡肉，具体的吃法是将煮好的米饭盛在盘子的四周，中间放上上述的咖喱牛肉或鸡肉，不过在表述上依然没有出现“咖喱饭”一词，但是毫无疑问，咖喱或咖喱粉已经出现了。

在记述北海道大学历史的《北大百年史》一书中，在叙述北海道大学前身的札幌农学校的早期伙食部分中，出现了“咖喱饭”一词。原文是这样的：“开始时每日三餐都是洋食，后来由于财政上的原因，从明治十四年（1881 年）末开始改为只有晚饭是洋食，第二年秋天以后三餐均为和食。1881 年底的菜单上记录着早餐是‘米饭、汤、酱菜’，午饭是‘米饭，一个菜、酱菜、汤’，晚饭是‘黄油面包、两个有肉的荤菜、汤，但隔日有咖喱饭一份’。”单引号所引的是当时的原始菜单，已有咖喱饭一词出现。这大概是日本有关咖喱饭的最早记录之一，也就是说，自 1881 年左右开始，一部分的日本人已经接触到了咖喱饭。

明治九年（1886 年），在东京的一家经营法国菜的“风月堂”中，首次出现了咖喱饭，与当时颇受欢迎的炸猪排、蛋包饭和煎牛排列在一起，每份售价 8 钱，而当时差不多 1 钱就可吃到一餐荞麦面条，因此价格还是相当昂贵的。在后来的 1893 年出版的《妇女杂志》上刊载了风月堂主人撰写的“轻便西洋料理 · 即席咖喱饭”的烹调法，具体如下：

“将三四根大葱切细，放入一茶碗量的黄油一起在锅内炒，用大火将大葱炒软后，放入大半杯的面粉，不断搅拌直至出现棕褐色为止，再放入半杯的咖喱粉（后来人们研究出来说是大概相当于 130 毫升）——西洋食品店有售——，再一点点加入用鲣鱼干熬成的鲜汤，不断搅动，加入适当的酱油，用小火煮 10 分钟左右，最后放入煮熟的大虾或鸡肉，盖在煮好的米饭上即可。”

这与现在日本的咖喱饭在烹制上还稍有些差异，但整个的程序和方式已经很相近了。咖喱饭在明治末年已经不是稀罕之物，以至于在明治三十一年（1899 年）出版的由石井治兵卫撰写的《日本料理法大全》中已经将咖喱饭作为日本料理的一种而收录了进去。大致的做法与前述相近，只是这里出现了洋葱，而洋葱也是后来日本咖喱饭中最主要的材料之一。这一时期，在横滨、神户等对外开埠的港口城市，在面向外国船员等的廉价小馆子“桌袱屋”中，咖喱饭已经成了常见的餐食。不过，真正在一般日本市民中普及开来，应该是在大正中期（1920 年前后），这一时期的咖喱饭，材料已经普遍采用了切块的土豆、胡萝卜、洋葱和牛肉或者鸡肉。

咖喱粉的原料是由姜黄、芫荽、胡椒、生姜、辣椒等辛辣的材料组成，在传统的日本料理中，除了山葵（山葵只有刺激的滋味而无冲鼻的气息）之外，几乎没有刺激味觉的素材，日本菜的特点也是清淡寡味，极少使用香辣的佐料，何以明治以后的日本人会喜欢上咖喱饭呢？其实，开始的时候，日本人并不习惯这种既刺激嗅觉又刺激味觉的香辣的口味，后来曾做到东京帝国大学校长的山川健次郎日后在回忆他 1871 年首次坐船去美国留学时在船上用餐的痛苦经历时说，船上唯一有米饭的餐食是咖喱饭，因不习惯咖喱的辛香气味，不得不将咖喱撇在一边，光吃底下的米饭。明治初年的其他日本人恐怕也未必立即就喜欢上了这种香辛滋味。但是，咖喱饭是从西洋传来的，西洋料理是时髦的人士食用的，吃咖喱饭就意味着自己在时代的前列。以后日本人对咖喱饭的制作也逐渐进行了改良，使其滋味更为柔和并且带点甜味，并且加上了日本人喜欢的海鲜汤。另外，在明治后期人们吃咖喱饭时，通常还配上一种“福神渍”的酱菜用来佐餐。“福神渍”是由一家名曰“酒悦”的饮食店老板野田清左卫门在 1896 年前后创制的酱菜，用茄子、萝卜、芜菁、紫苏、竹笋等七种蔬菜以酱油和甜酒腌制而成，因作用材料为七种，便据“七福神”一名的吉祥之意取名为“福神渍”，不久广受欢迎，成了东京的一种新特产。吃咖喱饭的人常以“福神渍”佐餐，觉得两者同食，相得益彰，咖喱饭也因“福神渍”而红火起来。

促使咖喱饭走进一般家庭的，是 1906 年时由位于东京神田松室町的一贯堂发售了一种固体的咖喱调味品，据当年10月5日《时事新报》的报道，它由咖喱粉和上等的牛肉合制而成，经干燥后加工成固体的形状，久放而不易变质，食用时用开水化开即可。大正三年（1914年），日本桥的冈本商店推出了一种“来自伦敦的速食咖喱”，由于《妇女杂志》销售部和《读卖新闻》委托部的推广，迅速行销全国各地，由此咖喱饭在日本真正普及开来了。1926年，东京公营的饮食店中，咖喱饭已经位居最受欢迎的行列，超过了定食（类似于中国的盒饭，由饭、菜、汤组成）。

在1903年日本国产的咖喱粉推出之前，日本市场销售的咖喱粉都是英国产的C&B咖喱粉。在当时日本人的头脑中，咖喱食品来自西方的英国，因此是一种摩登的象征。当时的情形也确实如此。但大家知道，咖喱味或是咖喱食物并不起源于英国，而是源于东南亚、尤其是印度，在那一地区，咖喱已经有了很悠久的历史。17世纪以后，英国的势力逐渐染指印度，并在18世纪末将印度置为自己的殖民地，此后有大量英国居民来印度生活，同时来往于两地之间，于是便将印度的咖喱饮食带到了英国本土，并使其逐渐英国化，19世纪中叶，包括咖喱饭在内的各种咖喱食品在英国已经十分常见，并在欧美一带传开。19世纪下半期，欧美人大量登陆日本，也带来了包括咖喱饭在内的各种西洋饮食。

1915年，有一位当时印度民族独立运动的活动家鲍斯（R.B.Bose，1886—1944年）因刺杀印度总督失败而亡命日本，藏匿在东京新宿一家名曰“中村屋”的餐饮店里，后来被老板相马夫妻看中，便将自己的女儿嫁给了他。中村屋最早是一家经营面包糕点的店家，后来慢慢扩大经营，在1927年开设了“吃茶部（咖啡和西式简餐点）”，并在吃茶部内推出了咖喱饭。印度来的鲍斯觉得当时盛行于日本的咖喱饭毫无印度咖喱的真谛，都是英国人或日本人的改良货，于是便煞费苦心弄到了产于印度的咖喱配料，加上上等的鸡肉（印度人因印度教的忌讳而禁食牛肉）和黄油，做出了一种真正上品的印度咖喱，在“中村屋”的吃茶部推出。与日本人的将咖喱菜肴盖在米饭上的吃法不同，鲍斯将做好的咖喱汁鸡另盛于一个高脚银质的盛器中，与米饭分食。自然价格也比一般的咖喱饭为贵。但这种地道的印度咖喱饭却未能在一般的日本人中推广开来，也许是人们已经习惯了由英国传来的做法，也许人们觉得印度人未必比英国人高明，也许人们觉得这种咖喱饭太贵了，总之，热闹了一阵子也就偃旗息鼓了。

战后，虽然日本人的餐桌明显地丰富起来了，但咖喱饭仍然是人们的最爱之一。1950年，一家名曰“贝尔咖喱”的公司推出了一种日本人创造的类似块状巧克力的固体咖喱调料为咖喱饭的进一步普及起了推波助澜的作用。1963年，一家名叫House的食品公司创制出了一种“百梦多咖喱”（这是比较新的中文译名）的块状咖喱，它与原先的咖喱最大的不同是根据日本人的口味、尤其是小孩的口味，在咖喱的配方中加入了苹果汁和蜂蜜，从而大大削弱了原先的辛辣的成分，使咖喱的味道变得更加柔和并且带水果的芳香，从而进一步打开了女性和儿童的市场，有一项调查表明，每两个日本人中就有一个吃过百梦多咖喱。另外据日本学校给食研究会 1978 年的一项调查结果，孩子们所喜欢的学校供饭的品种第一位为咖喱饭，其次是意大利面、炒面。NHK 放送舆论调查所 1982 年公布了一项当年所作的日本人饮食喜好的调查结果，从中我们可以了解到，在 16—19 岁和 25—29 岁年龄段的男性人群中，咖喱饭均占第二位，同一年龄段的女性中，咖喱饭均在第三位。根据日本总理府统计局的 1981 年的家计调查，每户人家一年中消费的块状咖喱调料约为 2 公斤，这一数字近年来也没有什么改变，这在世界上也是罕见的。在中小学的午餐供食中，咖喱饭和用咖喱烹制的食品占了相当的比率，这在印度本土恐怕也是望尘莫及的。

面对广大的咖喱食品市场，日本咖喱食品行业的竞争也越来越激烈。1960 年代末，各种软包装的现成的餐食配料、餐食佐料开始推出，咖喱饭的盖浇料也早早在市场上问世。1968 年，大冢食品公司创制出了最早的软包装食品“盆咖喱”，每份 80 日元，因其新奇和方便，一时销路大盛。以后各家都推出了类似的食品。1983 年，SP 公司为了获得更多的孩子市场的份额，推出了面向幼小儿童的“咖喱王子”，两年后又推出了“咖喱公主”，与此同时，House 则企图以内容的高级化来吸引食客，在 1983 年推出了用蘑菇和牛肉制成的软包装食品，开启了高级软包装食品的先声。1986 年，江崎 glico 敏锐地察觉到了当时日本正在兴起的辛辣热潮，推出了以辛辣的刺激味味卖点的 LEE，将辛辣热潮推向了一个新的高峰。软包装内的蔬菜大抵都相同，为洋葱、土豆、胡萝卜等，肉多为牛肉，也有用鸡肉的，大阪House公司的盖浇料内加入了苹果汁和酸奶等，吃起来口味柔和而风味独特，Colico公司制作的盖浇料，量多味浓，适合于饭量大的人。咖喱料的口味有好几种，爱吃浓郁香辣的，可买“大辛”，一般人吃“中辛”，妇女儿童则多选用“甘口”，现在大约在150日元一份。咖喱饭虽是米饭，吃法却与传统的米饭不同，盛器不用大碗，而用腰形盘，盛上米饭后，将咖喱料盖及半面，用长勺舀来吃。在饭馆里，常佐以一杯水或一杯茶，好的也有一份蔬菜汤，在自家吃时，倒上一杯啤酒也许是最相宜了。在外面吃咖喱饭的价钱，依店家的不同有些上下，大致在500—1000日元之间。

近年来日本人将咖喱饭作为日本的餐食向海外输出，台北、高雄的街头就有不少日本式的咖喱饭馆。1998年初，上海国泰电影院的茂名路一侧也开出了一家由日本人经营的Tokyo House，供应的主要是咖喱饭，环境幽雅，餐食可口，价格也与东京相同，用餐者大半是日本人。不知为何，这家蛮有品位的店后来却消失了。“百梦多咖喱”两年前也挺进中国市场，广告做得挺热闹，但这种滋味过于柔和的咖喱却不怎么受喜欢刺激的中国人的欢迎。

我本人在日本吃咖喱饭，说实话与其说是追求美味，不如说是贪求简便。在早稻田大学周边就吃过几回，价格大抵在700日元左右，一个长腰形的盘子，盛上白米饭之后，在另一端舀上由牛肉、洋葱、土豆和胡萝卜熬成的咖喱汁，滋味可以要一般的，也可偏辛辣的，颜色不是我们中国常见的黄黄的，而多是咖啡色，另奉上一杯冰水。店堂一般都不大，来吃饭的大都是上班族和学生。2015 年 1 月我在东洋大学短期访学时，接待我的教授告诉我，6 号馆地下的食堂，在全日本大学都非常出名，其中有一款咖喱饭，广受好评。我自然愿意去尝一尝。食堂的规模很大，也十分洁净，从入口进去第一家，就是有咖喱饭供应的 Curry Mantra，旁边另外写明 Indian Food，厨师是两位肤色黝黑的印度男子，连负责收票发菜的也是一位印度女子，日语基本可通。主要就供应咖喱饭和馕，咖喱饭的浇头或者馕的蘸料分为 A、B 两种，一种就是鸡肉咖喱汁（咖喱汁的口味又分成三种，自己选择），另一种是放入刀豆等蔬菜，也可各要一半，咖喱饭是浇在长腰形米饭盘的两头，馕则是分别盛放在两个不锈钢小碗中，配有不锈钢的刀叉，还可免费提供一杯自家制作的酸奶或果汁，每一份都是 500 日元，自己在自动售票机上购买餐券。以后的几天，我各种都尝过，滋味不坏，自家制的酸奶尤其可口。但是印度咖喱饭的浇头只有鸡肉，我觉得好像牛肉更入味。现在的鸡肉，一般都是集中养殖，肉质比较粗糙，鲜味也不够。日本虽然许多食材都相当不错，但至少鸡肉的味道，远不如中国的散养鸡。

中华料理在近代的传入和兴盛

1991 年 11 月我初访日本，看到无论是繁华的大都会还是偏远的小乡村，到处都有中华料理的店招，接待我们的日方也都尽量安排我们吃中国菜，麻婆豆腐、青椒肉丝、古老肉，使我产生了一个错觉，以为日本到底受惠于中华文化甚多，不仅汉字汉文、孔孟哲学，连饭食也早已中国化了。后来慢慢研读历史文献，进行了各种考察，才意识到这是一个历史误会。

毋庸置言，中国饮食文化对日本的影响，至晚从稻作传播到列岛的时候就开始了。此后，从耕作的方式、农具的样式乃至蔬菜的栽培、保存食物的制作等诸方面都留下了深刻的印迹，至于唐果子、精进料理等的传入，在本书中也略加涉及，这里就更无须赘言了。但所有的这些影响，由于它在传播过程中的非体系性和时间上非连续性，几乎都在漫长的历史长河中被吸纳、融入或整合在日本人的饮食生活中，而染上了浓重的日本色彩，日后逐渐变成了日本饮食文化中的一部分，比如酱油和豆腐，在一般日本人的心理意识中，几乎已经成了日本饮食文化的代表物品，这一点，在欧美人的认识中，也得到了相当大的认同。而事实上，尽管中国的饮食文化从最初的发轫期开始就不断地在影响着日本人的饮食生活，但是由于自先秦开始的以猪牛鸡羊等肉食为主轴的中国人的食物体系和自 7 世纪末开始的基本排除肉食的日本人的食物体系具有极大的差异，不仅造成了彼此在食物原料上的很大不同，更由于地理环境、食物资源和各自历史演进过程中的诸种差异，而导致了烹调方式、进食方式乃至于饮食礼仪、有关饮食的基本价值观和审美意识、口味的喜好等诸方面的明显差异。即便进入了明治时期，西洋的肉食已逐渐渗入日本人的饭桌，但在当时的中国人看来，依然是大异其趣。1870 年代末期出使日本的黄遵宪，在《日本杂事诗》的注中写道："日本食品，鱼为最贵。尤善作脍，红肌白理，薄如蝉翼。芥粉以外，具染而已。又喜以鱼和饭，曰肉奁饭，亦白骨董饭，多用鳗鱼，不和他品，腥不可闻也。"

随着西洋饮食在日本的大举登陆，肉食的解禁，明治时代中期以后，这一情形发生了改变。中国饮食开始以具有体系的形式，比较完整地传入了日本。中国的饮食，尤其是菜肴及其烹制法能在近代以后完整地传入日本，并对已有的日本料理和日本人的饮食产生前所未有的重大影响，我想可以举出三个原因。

第一点是近代以后中国与日本的交往，无论就其规模、范围还是频率上来说，都是近代以前完全无法比拟的。近代的日本与中国，带有官方色彩的交往，开始于 1862 年江户幕府向中国派遣官方的商船"千岁丸"，随船的官吏和武士共有 51 人，6 月 2 日这艘购自英国的三桅帆船驶入黄浦江，在上海逗留了将近两个月。1871 年，日本派遣了时任外国事务总督的伊达宗城前往天津，与当时的北洋大臣李鸿章谈判后，签署了近代日本和中国之间的第一个官方条约《日清修好条规》，1873 年正式批准，由此两国开始了在近代的正式交往。在该条约尚未正式批准之前的 1872 年 2 月，建于黄浦江畔的日本驻上海领事馆就已经开馆。1875 年 2 月，三菱商会（后改称三菱汽船会社）开启了横滨和上海之间的日本第一条海外航线，1876 年英国的 P&O 轮船公司开通了香港—上海—横滨的航线（该航线权后来归三菱汽船会社所有）。自日本前往上海等地的日本商人和文人逐渐增多，后来在日本文坛上独树一帜的著名作家永井荷风就曾在 19 岁时的 1897 年，随出任日本邮船上海支店长的父亲到上海来过两个月。1887 年时，上海有日本侨民约 250 人，至 1905 年时，日本侨民的人数已经升至 4331 人，占上海外国人总数的 30%，1912 年时则升到了第一位，并在 1907 年 9 月成立了上海日本人居留民团。他们日后频繁的往来于中国和日本之间，自然的也会将中国人的饮食内容和饮食习俗带到日本。中国方面，1877 年中国首任驻日本公使何如璋及其随员前往东京。几乎与此同时，曾有相当一批广东和福建出身的人士，或是充当管家和仆佣随洋人一同来到日本，或是自己独自闯荡江湖，来到日本谋生，这样，在早年的横滨和神户、长崎等地，已经有一批中国人居住，据横滨开港资料馆编的《横滨外国人居留地》一书的统计，1893 年时，横滨的外国人居留地中居住着约

5000外国人，其中中国人约为3350人，在整个外国人中所占的比率是67%，相比之下，英国人是16%，而美国人仅为5%，可以说中国人占到了绝对的多数。曾以自传体小说《断鸿零雁记》风靡一时的风流僧人苏曼殊，其父亲就是在明治时期来到日本经商的广东人，后娶日本女子为妻，苏曼殊本人于1884年出生在横滨，并在那里度过少年时光。从1880年前后开始，为了解海外情状，不断的有来自官方和民间背景的人士陆续来到日本，考察变化中的日本实况，其中著名的有王韬、黄庆澄、傅云龙等，他们无疑也带来了中国的影响。这种人员的往来，在1895年甲午战争之后，又有了大幅度的增长。据东京府1902年的统计，其时居住在东京的外国人共有1449人，其中中国人为689人，占总数的48%，其次是美国人，为298人，占总数的20%，英国人为198人，德国人为83人，法国人为81人，俄国人为10人。甲午战争后的1896年，中国开始向日本派遣官费留学生，以后自费留学生的人数也急剧扩大，据实藤惠秀《中国人留学日本史》的统计和推测，在1905年前后，在日本的中国留学生人数达到了大约5万人。1898年下半年，由于戊戌变法的失败，梁启超等立宪派人士纷纷流亡日本，以后又有孙中山等革命派人士陆续抵达日本，一度曾经以东京为根据地策划推翻清政府的革命活动。在东京、横滨、神户等街头，到处可见中国人的身影。几乎在同时，日本也借助甲午战争和日俄战争的胜利，进一步扩张其在中国的势力和影响。1900年八国联军攻打中国以后，日本在天津等地设立租界并驻扎军队，1906

年以在大连设立“南满洲铁道株式会社”为契机，大肆扩展在中国东北部的势力，日本人移民由此登陆辽宁、吉林一带。

上海可以说是近代以来最早与日本交往的一个都市。我目前所读到的日本人最初记录中国饮食的文献是岸田吟香1867年的《吴淞日记》。岸田吟香后来是一位与中国、尤其是上海渊源极深的日本文人和商人。那年岸田吟香随同美国人赫本来上海印行英和词典，因他通晓汉文汉诗，与当地的中国文人交往颇多，《吴淞日记》中记述了他在中国人家里喝喜酒的情景：“一个大房间里放着三张台子，一张台子坐着四五个人在喝酒。一开始台子上放上了做成蜜饯的梅子枣子，西瓜子，剥了皮的橘子，杏仁，花生，苹果羹。开始喝酒时，就换上了不同的菜肴，都装在大碗中，有全鸭，汤羹类很多。每个人面前都放了筷子和调羹，各自夹取食物。但喝酒时，还有一个繁琐的做法，或者是礼节吧，都用自己的筷子为别人夹菜，直接放在台子上，而且还都用自己的筷子，应该是不礼貌的，但大家都把这看作是礼貌。”1908年来中国游历后的小林爱雄在他日后出版的《支那印象记》中也记录了初尝中国菜的感觉：“在另外一间类似的房间里所用的午餐中，我第一次尝到了中国料理。吃饭时，所有的食物都盛放在桌子中央的大盘子里，每人面前则摆放着碟子、汤匙、筷子，大家自由地夹取食物。还有人会热情地用自己的筷子为我夹取食物。”在另一章里，他记录了在南京秦淮河畔参加的一次宴会：“过了一会儿开始上菜。为了保温，在一个类似西欧点心盘子的陶器内盛满了热水，上面放上盛了菜的盘子。

每上一道菜，主客便一起挥动长长的银筷，将菜夹往自己面前的银碟内。吃上一两筷后，跑堂的就会换上新的菜肴。如果是汤，就用汤匙，若需用叉，就用有两根齿的肉叉。这比只用筷子的日本热闹多了，特别是吃到嘴里时，银铃般的乐音在江面上的船内轻柔地响起，仿佛一直响彻水底。四五分钟后就有新菜端上来，源源不断。燕窝、鸽蛋、长江里的鳜鱼、苏州菜、鸭掌、将所有的生物的肠和骨炖上一两夜后做成的香气扑鼻的汤羹……真可谓是山珍海味。”显然，这样的用餐方式对日本人而言是很陌生的。

借由这样的书刊文字，普通日本人开始了解到了中国的饮食。虽然由于诸种原因，早期的人员往来，并未立即促成中国饮食的迅速传播，但日积月累，毕竟渐渐形成了一个社会基础和氛围，为日后中国饮食大规模的正式传入，创造了可能。人员的频繁往来，无疑是饮食文化传播的极其重要的媒介。

第二点是明治时期肉食的解禁。这一点也十分重要，不然就难以解释在漫长的一千多年中，尤其是在积极汲取唐文化的奈良和平安时代前期，何以中国料理未能以整体的形态传入日本。西洋料理虽然在体系上与中国菜肴迥然不同，但在以肉食为基础这一点上是相同的，虽然西方更多地食用牛肉，而中国则偏重于猪肉。西洋饮食的引进，首先破除了肉食的禁令，为中国饮食的整体传入，扫清了障碍。

第三点是中国饮食在体系上的悠久性、合理性、完整性和内涵上的丰富性、成熟性。中国的饮食，在先秦时代已经初步建立了完整的体系，在以后的民族融合和中西文化交流中，又大量汲取了东西南北的诸多营养，不断地丰富着自己的内涵。宋代时酱油的诞生和炒菜这一烹饪方式的普及，以及桌椅生活方式的确立，基本奠定了今日中国菜肴的格局和样式。同时，就食物的内涵而言，也几乎达到了空前的地步，飞禽走兽，草虫鱼虾，在在皆可进入盘中。《东京梦华录》等所列举的品目，洋洋洒洒，动辄数十上百种，几乎囊括了当时人们所能收获或捕获的所有可食用的动植物，其丰富程度，也是别的民族所难以企及的。我们今天读宋人所撰写的各种有关饮食的记述和食单，几乎没有暌违疏隔的感觉。清人袁枚的《随园食单》，更使今天的我们觉得十分亲切和熟识。当然，16 世纪时从中南美经西方传来的辣椒、玉米、番薯、花生等食物又进一步充实了中国人饮食的内容。再看今天人们所熟识的日本传统料理，差不多是在 19 世纪初才正式确立的，与此形成鲜明对比的是，现今的中国饮食，与至晚在宋代时已经确立的中国菜肴体系紧密相连，一脉延承，这种在菜肴体系上的悠久性和完整性以及内涵上的丰富性和成熟性，相对于当时比较单一的日本饮食来，无疑具有它的合理性和先进性。

不过，中国饮食在整体上的传播，一开始并不如西洋饮食那么顺达。包括西洋饮食在内的西洋文明，是明治日本人主动想要吸取的。上自宫阙官府下至草野民间，都纷纷主动向西洋靠拢，希望早日跻身于西方列强的行列。与明治时期蒸蒸日上的日本国势不同，道光、咸丰以后的中国，则是江河日下，气息奄奄。自1862年“千岁丸”航行上海以后，日本人就开始意识到了中国的日趋衰败，以后在琉球、朝鲜等问题上，步步向中国逼近，渐渐处于凌驾于上的地位，而甲午一战，则彻底将中国压了下去，日本朝野中，鄙视中国的风习也越加浓厚。因此，中国饮食在近代日本的整体传播，不仅完全没有日本朝野的推波助澜，在大多数场合甚至是需要凭借其本身的魅力，也就是它体系的悠久性和内涵的丰富性，说得通俗一点就是食物种类的丰富多样和滋味的可口鲜美，来冲破日本人观念上的偏见，并且在人员频繁来往的过程中，自然而然地慢慢传播开来。

在叙说近代以后中国饮食完整地传入日本之前，这里稍稍花些笔墨追述一下江户时期由商人带来的中国饮食在江户日本唯一的通商口岸长崎以及通过长崎在日本传播的情形。在日本各地闲走，经常可以看到这样的一个招牌，“长崎チャンポン面”，チャンポン这几个字没有汉字，也不用平假名写，而是用片假名写出，用片假名写的词语大抵都是外来语，因此这个词来自海外的可能性很大。你去问日本人这チャンポン是什么意思，十有八九答不出，连店家的伙计也不知所以。但要说チャンポン面，那大抵都知道，这是一种类似于中国什锦汤面的食品，用大口的浅碗盛装，其实与现在的“五目”面也没有太大的差别，但チャンポン面的历史要悠久得多。江户时代，经常有中国商人坐船来长崎经商，也有在长崎居住下来的，长崎当局专门辟出一块地建为“唐人屋敷”，供中国商人居住，这样，很自然的就带来了中国的饮食，チャンポン面虽说是明治以后才流行起来，但将肉和各色蔬菜炒在一起的吃法则是由来已久了，尽管经官府的多年管制，普通日本人已很少吃肉，但长崎地处西隅，当时又被幕府辟为特别的通商港，即使吃点肉食，官府也眼开眼闭了吧。チャンポン一词究竟源于何处，多年来一直是众说纷纭，但我认为一个颇为可靠的说法是来自福建话（严格的说是闽南话）的“吃饭”，我特意请教过福建泉州的朋友，又查阅了《中国方言大辞典》，发现闽南话的吃饭发音与チャンポン非常相像。由チャンポン面我们要说到“桌袱料理”。不能说有了桌袱料理日本人才有了使用餐桌的习惯，但桌袱料理差不多可以说是日本人最早使用餐桌吃饭的形式。与日本人延续了上千年的每人一份的“铭铭膳”的进餐方式明显不同的围桌吃饭的桌袱料理，它的传来，最早也是源于在长崎的中国人，它的具体内涵，根据饮食研究家川上行藏的说法，应该具有如下三点，一是与传统的日本料理不同，不再使用食案，而是使用餐桌（这餐桌不是圆桌而是四方桌，俗称八仙桌），并且将食物和菜肴盛入一个个大钵或大碗，就餐的人再分别把菜肴取到自己的盘碟中进食，这对沿袭了千余年的分食制而言在形式上差不多是一场革命；二是整个房间的摆设、器具和餐具都用中国或中国式的物品；三是原则上都应该是中国菜。第一点是桌袱料理最鲜明的特点，可以说标榜桌袱料理的都身体力行了，但第二和第三点实际上就不那么纯粹了，中国式的器具还可以摆摆样子，当时流入日本的用具和瓷器的碗碟并不少，房间里挂一些中国的书画也是由来已久的风雅，但纯粹的中国菜却是做不出来，首先是材料的问题，肉食受到禁止，猪肉等很难寻觅，其次是调味品的短缺，再次是烹调的技术，甚至在长崎的中国人所做的也很难是纯粹的中国菜，何况当时的日本人要做出像样的中国菜就更不是轻而易举的事了，其结果便是各种元素的组合体。除了“桌袱料理”之外，当时还曾出现过一些极少中国饮食的书刊，比如《桌子烹调方》、《桌子式》和《清俗纪闻》等，但一般日本人无缘接触实际的中国料理，影响也就很有限。不过从这些书刊的名字来看，比起菜肴本身来，当时的日本人也许觉得中国人围桌吃饭更有异国风味，“桌袱料理”对日本的影响与其说是料理，倒不如说是用餐的方式，即使用桌子。而事实上传到江户和京都的桌袱料理，仅仅还留存着桌子的形式，菜肴的内容依然是传统的日本菜，当时的社会风习、食物材料以及烹调技术等，还不可能使得中国饮食以完整的形态在日本传布。但不管怎么说，用餐桌吃饭的风习慢慢的就在都市地区传开了，人们将新出现的餐桌称为“桌袱台”，而日本的“桌袱台”实际上是矮桌，置于榻榻米之上，就餐时依然还是席地而坐，但这毕竟改变了原来的“铭铭膳”的用餐方式。需要指出的是，在江户时代，“桌袱台”的传播依然只是局限于部分城市地区，大部分乡村地区依然沿袭了昔日的“铭铭膳”。今天在长崎，各宾馆和观光地为了招徕游客，纷纷打出了桌袱料理的招牌，增加几分异国的情调，以满足人们的好奇心。

2009 年 2 月我随上海文广传媒的一个小型访日团出访

长崎电视台，主人在当地最有名的桌袱料理菜馆“花月”为我们洗尘。“花月”创业于 1642 年，正是中国商船与长崎的贸易兴盛的初期，桌袱料理是这家有近 370 年历史的高级料亭的最大特色，1908 年孙中山来长崎时也曾在此饮食，至今“花月”的入口处醒目地陈列着孙中山当年在此拍摄的照片。那天的欢迎酒宴规模不小，席开四桌，让我领略了所谓的桌袱料理。这是一种介于中国菜与日本料理之间的样式，每席皆是圆桌（此为中国格局），桌面大小远比现在的圆台面为小，也稍小于八仙桌，矮脚，客人坐榻榻米上（此皆日本格局），饮食方式不是分食的铭铭膳，菜肴都盛放在一个个较浅的大碗（也可理解为较深的大盘）中，客人自己取食（此为中国方式），每人面前有两个碟子，而菜肴的内容，则多为和食，其中以每人一份的用鲷鱼的鱼鳍做成的清淡的鱼汤为代表，表示有多少位客人就用了多少条鲷鱼（鲷鱼在日本算是比较名贵的），其他还有蜜煮紫豆等，比较抢眼的是红烧肉，一个白色的大盘中整齐地码放着五块由五花肉做成的红烧肉，虽然并无浓稠的酱汁。江户时代应该还没有红烧肉，若有，则完全是当时的中国商人传入的。这一次的招待晚宴，价格一定不菲，虽然东西也未必好吃，却令我印象十分深刻，因为这完全是一次中日合璧的飨宴，融合了当时中国和日本的饮食元素。

这里我想强调的是，在江户时代被辟为特殊口岸的长崎曾有相当的中国商人往来，因而中国饮食（包括内容和饮食方式）曾在一定范围内得以流播，但由于我上面所列举的中国饮食整体传播的三个原因中至少前两个在当时未能成立，所以中国饮食在日本的传播依然只是局部的、零碎的，无论是内容还是用餐形式，在江户时期的日本尚未出现完整的、纯粹的中国饮食或中国料理（16世纪中叶以后由东渡日本的隐元和尚在其所开辟的黄檗山万福寺内食用的精进料理也许是一个例外，精进料理虽然是中国菜的一支，但并不具有代表性，且比较纯粹的中国式精进料理仅仅限于万福寺内部）。

明治中期以后，随着中国饮食整体传入的三个条件陆续成立，猪、牛等养殖场的先后建立，在东京和横滨一带逐渐出现了中国餐馆的身影。明治十二年（1879年）1月，在东京筑地入船町开出了一家中国餐馆“永和”。这家餐馆即便不是日本第一家正式的中国菜馆，至少也是最早的中餐馆之一。在报纸刊出的广告上有如此告示：“若在两三日之前预订，本店将根据阁下的嗜好奉上美味的菜肴。”看来当时顾客还是比较稀落，店里未必备有丰富的材料，而是根据客人的需求随时采购筹办。我目前尚未找寻到有关这家餐馆的更多资料。1883年，东京开出了两家中餐馆“偕乐园”和“陶陶亭”。关于“偕乐园”，当年10月30日的《开化新闻》上如此报道：“在日本桥龟岛町建成了一幢高楼，名曰偕乐园，眼下正准备再次开设一家中国料理店，资本金为三万日元，拟以股份公司的形式经营。”据云该餐馆还将供应油炸鼠肉，似乎与广东人的嗜好有些关联，未知确切否。自幼在东京长大的日本名小说家谷崎润一郎（1886—1965年）在一篇发表在1919年10月《大阪朝日新闻》上的题为《中国的料理》的随笔中回忆道："我从小就一直喜爱中国菜。说起来，是因为我与现时东京有名的中国菜馆偕乐园的老板自幼即是同窗，常去他家玩，也常受到款待，就深深记住了那儿中国菜的滋味。我懂得日本菜的真味，还在这以后，和西洋菜比起来，中国菜要好吃得多。"中国菜的美味，也是促成谷崎日后喜爱中国的原因之一。不知当年偕乐园内的中国菜是否地道，不过谷崎觉得滋味要远在西洋菜之上，应该是不坏。

1885 年，在东京的筑地又开出了一家中餐馆，名曰"聚丰园满汉酒馆"，一看店名就知道这是一家中餐馆，"满汉"云云，大概是北方菜系。据是年 7 月 25 日的《朝野新闻》的记载，其价格为中等 1 日元，普通 50 钱，上等的大料理则须在两天之前预定。时隔 15 年之后的 1900 年 9 月，在东京本乡汤岛又开出了一家中国菜馆"酣雪亭"。

不过，直至 20 世纪初期，中国菜在日本的影响仍然非常有限。进入明治时代以后，日本社会开始发生巨大的变化，在西洋的政治制度、文化思潮和科学技术汹涌地流入日本的同时，西洋的饮食业也在潜移默化之中改变着日本人的饭桌。相对而言，以前一直受到尊崇的中国受到了冷落。据明治四十年东京市编的《东京指南》一书的统计，截至明治三十九年 9 月，东京市内有西洋料理店 35 家，中国料理店仅有 2 家。在明治年间的四十五年（1912 年）出版的西洋料理书共有 130 余种，而涉及中国料理的书仅有 8 种，其中纯中国料理的书只有 2 种，其他多为《日本支那西洋料理指南》之类的中西合璧的料理书。19 世纪末、20 世纪初的时候，横滨、神户一带已经有人数颇众的中国侨民定居，我在上文已经述及，1893年时，横滨的外国人居留地中已有大约3350名中国人，在中国人的集聚区内，自然也开出了几家中国餐馆，但明治中后期日本人已开始歧视中国人，甲午一战日本打赢后，在中国人面前就更加趾高气扬，一般日本人都羞于与中国人（尤其是横滨一代的下层平民）为伍，除了有搜奇猎异之心的少数人以外，一般日本人都不愿意光顾开在横滨中华街（初时称唐人町，后改称南京街）上的中国馆子。在1993年出版的一本《横滨与上海》的纪念画册中，我看到了一张20世纪初横滨南京街的旧照，狭窄的街路两边可见到“万珍楼”、“广义和”等几家店面暗淡的小馆子。

进入20世纪以后，来到日本留学的中国人不断增加，到中国来投资经商、开办实业的日本人以及各媒体的记者也频频到中国来采访。尽管中国老大帝国的衰败形象并没有在日本人心目中有所改变，但数千年文明史的深厚积淀对日本人而言毕竟还有相当的魅力。1907年，对中国菜颇有研究的东京女子商业学校的学监嘉悦孝子在《女鉴》杂志第17卷7—10月号上以连载的形式长篇介绍了中国饮食。她申言自己研究和推广中国菜，决不是追逐流行，而是认为中国菜价廉物美，富有营养，又合日本人的口味。1911年，福冈人本田次作（后改名治作）受到中国菜的启发，创制了一种名曰“水炊”的料理，即将带骨的鸡斩成大块，放入砂锅中煮，仅用食盐调味，之后蘸放入葱花和萝卜泥的醋酱油吃，也可根据个人喜好在砂锅内放入香菇和白菜、豆腐等，与中国的砂锅鸡汤差不多，其实是一款稍经改良的中国菜，这一年在福冈（其时称博多）开出一家专营此菜的“新三浦”，大受欢迎，1917年又在东京开出分店，名曰“治作”，之后在日本全国传开，成了一款广受好评的传统菜肴。

明治末年和大正年间（1910年代），除了横滨外，在神户也形成了颇有规模的华人集聚区，同样称之为“南京街”（横滨的南京街后来改称为中华街，神户依然沿袭旧名），1915年在南京街上有中国人开出了一家名曰“老祥记”的肉包子铺，大概本土的日本人知有肉包子，就是始于这家“老祥记”。在日本戏剧界颇为著名的喜剧演员古川绿波（1903—1961年）在他的《绿波悲食记》中曾这样回忆道：“我所记得的时候（约在大正中期，1920年前后），一个是二钱五厘。尽管是如此的便宜，味道真是好。比别的价钱贵的店铺要好吃得多，真是令人吃惊。在战争惨烈的年代，这家店铺自然是消失了，但是战后不久又重新开张，而且价钱依然是极为低廉，这时是20日元3个，味道还是胜过任何地方，我真想为此大声叫唤。与往昔一样，依旧生意兴隆，傍晚去的时候，多半已经卖完了。”

可以认为，大正年代（1912—1926）是中国菜在日本真正兴起的时期。这一时期，横滨的中华街上大约有7家中国菜馆，这一数字，与现今的规模自然不可同日而语，但在当时，也颇成一点气候，除了当地的华人外，也常有些日本人来光顾。在1917年散发的广告单上，我们可以看到这样一些菜肴品种：炒肉丝，炒肉片，古老肉，炸肉丸，芙蓉蟹，青豆虾仁，叉烧，炒鱼片，伊府面，鸡丝汤面，叉烧面，虾肉云吞，福州面，什锦炒面，火腿鸡丝面，叉烧米粉，叉烧云吞等。从这些名目可以很容易的判断，当年横滨南京街上的中餐馆，供应的大都是广东福建一带的食品，这是因为当年居住在这一地区的也多为闽粤一带的移民。从品目来看，也并不是些面向贩夫走卒的低档食物，在今日依然是比较有代表性的南方菜肴。

除了中国人的传播外，日本人也开始热心研究起中国菜来。1920 年，对烹饪颇有研究、当时担任女子高等师范学校教授的一户伊势子，专门前往中国东北地区和北京一带，实地考察和研习，然后将自己的研究心得发表在 9 月 18 日的《朝日新闻》上。1922 年 5 月，在东京京桥开业的中国菜馆“上海亭”为了使普通的家庭中也可经常烹制中国菜，专门举办了中国料理的讲习会，颇受市民的欢迎。这一时期不少享有盛名的文人如谷崎润一郎、芥川龙之介、佐藤春夫等纷纷前往中国游历，在他们所撰写的游记和报道中都提到了中国美味的食物，这对中国饮食在日本的传播多少会有促进作用。1923 年关东大地震可以看作是中国饮食在日本规模性传播的一个契机。这场大地震毁坏了东京及周边地区的大部分建筑，在震后迅速着手的重建工程中，餐饮业是最早复苏的领域，重建后的餐馆，不少一改震前的传统式样，而改为桌椅式的构造，更适合中国餐馆的经营。据 1925 年出版的木下谦次郎著的《美味求真》一书的统计，东京市区并包括附近的乡镇，共有日本料理店近 2 万家，西洋菜馆 5 千家，中国料理千余家，兼营西洋料理的1500家。这个统计未必准确，但大致可以看出一个概貌，此后中国菜馆的数目应该又上升了不少，因无统计，这里不能妄加定论。中国菜在大地震后的兴起我们还可以从另一个侧面看出。日本在1925年开始无线电广播，自翌年的1月起，东京中央放送局就在每天早上播出一档《四季料理》的节目，推荐当日的菜单及制作方法，除日本菜和西洋菜外，中国菜名也频频登场。1927年由榎木书房出版的这本《四季料理》中，我找到了像“炒肉丝”、“栗子扣肉”、“炸丸子”、“青豆虾仁”这一类的菜名，有意思的是，每种菜名的汉字旁都用假名注明了该菜名的发音，根据这些注音假名我们可以辨明“炒肉丝”、“炸丸子”这些菜名来自北京一带，“栗子扣肉”、“青豆虾仁”等取自上海一带的吴语发音，而“水晶鸡”的发音听起来明显像是广东话了。这些菜谱也许是在华的日本人从中国各地收集来的，或是由各地的中国人带来的。1926年，还出版了一部《外行能做的中国料理》，立即成了畅销书，以后畅销不衰，到了1930年代初时已经印了十几版。还有一个值得注意的现象是，1926年，馄饨首次出现在东京的街头，也许早在此前横滨已有馄饨出售，但这一年是目前可知的馄饨登陆日本的最早纪录。1928年，出版了一册将1927年2月至1928年1月在电台中播放的“每天的料理”节目整理而成的书刊，名曰《电台播送·每天的料理》，从目次来看，日本料理为181，西洋料理为35，中国料理为18，与上一次的四季料理相比，西洋和中国料理的比重都有所增加，也正是在这一年，NHK开始向全国广播。我在1929年1月27日的《东京朝日新闻》上看到一则中华料理的广告，画着一个穿中装的中国男子端着托盘，值得注意的是，这家店的店名用的是洋里洋气的外来语，用罗马字表示的话是Arster，打出的招牌菜竟然是“美国·炒杂碎”，“炒杂碎”用的是英文发音的日文片假名。“炒杂碎”大家知道是早年渡海到美国去创业的广东人在美国打出的中国菜的代表，是一种将鸡鸭或猪肉、鲍鱼和笋、白菜等炒在一起的什锦炒菜，何以在东京开出的中菜馆要打出这样一道菜来作为招牌，内中含义倒是颇可玩味。也许是表示中国菜在美国都已经十分风靡了，崇尚西洋的日本人不妨也来品尝一下洋人认可的中国菜，颇有些借洋人的大旗来做虎皮的味道。有点类似今日开在中国本土的“美国加州牛肉面”，中国菜自己的底气还有些不足。总之，在1920年代，中国饮食在日本慢慢普及开来了。

在宣传中国料理方面，有一个叫山田政平的人做出了很大的贡献。山田早年作为邮政官被派往“满洲”、即中国的东北地区，曾在长春、奉天（今沈阳）工作了数年，在学习的同时对中国菜也表现出了浓厚的兴趣，不仅有意识地四处品尝，自己也尝试学着做。后来因病回到家乡静冈，正式埋头研究中国饮食，到了大正末年已完全成了一位中国饮食专家，并被邀至烹饪学校、女子大学和陆军营区去讲授中国饮食，1926年撰写了一部《人人都会做的中国料理》，至1941年发行了12版，直到1955年时，日本的中国料理界还一直将此奉为经典。1928年时，山田受一家调味品大公司“味之素”的委托，写了一本《四季的中国料理》，该书在以后的8年中印刷了60次，印数达到50万册。此外他还写了好几种有关中国料理的书，并全文译出了袁枚的《随园食单》(这部食单，后来青木正儿也译过，应该说翻译的水准要高于山田，青木的译本还有很详尽且很有学术水准的注解)。

这里要记叙一笔的是，1932年，在东京目黑开了一家名曰“雅叙园”的中餐馆的老板细川力造，他觉得中国式的圆桌面太大，坐在这一端的人要搛那一头的菜很不方便，于是便与常来吃饭的工匠酒井久五郎和开五金店的原安太郎商议，能否有什么良策。受到金属垫圈的启发，三人经过琢磨之后，发明了一种可以在圆台面上转动的内桌面。从此，这样的圆桌逐渐在日本的中餐馆传开，以后又传到海外，最后又传到了中国本土。顺便提及，1937年的时候“雅叙园”的菜价是：北京料理（特别料理）每桌（限10人）25日元，单人套餐每人2.5日元，中午的单人套餐1—2日元；日本料理每桌（限5人）10日元起，单人套餐2.5日元起，中国菜与日本菜的价格基本相同。

战后中国饮食对日本的影响，基本上是延续了战前的势头，但与战前相比，有两个比较明显的特点。一个是在普及的程度上较战前大为进步，另一个是上流阶级所享用的比较精致的中国菜肴在战后的日本确立了自己的地位，并借此相应的提升了中国饮食的形象。

战争刚刚结束时，日本在食物上陷入极度的困境。其时有数百万从中国撤离回来的旧军人和侨民，为了营生，有一部分人利用自己在中国期间学会的中餐烹饪技艺和当时相对比较容易获得的面粉，开始在黑市市场上开设小食摊或是简陋的饮食店，借此谋生。1947年，在东京的涩谷车站前形成了一个海外归国者的市场，中国传来的饺子，据说就是从这里传开的。古川绿波的《绿波悲食记》中有这样一段记述：

> “战后在东京首批产生的饮食店中，有一种饺子店。当然，这是中国料理的一种，战前在神户真正的中国料理屋中也可吃到，另外，在（东京的）赤坂的‘枫叶’，说是烧卖，也可吃到这一食物。不过，在‘枫叶’吃的是蒸饺。但是，这种以饺子（日语中的饺子一般是指煎饺——引者注）作为招牌、廉价的中国饮食店，我认为是战后才在东京出现的。就我所知道的范围，在涩谷有乐这个地方搭建起来的这家简陋的小店，是最早的了。除了饺子之外，还供应猪脚爪呀，放了很多大蒜的食物，还有中国酒。在有乐的这家之后，在涩谷还开出了一家叫明明的店铺……这些饺子店，都很便宜，供应的东西都是油腻腻的，逐渐就传开了。”

古川绿波的记述未必准确，但饺子之类的中国北方的大众食品，大概是在战后才广为日本人所知晓的。饺子在今天的日本，已经是一种极其常见的食品了，但即便如此，在今日日本的街头，虽随处可见各色面馆，但几乎没有一家纯粹的饺子馆，饺子大都只是跻身在中国风的饮食店里。而且日本所谓的饺子，极少有水饺，也少有蒸饺，一般都类似中国江南的锅贴，也就是煎饺，但与中国的煎饺又有不同，早年的饺子是何等模样，似乎没有可靠的文献可供稽查，如今的饺子，基本上都是机器做的，大抵皮都比较薄，没有一点韧劲，馅儿是白菜中加一点肉，大都是淡淡的，没有什么滋味。说是煎饺，却没见过是煎得焦黄脆香的。蘸的醋，没有米醋没有镇江醋没有老陈醋，只有毫无香味的白醋。但不少日本人却吃得有滋有味，下了班，在小馆子里叫上一瓶啤酒，一客煎饺，悠然自得地自饮自酌起来。超市里有各种蒸熟的煎饺卖，买回家在平底锅上煎热就可食用。价格很低廉，但味道说不上好。至于生的饺子，则价格反而要升一倍以上。近年来，有移居日本的中国人在都市里开出了几家点心店，偶尔也有水饺卖，但毕竟是凤毛麟角。至于馄饨，又在饺子之下。饺子在一般的中华料理店或是面馆里都有卖，馄饨则非去中国南方人开的饭馆不可。大都市里有广东人或广东人的后裔开的早茶馆（日本人随广东人呼为“饮茶”，但多在晚间光顾），可以吃到云吞式的馄饨，而居住在乡村小邑的日本人，对馄饨恐怕就不一定很熟识了。

战前的日本虽然已有不少中国餐馆，但大都是中下阶级的营生，滋味虽然不坏，但并无高档的感觉。1949 年以后，中国本土的一些名厨随主人一起离开中国大陆东渡日本，使日本的中华料理上了一个台阶。据说 1954 年前后，当时大宾馆内的中国料理馆及大的中菜馆中，厨师都是清一色的中国人，他们互相商定，决不允许日本人插足这块地盘。到了 1955 年左右，因护照和签证的问题，这些厨师遭到了日本政府的收容，此后日本人才总算打进了上层的中国料理界，不过现在活跃在日本中国料理界的顶尖人物依然是中国人，陈健一、周富贵的名字家喻户晓，虽然他们的中国话大概已说不流利了。1982年，成立了日本中国调理士会（可以理解为日本中国厨师协会），在日本的中国菜厨师有了自己的全国性组织。如今，日本最高级的宾馆都设有中餐厅，就我个人所涉足的，有大仓饭店（上海五星级的花园饭店是其连锁店之一）本馆6楼的“桃花林”，高达40多层的赤坂王子饭店底层的“李芳”，广岛市内最豪华的全日空饭店内的“桃李”等。自然都是餐资不菲的豪华宴席，堪称做工考究、菜式精美，但不知为何，在滋味上都没有留下什么印象，就像大部分中国高级宾馆内的餐食一样。

我在东京居住过一年，以后又访问过近20次，对这一带的情形稍熟一些。如今的东京街头，各路的风味菜馆差不多都齐全了。若是京菜，有赤坂的“全聚德烤鸭店”，西新桥的“王府”；粤菜有北青山的“桃源阁”，新桥的“翠园酒家”；潮州菜有南麻布的“聘珍楼”；上海菜有六本木的“枫林”，赤坂的“维新号”；川菜有平和町的“赤坂四川饭店”，明治神宫附近的“龙之子”；台湾料理有新宿歌舞伎町上的“台南”，筑地的“新蓬莱”，甚至还有楼外楼的别馆，吃山西菜的“晋风楼”，吃鲁菜的“济南”，吃素斋的“菩提树”等，可谓应有尽有。池袋有一家名曰“杨西”的馆子特别有意思，店里的8位厨师分别来自扬州有名的“富春茶社”和西安的“解放路饺子馆”，于是便将淮扬菜的特色和西安饺子的优势捏合在一起，开出了这家融南北风味于一体的“杨西”。进入1990年代以后，在新宿、大久保、池袋一带开出了不少上海风味的小馆，生煎馒头小笼包子蟹壳黄，吸引了许多爱尝新的日本客，也慰藉了不少江南游子的思乡之情。

我常到神田一带去逛旧书街，在那儿意外地发现了一家“咸亨酒店”，门面虽是小小的，却特意做成青灰色的砖墙，小小的绿瓦屋檐也很有风情。2014年11月上旬，我去东京开会，在去明治大学的路上又路过咸亨酒店，见店门口挂出了醒目的广告，是大大的令人垂涎欲滴的上海大闸蟹的图片。时值秋日，在上海一带，正是食蟹的好季节，咸亨酒店不失良机，也在竭力推销大闸蟹，我看了一下价格，中等的每个3000日元，大的3500日元，特大的4000日元，特大的我想应该会有四两吧。还有雌雄一对的，4500日元，因为日元贬值，折算成人民币的话，也不算太贵。回想起1992年秋天在东京的时候，见到树叶渐黄，忍不住思念起上海的大闸蟹，于是与妻子两人专门跑到上野车站附近热闹非凡的アメ横町，那里有一两家专门卖中国食材的商店，到了秋天，有大闸蟹出售，那个年代，运到海外去的，都是品质上佳，价格大概是国内的五倍，具体记不得了，只记得为了吃大闸蟹，特意在店里买了一瓶镇江醋，价格是500日元，那时大概是国内价格的近十倍。

当今餐饮的流行趋势是，各种帮派和地域特色的界限越来越模糊，这在日本的中国菜中尤为明显，日本中国菜的历史短，也许还没有形成过真正有特色的各派菜系。恐怕没有几个日本人听说过淮扬菜，但几乎人人都知道北京菜，于是在日本开出的中菜馆大都打出北京料理的旗号。在东京的新桥一带，有家餐馆店名就叫“北京饭店”，除了有烤鸭外，端上来的菜实在令人感受不到多少北京风味。在京都外国语大学访问时，中午主人带我们走进了一家当地颇负盛名的中餐馆“桃花林”，我在进门处注意到了一块大牌子，上书“纯北京料理”。端上桌来的大拼盘，却是在日本的中餐馆内千篇一律的模式：没有鲜味的白切鸡、日本式的长长的海蜇、广东叉烧、清淡的大虾。接着上来的一道道热菜几乎与北京也毫不沾边。说是纯北京料理，恐怕也是徒有虚名。还去过一次广岛市内最有名的中餐馆“八仙阁”，在市中心的八丁堀上，高大的霓虹灯店招，远远就能望见，走入店门，果然气派不凡，范增画的八仙过海图，十分惹人眼目，廊厅里摆放着清代风格的红木桌椅，使人觉得仿佛走进了北京的“萃华楼”。“八仙阁”所标榜的正是北京料理。然而端上桌来时，全不是那么回事。我也说不清这是中国哪一派的菜，淡淡的，鲜鲜的，甜甜的。还有一次，在东京的日本大学参加一个学术会议，结束之后十来个人来到神保町附近的一家“上海饭店”，外观只是小小的单开间门面，开在一幢有点老旧的房子下面，装潢毫无风情，除了挂了几个垂着红须的宫灯。上来的菜肴，都是简简单单的家常菜：豆苗炒肉片（在上海豆苗好像都是清炒的）、黄瓜拌番茄、青豆炒鸡蛋、日本式的煎饺、蒜苗炒牛肉，好像有一点点上海的风味，但代表性的上海菜诸如四鲜烤麸、熏鱼、酱小排、清炒虾仁、清炒鳝糊等毫无踪影，更不消说划水、肚当、虾子大乌参这些浓油赤酱的本帮菜了。顺便提及，不管是这“八仙阁”也好，山东风的“济南”也好，上来的中国酒都是南风南味的绍兴酒，以前多半还是台湾产的。日本人也许听说过“五粮液”、“茅台酒”，但识得滋味的，大凡只有绍兴酒，上了年纪的日本人管它叫“老酒”，这是20世纪20—30年代来上海一带旅行的村松梢风等人带回日本的名词，至今还仍然是中国酒的代名词。问日本人四川菜的特点是什么，他们会明确无误地告诉你“辣”，若问北京菜有什么特色，除了会说一个北京烤鸭外，别的就语焉不详了。日本的中国菜馆缺乏菜系特色或地域风味，甚或中国味都很淡，我想这应该不是这些菜馆的过错，因为它本来就是面向日本顾客，只要日本人觉得美味就可以了。某一地的文化移植到另一地，自然会随不同的风土带上其当地的影迹，饮食既属文化的范畴，它的演变也是必然的了。

但仍有少数几家，中国菜做得颇为地道。就我的经验而言，新宿的“东京大饭店”，是其中之一。来自台湾和香港的中国人喜欢光顾这里。“东京大饭店”的菜，也明显的带有南方风味，葱姜焗蟹和菜心扒鱼翅都做得很地道，这里的侍者，三分之二来自中国。与店堂阔气的东京大饭店比起来，另一家要算是不入流的乡村小馆子，但在我的记忆中留下的印象却最为深刻，它有一个好记的名字叫“美味馆”。美味馆坐落在上田市近郊的千曲川南岸，离古舟桥不远。这只是一幢不起眼的平房，推门进去，迎面是一排桌面漆成红色的吧台式座位，上面挂了两串用于装饰的鞭炮，左面墙上的一幅装饰画旁大大地贴着一个金色的“福”字，与一般的日本料理店不同，贴在墙上的食谱用的都是大红纸，立即有一股暖暖的喜庆吉祥的气氛飘荡在空气中，使人仿佛走进了一家中国小镇上的乡村饭馆，只是地面上十分洁净，店里也没有什么喧哗声。日本友人告诉我，这家店是一对残留孤儿的第二代开的，上去与店主聊天，果然是一口浓郁的东北口音，店里的两位厨师，也是从家乡请来的，店主夫妇兼做跑堂，大概是价廉物又好，生意一直颇为红火。店里的客人，多为附近的居民，有举家开了车来吃晚饭的，也有青年男女结伴而来的，商务性的应酬极少见，店主与客人大抵也都熟了，店堂内一直洋溢着温馨的家庭式的氛围。供应的酒类除日本清酒和啤酒外，还有绍兴加饭酒和小瓶的青岛啤酒，绍兴酒绍兴和台湾产的都有，价格一样，台湾的绍兴酒口味稍甜，有点像“女儿红”，但酒色比女儿红浅些。有趣的是，这里还有桂花陈酒卖，可论杯出售。在日本的馆子里喝酒，都有一种随酒送上的“先付”，即每人一小碟或一小盅店里自制的下酒菜，“美味馆”一般总是青椒丝拌土豆丝或是黄豆芽拌笋丝，鲜中带点辣味。这家店冷菜做得不怎么样，热菜中比较不错的有干炸茄子、炒米粉和八宝菜。干炸茄子是用一种圆茄去了皮切成长条上了味后放在油锅中炸，再放蒜末、葱末、切碎的红辣椒和用酒浸泡过的小虾米一起干炒，很入味，且滋味独特。八宝菜实际上一种炒和菜，在中国本土倒反而不多见。炒米粉差不多是这家店的看家菜，只是将青椒丝、笋丝和肉丝与米粉炒在一起的极为普通的闽台一带的家常菜而已，但真的做得很好，我每次来必点，屡吃不厌。这里的菜价，只有东京中国菜馆的一半不到，与三五朋友一起来小酌，连酒带菜，每人费资两千多日元够了。

2014年11月去日本参加学术活动，爱知大学的铃木教授在名古屋名铁百货公司9楼的“中国名菜银座翠菊（原文是アスター）”请我们吃午饭。“银座翠菊”是一家中等偏上的中菜馆，在全日本有几十家连锁店。除了高级酒店内的中菜外，这家是我觉得比较有品位、菜品也做得很不错的日本中餐馆，店堂内都用深褐色的中式桌椅，乳白色的内墙上制作了中国窗花的雕饰纹样，摈除了一般的大红大紫或金碧辉煌，显得简洁而高雅。午饭只是比较简单的套餐，我记得是两千日元的“桂花”套餐，除了一碟酸甜的腌萝卜和榨菜、一碗蛋花汤和一碗白米饭外，有一份在长长的白瓷盘内放置的四样小菜，造型和滋味都很美，此外可在古老肉、蛤蜊肉虾仁豆腐、韭黄炒鸡肉等几个菜里面选一个，于是我们各个选择了不同的菜品，届时可以共享。豆腐做得偏咸，其他都很可口，餐具也颇讲究。主人还特意追加了几个放入了松茸和银杏的春卷，每个324日元，好像也没感觉到松茸，但炸得非常香脆。甜食也很精致，犹如西餐。这家店与长野县富有乡土气的“美味馆”相比，似乎是城里中产阶级的天堂。

2015年4月来到京都大学做五个月的研究，按照在上海的习惯，我周末也在大学的研究室。在复旦大学时，因为有许多外地的住校学生，周末食堂自然也营业，可是在日本(不止是京都大学)，周末无课，学生也不可能住校，食堂就会关门，无奈之下，只能到周边的小饭馆果腹，去的比较多的，是今出川通上的一家中国菜馆“宏鑫”，店名毫无诗意，也许是老板的姓名。一楼是供应定食，价格在600至800日元之间，有木耳炒肉片，韭菜炒猪肝，糖醋肉丸子等，每份定食，必定还有两大块炸鸡和一小碗鸡蛋汤，并有几片腌萝卜。这边的周末，常常会有京都大学的学生来体育场打球，都是些很生猛的小伙子，运动以后饭量很大，因此店里米饭可以随意添加（京都大学的食堂一小碗米饭85日元），这一点对这些壮实的小伙子也很有吸引力，因此常常爆满。晚上在三楼有一个供应炒菜的餐室，虽然房屋已经不新，照明也很老旧，但摆设还有些情调，紫砂茶壶是主旋律。这边的冷菜热菜一律都是700日元，这价格在日本是十分低廉的，虽然没有高级材料（有挺大的虾仁），餐具也极为普通，但滋味还真不坏，有比较纯正的中国风味。意外的是还有油条和葱油饼，不过油条实在不敢恭维，是事先做好了的，临时放在微波炉里加热一下而已，完全没有上海小摊上的松脆油香。来的次数多了，就与老板聊天，得知老板是东北人，娶了一位残留孤儿的后代为妻，也就留在了日本，以前曾在上海跟着香港厨师学过上海菜，也五十多岁的年纪了，开饭店的房子是自己买下来的，他说薄利多销，主要做京大学生的生意，似乎对在日本的生活还挺满足。

1960年代经济高速增长时期之后，日本的餐饮业得到了迅猛的发展，中国的饮食也趁着这一势头如雨后春笋般地遍布日本的大都邑小乡镇。如今，中华料理已经与日本料理、西洋料理一起构成了日本人今天饮食的三鼎足之一，日本人通常称之为“和洋中”。东京、大阪等地的中国菜馆，已经呈现出旗幡互映、屋檐相接的风景，麻婆豆腐、青椒肉丝、回锅肉成了最常见的中国菜，连其发音也同中国普通话如出一辙（通常汉字是按照日本式的念法发音的）。不仅是中国餐馆遍布日本各地，更重要的是中国菜的调味和烹饪方法已经进入了寻常日本人的家庭料理。比如麻婆豆腐，早在1961年6月，NHK的人气节目“今天的料理”中就有中国人张掌珠首次介绍了这款菜的制作，当时还没有“豆瓣酱”一词，只能以“辣椒酱”一词替代，如今“豆瓣酱”（发音也是仿照中国普通话，而不是日文中的汉字读音）一词已是家喻户晓，这次来京都时忘了带“老干妈”，就在超市里买了李锦记的“豆瓣酱”，做麻婆豆腐觉得不够辣，又买了一罐李锦记的“辣油”，“老干妈”在神户的南京街有卖，但去一次单程至少得一个半小时以上，就凑合一下算了。战前就热衷于推广中国菜的“味之素”公司还研制出了麻婆豆腐的烹调佐料，分辣、中辣和微辣三种口味，更有甚者，还推出了连中国本土也不曾登场的麻婆粉丝，滋味有点像这边的肉末粉丝煲。还比如，日本料理中原本并无“炒”的烹制法（西菜中似乎也没有），随着中国菜烹制法的普及（这一点真的要归功于媒体的宣传），单柄或是双柄的中国式炒锅（日语称之为“中华锅”）大受欢迎，一手握柄熟练地翻转铁锅的技法成了人们叹为观止的向往。今天一般日本家庭的饭桌上纯粹的日本料理可说已是非常罕见的了。

2015年1月的某日，我再去探访了一次横滨的中华街（初名南京街），其实就是一个由数条街巷组成的中国餐馆鳞次栉比的美食街。在牌楼的外面，就星星点点地散落着几家中餐馆，其中有一家名曰“福满园”，标榜的是“纯四川上海料理”，说实话四川菜和上海菜怎么也搭不上边，而这里居然还用了一个“纯”字，令人忍俊不禁。我们且看一下到底供应什么货色。两千日元一个人的有这样几道：两种冷菜拼盘、蒜苗炒肉片、猪肉馅烧卖、鱼翅（估计只是一丁点）蒸饺、春卷、油炸馄饨、茄汁虾、鱼翅（估计也是一丁点）汤、什锦炒饭、杏仁豆腐。贵倒一点也不贵，但我怎么也看不出一点四川的滋味，上海的代表菜也几乎没有。三千日元一个人的有一道麻婆豆腐，其实麻婆豆腐的成本实在是可以忽略不计。还有一家国民党元老于右任题匾的“重庆饭店”，卖的却是烤乳猪和叉烧，这都是哪跟哪了！日本的大部分中国菜馆就是这样在糊弄日本人。

进得牌楼，发现中国各地的菜系几乎都云集在这里了，挂着的店招有“广东料理吉兆”、“台湾料理青叶”、“上海料理状元楼”、“四川乡土料理京华楼”、“扬州饭店”等，其实卖的货色都差不多。当然也有色彩比较单纯的，比如“上海小笼包专卖店”和“横滨中华街生煎包发祥地正宗生煎包”，前者主要卖小笼包，有一种人气第二的三种口味合蒸的小笼包，一笼 6 个，两个蟹粉、两个猪肉、两个翡翠（外面呈浅绿色，也不知晓里面是什么），920 日元，纯猪肉的，一笼 6 个 740 日元，也卖生煎包，名曰“生煎小笼包”，好像也没有越出小笼包的范围，其实是偷梁换柱。号称“正宗生煎包”的，除了生煎包之外，也卖大肉包。店员的头部都遮得严严实实，不让一丝头发露在外面，面部的大口罩，也不允许一点唾沫喷出来，日本人毕竟还是相当讲究卫生，样子难看，怕是会要吓退一帮食客。总的感觉是，店招的色彩，多用金色，鲜艳夺目，菜肴的价格，与国内似乎也相差不多，街面大都是窄窄的，但比较干净，与神户的南京街相仿。站在外面招徕顾客的，多是中国人，日语都说得结结巴巴。我一开始不知是中国人，用语速较快的日语询问，结果几个人都面面相觑，换成中文，对方立即乐了起来，满嘴东北口音，我也乐了。

不是拉面的“拉面”

在 NHK 调查的日本人新年里最爱吃的 5 种食物中，“拉面”竟然位居榜首！也许大家已经知道，这里的拉面并非中国的用手工拉制的所谓“兰州拉面”，在日文中，这个词没有汉字，仅以片假名写出，其发音几乎与中国的拉面相同，这里姑妄代用。

到过日本的中国人，无论是短期出访还是长期居住，大概没有未尝过拉面的。尤其是对初到日本的中国人而言，冷冷的寿司远不如热腾腾的拉面来得亲切，在滋味上几乎毫无阻隔感。确实如此。在一般日本人的眼中，拉面是被列入中华料理一类的。前面已谈及，中国料理在近代日本的登场才不过百来年的历史，拉面的出现，就更晚些。很多人都试图考证拉面的起源，有一个叫村田英明的人专门写过一篇《拉面的起源》的文章，有说是起源于中国的“捞面”，也有说是来自卤面，有说是 1920 年间的北海道的札幌是其日本的发祥地，也有的说横滨的历史更悠久，甚至有人将其与长崎的ちゃんぽん面联系在一起，不过，至今仍未获得令人信服的确切的说法。1992 年日本有一家电视台专门派了一支摄制组到中国去寻根，遍访北京、上海等地的大小面馆和民家，总觉得血缘隔了一层，最后找到最相似的地方是在西安、银川一带，但在拉面初现于日本的时候，日本与这些地区几乎还没有什么交往，结果仍是无功而返。但拉面肯定不是日本的土产，则又是不争的事实。

那么，拉面究竟是何时出现于日本，它何以会有拉面这样一个发音呢？我参阅了多种书刊，整理出的一种比较通常的说法是，拉面最早出现于20世纪初的横滨中国人集聚区，初时只是普通的中国式的面条，但面条制作中放入了碱水，碱水是一种含有碳酸钾和碳酸钠的呈碱性的天然苏打水，加入了碱水揉捏出来的面团，不仅能使面粉中的蛋白质发生变化而增强黏性，而且有一种独特的风味，这是近代以前日本的乌冬面和荞麦面所没有的。而它与日本的乌冬面和荞麦面还有一点很大的区别是用肉汤，这在近代以前禁止肉食的日本也是难以想象的，因此在形式上虽然与荞麦面有点相似，但滋味却很不同。开始的时候只是光面，没有浇头，以后在面上放一些煮熟的猪肉切片，当时的日本人便将此称为“南京荞麦面”。由于历史的原因，明治时的日本人习惯将中国人称为“南京人”(朱元璋建都南京应该与此有关，明代是日本与中国贸易非常兴盛的时期)，就像早期的南洋将南下的中国人称为“唐山人”一样，因此那一时期中国人的集居区被叫做“南京町”，横滨中华街在当年就被叫做南京町，如今的神户的华人商业街至今的正式名称仍然是南京町，可见历史遗迹的一斑。“荞麦面”是因为日本人初见这种面条时，觉得与粗粗圆圆的“饂飩（乌冬面）”不一样，而更接近荞麦面条，所以呼之为“南京荞麦面”，尽管这种面条毫无荞麦的成分。大正以后，“南京荞麦面”以其价格低廉滋味鲜美而受到日本中下层市民的欢迎，逐渐走出中国人集居区而在日本人社会中流行开来，名称也变成了“中华荞麦面”。日本战败后，也不知自何时起，“中华荞麦面”又变成了“拉面”。据有的日本学者的推测，“拉面”的发音也许是源自汉字“拉面”或是“捞面”，总之它不是日本古已有之的食物，它的风靡全日本，严格地说，应该始于战后。

大致说来，日本的拉面和中国的汤面差不多。你随便走进街头的一家拉面馆，在小小的桌子边坐下，打量一下墙上贴着的各种食单，一般来说这几种面总是会有的：“酱油拉面”、“盐味拉面”、“味噌（豆酱）拉面”、“叉烧面”、“五目（什锦）拉面”，有的还有“广东面”、“天津面”、“豆芽拉面”等，价格一般在500至900日元之间。所谓酱油拉面，那汤色主要是以酱油调味的，盐味则用盐，味噌则用豆酱（日语称味噌），叉烧面是在面上添了几片叉烧肉，五目则有什锦的浇头。如此说来，拉面实在是再普通不过的汤面，何以会受到日本人如此的青睐？是否日本人在饮食上的要求就很低？其实不然。

经过多年的锤炼，拉面已发展成为一种相当成熟的食物。面的好吃，关键在于面的品质和汤的滋味以及两者恰到好处地融为一体。考究的面店，面都是前一日夜里用手工或是小机器自己制作的，或是委托信誉良好的制面所定做的，粗细均匀，久煮不烂，滑爽而带点弹性。至于面汤的制作，就更为讲究。在东京秋叶原附近一条冷僻的小巷内，有家单开间门面的小面馆叫“玄”，只供应酱油拉面，每日只售 100 碗，卖完即关门。汤是用猪大骨和名古屋名种鸡的鸡壳、鸡爪一起慢慢炖煮，撇去浮沫，最后再过滤成高汤，酱油是用特制的酱油再加入蒜头、鱼干、香菇等精心熬制，面则是请小林面店特制的。端上桌时，除加上通常的麻竹嫩笋、切碎的大葱外，另在面上放两片自家制的叉烧肉，每碗卖 780 日元，天天顾客盈门，晚上 6 点前即已售罄。顺便说一下，日本所谓的叉烧肉，虽然发音源自广东，却不是我们所熟悉的那种广东烧腊，而是将猪腿肉调味腌制后裹紧成圆形蒸熟的，味道别具一格。

从口味上来说，拉面主要分为酱油，盐味和味噌三种，东京地区以酱油著称，以上所说的“玄”是东京拉面的代表，而盐味是九州、尤其是博多（即福冈）拉面的特色，至于味噌，则是北海道札幌的发明。盐味原本是早年横滨中国人集居区内中华面的本色，只是日本人喜欢酱油味，酱油拉面才成了日本拉面的正宗，在大正至日本战败前，说起拉面，人们想到的大概就是酱油拉面。战后不久有一对叫榊原的夫妇，在福冈中央区开了一家叫“长浜屋”的面馆，用猪骨将汤熬制成浑白色，撇去浮油，只用盐调味而不用酱油，端上桌时，汤色呈白白的半透明色，以后便代表了拉面的另一种风味，成了博多一带的名物，以后又风行全日本。从早稻田大学通往高田马场的大街上，几年前开出了一家“博多拉面一风堂”，店外挂满了一串长圆形的标有“一风堂”字样的灯笼，每天中午和傍晚都挤满了食客，有天我也去凑热闹，果然滋味不坏，浓浓的浑白色的面汤，尤其胜人一筹。在上海开出了多家连锁店的“味千拉面”，也是九州的风格，以猪骨熬制的乳白色面汤为招牌，结果后来揭露出来说那白色的猪骨汤是用各种添加剂混合而成的，一度曾经一蹶不振。不过开在中国的拉面馆，因为价格高于一般的中国面，店堂的装潢也颇为考究，倒多了几分高档的感觉，其实日本的拉面馆实在是非常大众化的所在。

味噌拉面在日本出现得比较晚。“味噌”在本书中已经反复出现，据云是从朝鲜半岛传来，类似于我们的豆酱，但颜色稍浅，主要原料是大豆和小麦，间或也有大米，再加上盐，它在日本是使用极为广泛的调味料。将味噌引入拉面的，是札幌的一家名曰“味三平”的面馆老板大宫守人。战后，随着从各地撤退回来的日本人向北海道移居，拉面也在北海道一带广泛传开，1951 年时，原本只是经营面摊的大宫守人在札幌市的南三条西四丁目开出了一家门面小小的“味三平”。他原本就喜欢味噌，当时大批单身到北海道来谋生的男子都喜欢一种猪肉汤的食物，在札幌一带颇为流行，于是他就尝试着将味噌和猪肉汤调和起来用作拉面的汤料，经过数年的摸索，终于在 1963 年岁尾大获成功，赢得了当地食客的普遍好评，一时札幌的好几家面馆都引入了味噌拉面。1965 年 3 月，以札幌的味噌为特色的“札幌屋”在东京的涩谷开出了第一家门店，当年在东京和大阪的高级百货公司的“高岛屋”举办的北海道物产展，在这次展示会上，第一次向全国介绍了札幌拉面，从而引发了札幌拉面或是北海道拉面的热潮。1967年，又一家有影响的札幌面馆“道产子”在东京的两国开出了第一家连锁店，以后，具有味噌口味的札幌或是北海道拉面风靡了全日本，成为拉面三种口味的鼎足之一。味噌拉面的创新，不仅只在口味上，面的浇头也一改嫩笋、紫菜、叉烧肉的老面孔，而改用豆芽、洋葱、蒜片及肉末合在一起炒熟后盖在面上，这又成了札幌拉面的一大特色。受“味三平”老板的启发，不少人也急于标新立异，用黄油，用茶汤，用咖喱，浇头改用鱼鲜，除了短时间吸引过一些搜奇猎异的食客外，不久大都偃旗息鼓了，只有黄油的香味，还常使人联想到北海道草色青葱的牧场风光。

差不多从这时候拉面馆的数量在日本猛增，1971年东京23个区内拉面馆的数量达到了8596家，最多的为南边的大田区，587家，最少的是文京区，203家。

不像西菜馆，一出现便成了明治中上流社会憧憬向往的所在，中国料理问世时，大都只是大正年代下层人民低档的营生，中华面一开始都没有什么像样的馆子，只是一些移动的摊档。冬夜的寒风中，卖面的拉着或是骑着移动车摊，吹着类似于中国唢呐的小喇叭，在招引着顾客。这样的风景现在差不多已经消失了，作为一种残存的古风，有家电视台特意到福冈去寻古，拍到了现今还残留着的几辆吹唢呐的面摊车。幽幽的街巷中，这种小唢呐吹来，确实会撩起人们心头难以名状的愁绪。不过吹小喷呐的车摊虽几近消失，但在都市的轨道车站附近，至今仍可见每夜推出来的摊档，日语中称此为“屋台”，我觉得这个词很耐读。有时是孤零零的一处，有时是比邻的三四家，红红的车顶，外面挂出一个红红的灯笼，上书“拉面”两字，冬日用布帘围起来挡寒，里面状若吧台，仅可坐三四人。附近也许就有像样的面馆，但有些日本人就愿意坐在这种简陋的摊档内，局促的空间使彼此挨得很近，和店主聊几句家常，与熟客打一声招呼，吃着热腾腾的汤面，心头一下就热乎起来了。摊档上的面，较一般馆子便宜些，约在400和500日元之间，但我想这不是人们愿到这里来的主要原因。

源自中国的拉面，在日本人的饮食生活中若用“泛滥”两字来形容大概也不为过。无论住在日本的哪一座小城小镇，出门不几步，必有拉面馆，报刊杂志上隔几日就有全国各名面馆的介绍，或江户情绪或长崎风味或鹿儿岛特色，电视上隔三差五就有画面鲜艳、惹人垂涎的拉面节目。拉面店的店名，也是各出奇招，在东京靠近本乡的不忍通街上，有一家门面小小的、看上去有些破旧的面馆，取名叫“毛家面馆”，在店面一侧墙上，画了一幅巨大的毛泽东像，并用中文写道：“人人都来吃担担面毛家。”我真不知道担担面跟毛泽东有什么毛关系，令人发噱的是，店门口竟然还用中文写着大大的“上海烤鸡”，我一直想进去尝一下，竟然都是来去匆匆，最后无缘入内。在福冈有“中华汤面中心”，横滨有“拉面博物馆”，全日本有“日本拉面研究会”，专门出有拉面杂志，我在长野上田市郊外的住所的不远处，有一家连锁面馆竟美其名曰“拉面大学”！

横滨的拉面博物馆，并不是一家公益性的文化机构，它的全称是“株式会社新横滨拉面博物馆”，也就是说它是一家股份公司，成立于1993年8月，1994年3月正式开馆，位于横滨市港北区的新横滨，共有三层，地上一层和地下二层，凭票入场，成人300日元（从收入感觉上来说是中国人的3元），小学生100日元，小孩免票。一层是展示馆，介绍拉面的源流和现状，地下的两层则是体验区，装饰成战前东京的模样，即所谓的老东京，有旧式的咖啡馆和各种小吃店，并进驻了8家拉面店，差不多荟萃了全国各地拉面的精华，或者说是体现了各主要地区的拉面风貌，其中有“中华荞麦面馆”，还有“龙上海本店”，不知是否与上海有关联，其他诸如“札幌梓”、“旭川蜂屋”，这应该是北海道拉面的代表，还有“博多福荣拉面”、“熊本小紫”，这代表了九州拉面的特色，其他诸如“山形赤汤辛味噌拉面”、“和歌山井出商店”等，都是有些来历的。拉面博物馆经常策划各种推广宣传拉面的具有文化气息的商业活动，自1996年起连续举行了七次大型的各地拉面宣传活动，1999年4月还举行了“第一届拉面登龙门最终评选会”，在日本掀起一阵又一阵的拉面热潮，不少人专门坐车从各地来到博物馆，以体验和品尝高水准的最新日本拉面。至2001年6月，来博物馆的人数已经突破了1000万人次。

在成熟的拉面技术或是拉面文化的基础上，日本人做出了一项世界性的贡献，这就是方便面的研制成功。1958 年，出生于台湾的安藤百福与同事们经过反复研制，在这一年由日清食品公司推出了世界上最早的“即席拉面”——“日清鸡肉拉面”，后来中国将此称为方便面或熟泡面。这是一种将面条蒸熟油炸后充分干燥并经过杀菌的面条，当初味道是固定的，后来又配上了各色汤料，只要用沸水冲泡即可。这在食品文化史上差不多具有革命性的意义。不久以后的 1961 年，全日本第一届即席拉面大奖赛在东京的“松屋”举行，自此以后，“即席拉面”改名为快速面。因其方便、廉价和相对的美味，快速面立即风靡了全日本，并且迅速推向了全世界。1969 年，快速拉面已经传到了世界上 30 余个国家，出口到美国的达到了 2300 万份。1971 年，日清食品公司推出了杯装的方便面，每份 120 日元，不久又出现在日本的自动售货机中。1974 年，日本全国的快速面的年消费量达到了 40 亿份，销售额 2000 亿元，连婴幼儿在内每人每年消费 40 份，自 1958 年诞生后，17 年间增长了 300 倍，这是一个惊人的数字。方便面的创造者安藤百福后来捐出了相当可观的财产，于 1983 年设立了“安藤体育·食文化振兴财团”，鼓励和资助这一领域的文化活动。日清公司也在 1999 年 11 月创建了“方便面发明纪念堂”，展示方便面的研制过程，5 年后的 2004 年 11 月又将规模扩大了一倍。

日清食品公司由于是方便面的始作俑者，对于方便面的消费动向一直非常留意，经常进行各种调查统计。据其1993年的一份世界范围的调查，当时方便面的世界消费量是207亿份，范围波及90个国家和地区，据这一年的统计，按人均消费量而言，排名在前的顺序依次是韩国（90.0份）、中国香港（44.3份）、中国台湾（40.0份）、日本（38.7份），绝对数最多是印度尼西亚。那时方便面在中国的市场才刚刚打开，人均才只有1.2份。但这一情形在10年以后发生了巨大的变化。据日本能率协会综合研究所来自中商情报网的资料，中国在2002年的产量是182.4万吨，2005年的生产量达到了327.9万吨，460亿份，增长迅速，人均每年的消费量35份，比1993年时猛增了30倍，产量占到了世界市场的51%，中国已经成了世界上最大的方便面生产国和消费国。而2005年日本的生产量是54亿3千万份，人均消费50份，人均消费还在中国之上。

日本拉面的另外一个变种是“蘸面”。2000年以后曾掀起了一阵阵热潮，如今在东京以及全国各地都可见到它的身影。“蘸面”的历史可以追溯到1955年，当时刚刚与人在东京中野开设了“大胜轩”面馆的山岸一雄，在供店员自己食用的食物中，将一个茶碗内的残汤加上一点酱油，用剩余的面蘸着吃，这一情景引起了店内食客的兴趣，于是山岸就索性创制出了一种蘸着吃的拉面，经过反复尝试，最后选定了一种比较粗的面条，蘸料的基本构成也与拉面的汤汁和食材大同小异，但要浓稠得多，一时引来了部分求新好奇的食客，慢慢“蘸面”就传开了。之后他在东池袋独立开出了“大胜轩”本馆。出身于长野县乡间的山岸，虽然只有中学教育程度，但为人纯朴厚道，平素喜欢爵士音乐。1986 年因妻子病重去世，他忍痛关闭了面馆，后来许多热爱他的食客强烈要求他重新开张，并给予了他极大的支持和鼓励，于是他重振旗鼓，再度出山。出了名后，有许多人慕名而来拜他为师，他也毫无架子，毫无保留地将自己的经验体会传授给这些弟子，号称有弟子百人，同时将店名无偿转让给他的弟子使用。于是“蘸面”的影响力日渐扩大，到了 2000 年前后，许多拉面馆内都增设了“蘸面”这一品种，而有些店，则只供应“蘸面”。2009 年秋天，在东京日比谷举行了“蘸面博览会”，一时店家和食客云集，盛况空前，持续了两个月，使得本来已经人气大盛的蘸面，更加风光无限，媒体杂志纷纷为此推波助澜，2010 年又在时尚风向标的六本木以及北海道的札幌、东京的港区举行过多次，如果有人还没有尝过蘸面的，那就很 OUT 了。我就是属于很 OUT 的一类，一直到了 2012 年初春，有机会临时去京都参加学术活动，一位昔日的学生带我去了四条河原町一条小巷子内的蘸面专门店，很小的店堂，吧台座，最多可容 10 个人，我要的是一种据说经典的蘸面，一个碗内盛的是刚刚煮好洗去了面液的面条，另一个稍小的碗，是蘸料，不太明亮的灯光下，颜色显得很深，滋味很浓郁，里面有日本的所谓叉烧肉和嫩笋等，用筷子撮起适量的面条，放入蘸料内使之入味，然后放入口中。这种吃法有点新奇，但我并未感到特别的美味，偶尔尝尝也不坏，但要为此醉心，我好像还未达到如此的境界。吃剩的蘸料，可以向店家讨面汤来兑着喝，价格记得是 850 日元，比一般的拉面稍贵一点。那位创制了蘸面的山岸一雄，2015 年 4 月 1 日因病在东京去世，因他良好的口碑，引来了一片哀痛的唏嘘声，守灵的那天，有五百多人前去悼念，电视上也作了连篇的报道，可见蘸面的影响力。

“烧肉”等韩国料理在日本的登陆

这里的“烧肉”，是日文的汉字词语，翻译成中文应该是“烤肉”。日本传统料理的烹制法大抵是生食、腌渍、煮与烤。烤的烹制法，在日本列岛至少也有数千年的历史了。原先一定有烤肉，山林中捕获的野兽，起初大抵都经过炙烤后食用。如今遍布日本大街小巷的各色烤肉店以及开在海外的具有日本风格的“烧肉屋”，使得中年以下的大部分日本人和外国人都以为这是日本自古以来的代表性食物。其实不然。自7世纪末开始的历代天皇屡次禁食肉类，烤肉至少在王宫贵族的层面、也就是正式的日本料理中消失了。烤的烹制法大抵只是局限于烤鱼或其他水产品。且日本传统的炙烤，一般都是“盐烧”，即只是在鱼上面撒上点盐而已。夏日里溪流边的香鱼的“盐烧”是很有名的，往往惹得日本人垂涎欲滴。虽然明治以后肉食开禁，家畜家禽的饲养也日益发达，但肉类的吃法大都仿效西洋或是中国菜的做法，几乎没有炙烤的。

在日本，烤肉的盛行，是在战后，尤其是1960年代以后。而且对于日本人而言，现在人们通常食用的烤肉也是外来的食物品种，它是由朝鲜半岛的居民带来的。与世界上大多数其他民族一样，朝鲜半岛上的居民自古以来也是吃肉的，佛教传来以后虽然在一定程度上也曾有禁食的倾向，但并不持久也不广泛。13 世纪以后的一个世纪里，朝鲜半岛上虽然还保存着高丽王朝，但实际上是处在蒙古人的统治之下，大量的蒙古人流入朝鲜半岛，同时也带去了他们的烤肉的吃法。也许不能断言现在盛行的烤肉一定起源于那个时代，但蒙古人的影响无疑是巨大的。从此以后，烤肉成了朝鲜民族的代表性食物。

但为何半岛上的这种烤肉直到战后才传入日本呢？其理由是，近代以前，也就是明治以前日本人基本上是不吃肉的，至少在公开场合不被允许，而且日本也没有成规模的饲养业，肉食料理无法在日本传开；而近代以后，日本对于近代化进程落后于自己的朝鲜半岛一直持蔑视的态度，并设法将其置于自己的势力范围，最后强行并吞了韩国（朝鲜王国在 1896 年改名为大韩帝国），此后进行了 35 年的殖民地统治。在日本眼里，朝鲜或韩国人只是被征服的臣民，自然不会从治下的臣民中去汲取文化的营养，仿效或引入半岛的文化对当时的日本人而言是一件耻辱的事情。在明治初年，朝鲜菜还曾被偶尔提及，1887 年出版的由饭冢荣太郎著的《料理独家指南》中，分别介绍了“西洋、朝鲜、中国、日本”四种料理的制法，但尔后日本人对朝鲜菜便变得似乎不屑一顾了。因此在战前，包括烤肉在内的朝鲜或韩国饮食文化始终无法在日本登陆。

但是到了战后，情形发生了根本的变化。首先日本人早已成了食肉民族，其次朝鲜半岛的民族成了获得解放的民族，而日本则沦为战败国。这都是重要的前提，但实际的契机则是战后日本极度的粮食困难，使朝鲜半岛的食物得以在日本流传开。

战争期间，大量的朝鲜人被强征兵役或劳工来到了日本。1945 年前后，民众生活日益穷困，肉类严重不足，流落到城市中的一部分朝鲜人便拾取日本人丢弃不食的家畜内脏，按朝鲜烤肉的做法偷偷烤来吃。战后日本全土处于物资匮乏的时代，食物短缺，1950 年前后，滞留在东京、大阪一带的朝鲜人在黑市集聚区内开出了一家家廉价的内脏烧烤店。日本人原本不吃内脏，此时为生活所迫，也禁不住烧烤时升起的缕缕香味的引诱，便驻足围观，一时吸引了不少下层的食客。如今成了烤肉名店的大阪的“食道园”、“鹤一”，东京新宿的“长春馆”等，便出现于这一时代。当时人们认为动物的内脏中蕴含了丰富的荷尔蒙激素，将这一类的烧烤称之为“荷尔蒙烧”。1960 年代，日本经济高速增长，食物的供应也完全走出了战后的困境，在日本的朝鲜或韩国人以及经营烧烤店的人们已经比较容易获得各种肉类，内脏已经不是烧烤的主体了。也就是从这一时期起，烧烤店在东京等大城市中如雨后春笋般地迅速滋长，并陆续普及到了全国各地。

1980 年左右，日本发明了一种无烟煤气烧烤炉，立即为新开的烧烤店所采用，它革除了烧烤时“烟熏火燎”的主要弱点，“烧肉”也因此更加走红，在 1985 年前后，差不多与日本的吃辣热潮相呼应，日本掀起了一个朝鲜或是韩国料理的空前热潮，韩国泡菜自然是众人的追捧食物，烤肉也一举风靡了全日本，在我前文所引述的NHK放送舆论调查所1982年的统计中，烤肉和铁板烧烤在16—19、25—29岁的男性人群中都占到了第一位。为应对迅速升温的烤肉热，1992年10月，日本建立了“全国烧肉店经营者协会”，并将每年的8月29日定为“烧肉日”，还举行统一的“全国烧肉节”，1992年12月又出版了《烧肉文化》月刊。“全国烧肉店经营者协会”目前已经成了日本农林水产省正式认可的机构，它着力推行Traceability（正宗、老牌的意思）的认证活动，加盟并获得认证的店家必须在店堂明确标明所用牛肉的产地，加盟的店家共有292家（截至2006年），电视等媒体也热衷于各种美味烧肉的介绍，于是很多日本人，尤其是年轻人，也真的以为烧肉是日本传统的食物了。在东京的调理师专门学校和营养师学校任教的郑大声每年都要在学生范围内进行朝鲜料理的问卷调查，结果发现知道烧肉是来自朝鲜的日本人每年都在减少，1990年的一项调查表明，认为烧肉是朝鲜料理的日本年轻人已经不足五分之一了，这令他感慨不已。在海外，烤肉差不多已经成了日本料理的代表品种之一了，虽然在日本本土，经营烤肉的店铺大多依然挂着韩国或朝鲜料理的招牌。据2000年3月4日《日本经济新闻》（夕刊）的报道，东京大久保一带集中了50多家韩国料理店，而在大阪鹤桥一带则有68家韩国料理店，据有关机构的调查，2006年日本烧肉的市场规模已经达到了1.1万亿日元，由此可见韩国菜目前在日本风靡的程度。

日本的烧肉或曰烤肉一般多用牛肉，大抵分成牛舌、牛里脊、肋骨肉等诸部分，切成薄片后用佐料（佐料的配方各家稍有不同，基本上是酱油、砂糖、香辛料、甜酒等配制而成）浸制数小时，然后整齐地码放在盘内上桌，放在网状炉面上烤至八分熟时，蘸一种用白醋、姜汁、柠檬汁等调和在一起的佐料吃，也有事先不浸任何佐料，烤熟后蘸酱色的浓汁吃，滋味各有千秋。有的店家配有大片的生叶菜，将烤肉裹着吃，也别有风味。除了牛肉外，也有用牛肝、牛肚或是猪肉、鸡肉、猪肝等。这种以吃烧烤为主的韩国、朝鲜料理店（挂出的招牌以韩国料理为多，也有特意标榜朝鲜料理的）内，必有各色朝鲜泡菜及大盘的生鲜蔬菜色拉。在吃过了浓香四溢的烤肉之后，再尝尝生脆鲜辣的泡菜或是清清爽爽的黄瓜、西红柿、生菜，嘴里的油腻消失殆尽。

最初的肉类烧烤，用得多是炭炉，后来煤气普及，尤其是无烟煤气烤炉的发明，店家多用煤气炉，可是到了最近，高级的店家又开始用炭炉，根据专家的研究，炭炉烧烤，滋味更胜一筹。理由有四点：一是炭炉富含远红外线，放射热比较均匀；二是与煤气炉相比，炭炉的水分含量比较少，肉表层的香味更易诱发出来；三是炭能发生大量矿物质成分，富含钾的碱性炭能中和肉中的酸性，从而使肉质更加鲜嫩；四是炭炉所产生的熏烟会笼罩整个网上的肉，产生熏蒸的效果，从而使肉分泌出更多的肉汁。这大概真是专家的见解了，一般的食客大概并不能细心地体会，总之，高级的烤肉店一般都会采用并标榜炭火烧烤，以吸引那些真正精于此道和更多的其实并不懂行的食客。

我曾在东京的赤坂、新宿及广岛、高崎等城市都吃过韩国式烤肉，但印象较深却是长野县上田的两家“烧肉屋”。一家离我住处不远，自然是乡下，一边靠公路，三面临农田，是一幢乡村风的平房，却有个富有诗意的店名曰“梦之家”，底下标明“大众食堂”，有充裕的停车场。白昼常有在附近筑路盖房的工人来吃饭，晚上是朋友聚餐的好地方，周末则常可见父母带着孩子的身影。店堂内整洁、宽敞，自然价廉是它的一个引人之处。1200日元一份的“烧肉定食”，除了米饭、泡菜、汤之外，一大盘供烤食的生牛肉，即使一个食量颇大的汉子，一定也会有满腹的感觉。还有一家在千曲川（河）古舟桥附近，临近18号国道，市口较佳，常常是客人云集，价钱稍贵，味道似也在“梦之家”之上，老板是韩国人。

在日本，家里吃烧烤也很方便，有一种称为“成吉思汗锅”的平底不沾烤锅已很普及，从超市买来现成的切片牛肉和可供烧烤的薯片、青椒、洋葱等，即可围桌而食。为配合家庭内食用烤肉，各厂商推出了名目繁多的各色烤肉调料，1996年的生产商达到了81家，年销售总额达到了800多亿日元。其中最出名的大概是EBARA和“烧肉帝王”等，占据了市场的半壁江山。

差不多同时兴盛起来的还有“铁板烧”。“铁板烧”与“烧肉”的大众风格有些不同，家庭内也难以真正享用，因此有专门的铁板烧烤店。说是铁板，现在常用的则是一整面固定的不锈钢板面，紧靠客人的吧台式桌面。在京都的一家位于流水清澈的鸭川（河）之畔的藤田旅馆内吃的一次印象比较深。所用的材料一般是松坂牛、近江牛等带有花斑脂肪（日语称为“霜降”）的最上乘的牛排、对虾、鲍鱼、鲜带子以及青椒、香菇、洋葱等蔬菜，厨师在客人面前当场操作，一手持刀，一手操叉，在吱吱作响的牛排上喷上葡萄酒，燃起一阵青色的火焰和诱人的香味，激起了食客的一片赞叹声。烤至将熟时，牛排切成小块，大虾去头除壳切成段，送入客人的碗碟内，蘸上特制的佐料。吃的时候大抵饮红葡萄酒，用的虽是筷子，感觉像是在吃西餐了。食物的滋味本身似乎并无多少令人心醉之处，但这种烹制方式却将客人和厨师融为一体，多少有些新鲜感。

“铁板烧”之外，还有“石烧”和“陶板烧”。“石烧”在东京的椿山庄尝过一回，风格和材料大致与“铁板烧”相同，是在一大块烧热的石板上烹饪，更具有乡野的原始风味。椿山庄的餐室是日本的料亭风格，敞开的屋外有淙淙的流水，操作的厨师不是戴高帽的男子，而是穿了和服的年近五十的中年妇女，背景音乐是古筝和尺八（奈良时代由唐朝传来的类似于古箫的一种竹制吹奏乐器，中国本土似已失传）演奏的悠扬的古曲，食物也由此染上了些许日本情调。“陶板烧”未曾经历过，仅在电视中见过，客人的餐桌和烤台均是陶板面，所用的材料也稍有不同，有青椒塞肉，英国式的火腿片卷牡蛎，牛肉片，蔬菜等，桌面也是吧台式，实际上已经没有多少日本味了。也许这已经有些另类了。

“烧肉”之外，最有韩国特色的食物要推泡菜了。1986—1987年间，日本掀起了一阵吃辣的风潮，泡菜等韩国料理一时人气大涨，出现了泡菜拉面，泡菜乌冬面，泡菜火锅等，受到了年轻一族的热烈追捧，超市里出售着各种泡菜，熟菜店里也供应着各色加入了泡菜的菜肴，泡菜已经融入到了人们的日常饮食中，以至于很多年轻人都觉得泡菜本来就是日本的料理。在东京涩谷的食粮学院讲课的在日朝鲜人郑大声从1980年起至1990年对营养师科的350名学生连续作过数次调查，知道泡菜一词来自朝鲜的学生从第一次的26人减少到后来的9人，也就是只有不到总人数3%—7%的日本年轻人知道泡菜来自朝鲜半岛。以后随着通过辣味来燃烧脂肪以达到减肥效果的宣传甚嚣尘上，川菜和泡菜的人气指数也一再上涨。泡菜对日本饮食的最大影响，可以说是逐渐养成了日本人吃辣的习惯。这不仅仅只是口味的变化，饮食上口味的变化最终将会潜移默化地部分改变某一区域的居民或是某一族群的特性。

便当和“驿便”

便当准确地说不是一种食物，而是食物的一种形式。便当这个词十几年以前对于一般大陆的中国人来说还是比较陌生的，即使到了今天，我们一般还是习惯用盒饭这个词来表现，但是便当这个词语确实渐渐地进入了我们的日常生活。

在中文读物中，我最早读到“便当”这个词语的，是在梁实秋1950年代初描写台北日常风景的散文《早起》中：

> “醒来听见鸟啭，一天都是快活的。走到街上，看到草上的露珠还没有干，砖缝里被蚯蚓盗出一堆一堆的沙土，男的女的担着新鲜肥美的蔬菜走进城来，马路上有戴草帽的老朽的女清道夫，还有无数的男女青年穿着熨平的布衣精神抖擞的携带着‘便当’骑着脚踏车去上班——这时候我衷心充满了喜悦！”

文中的便当是用引号打出的，在中文的词典中，作为名词的“便当”似乎没有。甲午一战败后，台湾曾有50年的日本占据时代，“便当”一词自日本传入，日据时代结束后，“便当”仍然在台湾普遍使用，梁实秋从大陆过去，一时还有些不习惯，所以用引号打出，大概那时的他也觉得这个词有些隔阂。

作为名词使用的便当，大概是日本人的创造。根据现有的文献，在1597年刊行的《易林本节用集》中已经出现了表示现今便当之意的“便当”一词，当然最初的日文是写作“辨当”，早年的文献中均如此，后来才简写作“弁当”，现在中国人一般写成“便当”，在本书中都是同义，只是不同的写法表示出不同的历史轨迹和地域色彩。江户时代中期刊行的《和汉三才图会》(1712年）中对便当的解释是：“饭羹酒肴碗盘等兼备，以为郊外飨应，配当人数，能弁（“办”字的日文简写——引者注）其事，故名弁当乎?”(原文为汉文）据1777年以后出版的《和训栞》的记载，“弁当”以及表示弁当的这个词，以前没有，是织田信长来到安土城（1579年建造）之后才出现的，但是江户时代晚期的国学家小山田与清(1783—1847年）在《松屋笔记》中认为未必出现在安土城之后，室町时代就有了。至于根据，两者都没有明言。其实，在10世纪的《倭名类聚抄》和11世纪的《源氏物语》等书中，已经出现了类似便当盒的器具，只是最初的名称叫“桧破子”等，“破子”大概是可以上下分开或内部分隔的器具，“桧”大概是用桧木做的吧。不过，弁当这一词语的出现，应该不会早于室町时代，日本学者酒井伸雄在《日本人的午饭》一书中说：“可以肯定地认为，‘弁当’这一词语的开始使用，当在织田信长（1534—1582年）生活的年代前后。”

便当里面装的，自然是吃食。室町时代末期和江户时代初期的形态，大多是篮子的模样，《庭训往来》中记载说，当初是人们出外旅行、欣赏樱花或是探望亲友时携带的食品器具，器具的名称当时叫“破笼”，“破”的意思是可以上下分离，“笼”在日语中还有篮子（包括有盖子的）的意思。同时或稍后出现的还有一种称之为“行李箱”的竹编或是柳条编的小箱子，用来盛放物品和食物，后来逐渐演变成“便当箱”，日语中的“箱”，在汉语中也可解释为“盒子”，也就是装便当的小箱子或大盒子。此后“便当箱”的“箱”字也逐渐被略去，就称之为便当。在江户幕府刚刚建立的1603年，由来到日本的葡萄牙传教士编的《日葡辞书》中已经收录了“弁当”这一词语，书中对该词的第二种解释是：“类似于文具盒（箱）的一种盒（箱）子，装有抽屉，用来放置食物以便于携带。”这就是日语中的所谓“重箱”，即是一种多层组合的容器，到后来，还装上了提手，便于携带，称之为“提重箱”。在江户时代，这样的“便当箱”，成了中产阶级以上的人们出门旅行、赏花、探望病人、祝贺新生儿的诞生、季节变换问候时的携带品。在1801年出版的《料理早指南》的二编中专门对出外行乐的便当、“重箱”（内有分割或隔层的饭盒）料理等作了特集。可见，在18世纪末和19世纪初的时候，便当已经作为一种新型的饮食样式引起了美食行家的注目。

不过，携带便当出门的人，在当时还是比较富裕的阶层，一般的民众，尤其是乡村的居民，出门大抵只是带些饭团而已。饭团的出现，历史已经很悠久，被认为是弥生时代后期（约2世纪前后）的石川县鹿岛郡鹿西町的一处遗迹中，出土了三角形的饭团，底边的长约为 5 公分，高 8 公分，厚 3 公分。平安时代将这类饭团称为“屯粮”，到了江户时代才称之为如今所使用的“握饭”（nigirimeshi）或“御结”（omusubi），在山乡的村民看来，便当多少还有点高级品的感觉。

到了江户时代的后期，除了自家制作、自己携带的便当之外，已经出现了一种外卖的便当。最初的这种外卖便当，名曰“幕之内”，说起来，还有一段来由。江户时代是庶民文艺非常发达的一个时代，除了各类通俗小说之外，都市里的人们（当然主要也是富裕阶层）经常能享受到的便是戏曲。在江户和大阪都出现了众多的小戏馆，日语称之为“芝居小屋”。与中国过去的戏曲一样，往往是连本演出，看客们上午进来，往往要到天黑才回去。起初，大家都是自己带了便当来，到了大幕拉起的午饭时分，看客们还常常分享各自的便当。后来有经营料理屋的店家，看准了这一商机，开始向各家戏院供应起便当来。最初着手这一生意的，是位于江户日本桥芳町的名曰“万九”的料理屋，时在 19 世纪上半叶，江户时代也要临近结束的时候。这一便当的名称叫“幕之内”，因为购买的顾客都是在戏院内幕间休息的时候食用的，也有的说是因为演员们在幕间休息时躲在“幕之内”吃的便当，所以有这样的名称，但不管如何，“幕之内”便当起源于戏院，这大概是确实的，同时，“幕之内”也成了后来外卖便当的元祖。“幕之内”便当究竟是些什么内容，1840 年自大阪来到江户、1857 年完成了《守贞漫稿》的喜田川守贞在他的著作中这么叙述道：“一种昼食。在江户名曰幕之内。将圆圆的呈扁平状的饭团稍稍烤过，此外加上鸡蛋烧、鱼糕、魔芋、煎豆腐、干瓢，装入六寸的重箱，根据人数送往观众席。”如今，幕之内便当成了日本最为常见的一种便当。

便当的最后形成，无疑是在江户时代，但它的真正普及，应该还是在标志着近代大幕开启的明治时代。进入明治时代以后，首先是近代教育制度的建立，然后是近代产业的兴起，造就了大批上学族和上班族，当时还没有产生食堂制度，午饭都是各自带去的。不过，当时人们的所谓便当，不过是加入了一个梅干的饭团而已，偶尔会放进一些腌制的鲑鱼或是煮豆，这已经是有些阔绰了。明治三十年（1897 年）的时候，一种轻盈而牢固的铝制的饭盒问世，但是铝制品本身不耐酸，容易氧化，于是又研制出了一种钝化铝的产品，耐酸而抗氧化，大约在明治四十年（1907 年）前后开始广泛普及开来。上学族和上班族所携带的便当中，饭团的踪影慢慢消失了，以前的那种漆制的便当盒也逐渐退出了人们的视线。

1908 年 9 月起在《东京朝日新闻》和《大阪朝日新闻》上同时连载的夏目漱石的长篇小说《三四郎》中，有如下的一段叙述："高中的学生有三个人。他们说，近来学校里有越来越多的老师中午的便当吃荞麦面。”这里的“中午的便当”可作两种理解，一是他们从家里带来便当，二是他们在外面的小饭馆吃便当，总之，小说中也出现了便当这样的词语，可见当时“便当”一词已经非常普通了。

在明治三十八年（1905 年）的《家庭杂志》上，刊登了每个星期的各种便当菜肴的制作法，分为成本 20 钱（当年的两毛)、10 钱和 6 钱三种，在同一年的《九州日日新闻》中，以《便当的研究》为题连续数月刊登了相关的文章，这表明，便当已不再是简单的充饥果腹的食物，里面的菜肴越来越多姿多彩，根据各人的嗜好，可以变出无数种花样来。妈妈做的便当，成了无数的小孩乃至丈夫们的期待和骄傲。这一情形差不多一直持续到 1950 年代。

1950 年代以后，日本经济开始起飞，学校实行了午饭供应，大部分工厂和公司也在内部设立了食堂，以后在都市商务区的写字楼周边，开出了各种餐饮店，人们的午饭从自己制作的便当开始转变为在食堂或者各类饭馆内用餐，家庭手工制作的便当日趋衰退。与此同时，便当产业开始兴起。便当不再是自己家庭内制作好后带到学校或公司去充当午餐的一种食物形式了。1974 年，日本第一家便利店“7-11”在东京都江东区丰州开张，店内出售盒装的便当。1976 年，第一家在现场制作便当售卖的“ほっかほっか亭”营业，ほっかほっか是热乎乎的意思，你可在店内买到刚刚制作好的多种热乎乎的便当。“ほっかほっか亭”后来成了一家风行全日本的连锁店，在任何一个偏僻的街角几乎都能看到它的身影，不仅成了上学族（因为中小学已经实行了校内供餐，上学族多为高中生或大学生）和上班族经常光顾的地方，甚至连家庭主妇们都时常会出现在购买便当的行列中。它在全国共有 1600 余家连锁店。每当午饭时分，店门前总会涌满了来买便当的各色人等。也有些做便当生意的夫妻老婆店，开着小型厢式货车来到公司银行集聚的街角设摊叫卖，生意倒也相当红火。现在，便当的销售，已经成了“7-11”、“Family-mart”（全家）、“Lawson”（罗森）等各家大型便利店吸引顾客的重头炮，店家的方面绞尽脑汁，使出浑身解数，不断开发新的品种和口味，根据四季的变化，不断推出色香味俱佳而价格低廉的各色便当。日本人通常都习于冷食，在冬天想要热食的，店内有微波炉，免费为客人加热。便当的价格一般在450日元到700日元不等，便当屋和便当摊的货色似乎要在超市和便利店之上，食物新鲜，大抵还供应汤和汤料。便当的形式也已经从当年柳条编制的“行李箱”、竹制的提篮、精致的漆盒、铝质的饭盒演变为今日塑料或木片容器的新型餐式。外卖的便当现在已经很少用木盒，而改用一种内分成六、七格的浅底软塑料盒，有透明的塑料盒盖，可见里面晶莹雪白的米饭和色彩各异的荤素菜肴，也有既有米饭又配有面条的，大抵都十分洁净。

由日本的便当，不能不说到差不多是日本独有的“驿便”。“驿便”自然是“在驿站所售卖的便当”的简称。驿站一词源于中国，原本是古代时设置在大路上的供来往的官吏和传递公函的驿马憩息的场所，是交通要道上的一个站点。日本在进入明治时代后，努力向西方看齐，在明治五年（1872年）便建成了第一条铁路，由东京的新桥通往横滨，以后又陆续开通了多条铁路。明治以后，日本虽然引进了许多外来词语来表示新出现的事物，然而铁路车站却借用了来自中国的一个古老的词语“驿”，在现代日语中，“驿”就是轨道交通沿线的车站，那么，“驿便”就是铁路车站上所出售的便当。

铁路开通后，人们开始了乘坐列车的公私旅行。那时自然还没有新干线，火车的时速都比较慢，常常是用餐的时间到了，人却还在火车上。开始时，人们大都自己携带便当，但也有忘记或是不方便的时候。于是，铁路公司就委托路线比较长的站点附近的吃食店事先做好一点食品，在车站上售卖。于是，明治十八年（1885 年）7 月 16 日，在刚刚开通的东京上野开往宇都宫的终点站上出现了由白木屋旅馆供应的日本最早的“驿便”。虽然后来者被称为日本“驿便”的元祖，但当时只是两个撒了点芝麻、加上了梅干的饭团而已，每份售价五钱。当时的宇都宫站周边差不多还是一片荒原，火车每天来往只有四次，每次只有两节车厢，因此，当时“驿便”的销售情况并不理想。同一年 10 月在信越本线横川站上出现了第二号“驿便”，同样也只是加了点酱瓜的饭团而已，这其实也折射出了当时一般民众的生活实况。

这一情形到了 1888 年，出现了很大的转折。当时山阳线从神户延伸到了姬路，在姬路车站上一家专门经营餐饮业的店家“招食品”，推出了一种相当考究的便当，内容有鲷鱼、鸡肉、鱼糕、伊达卷（一种用鱼肉和鸡蛋烤成的食物）、金团、百合、奈良渍（一种用酒糟腌制的酱瓜）等，还有一份做成粮食袋形状的米饭，分成上下两格分别装在由杉木等制成的轻薄的盒子中，结果很受好评。1890 年，关西铁道龟山车站上的伊藤便当店，推出了一种改良品，在一个便当盒内分成几格，分别放入米饭和各色菜肴，这要比上下两段的饭盒吃起来方面多了，成了“驿便”中的“幕之内”便当，由此，“驿便”的形式也就大致定型。

进入了20世纪后，日本的铁路建设愈益发展，铁路网遍布全国东西南北，“驿便”也因此兴盛起来，特别是那些小驿小站，为使本地的名声随铁路的延伸传遍全日本，纷纷开发当地独有的食物资源，以风味独特的乡土料理来吸引南来北往的旅客，犹如中国的德州扒鸡、符离集烧鸡、嘉兴粽子等，不过样式有些不同，比如富山车站的“鳟鱼寿司”，函馆本线森车站的“鱿鱼饭”等，都享有盛誉。战后，随着新干线的出现和一般列车时速的加快，一般车站的停车时间缩减到只有几秒到一两分钟。以前人们坐火车出行，品尝沿线风味不一的各地“驿便”也是旅途的一大乐趣，现在这种闲情逸致已在匆忙的行程中逐渐消失了。不过，如今日本的列车基本上已不设置餐车，而往来于各地的商务旅客和观光客较战前大为增加，“驿便”仍有其市场，只是很少有时间中途下车，大抵都事先买好了后带上车。全日本现在尚有“驿便屋”三百余家，供应约三千种不同的“驿便”。说是三千种，其中有一种全国都差不多，这就是上文提到的“幕之内”便当。1958年2月，在大阪市的高级百货公司“高岛屋”举行了第一届“全国驿便大会”，展示各地富有特色的“驿便”，引起了各界的广泛关注，赢得了相当的好评，此后，这样的展示会就经常在全国的主要城市中举行，聚集了旺盛的人气。

在“驿便”展销大会上立即被卖完的品种之一是信越本线横川车站的“山岭釜饭”。其实，这一“驿便”的历史并不悠久，就是在举办第一届大会的时候由当地人创制出来的，小柳辉一在《食物与日本文化》一书中记载了当时创制的情形：

"'山岭釜饭'作为驿便被创制出来，可以说也是与烧窑方面合作的成果。恰好这一时季，东京在流行釜饭。陶瓷之乡、栃木县益子的冢本制陶所的女主人冢本繁有一天突然想到，我们若烧制出釜饭的釜，建议驿便屋向来往列车的乘客出售釜饭，我们就能卖出大量的釜了吧。于是赶紧研制出适宜于用作釜饭的小釜，出发去轻井泽那边的客户，因突然有事，在途中的横川站下了车。结果让当地的驿便屋看到了，于是立即就达成了买卖协议，决定不卖给附近的轻井泽，而由横川的商人一手包了下来。之后，经营驿便的商人经过了精心的策划，在乘客面前呈现出了不同凡响的'山岭釜饭'，于是就成了驿便中的佼佼者。"

信越本线自横川站到轻井泽的一段，由于1997年长野新干线的开通，已经停运，著名的"山岭釜饭"被挪到了新干线列车上销售。恰好我有一年曾在长野县上田市的一所大学任教，经常坐长野新干线在上田和东京之间往返，有机会领略了"山岭釜饭"的风采。"釜饭"一词对于我们现代中国人有点陌生，但"釜"这个字原本自然是从中国传去的，曹植《七步诗》中的"煮豆燃豆萁，豆在釜中泣"这两句诗可谓是妇孺皆知的。"釜"是一种锅状的炊器。《辞海》中解释说："敛口，圆底，或有两耳。其用如鬲，置于灶口，上置甑以蒸煮。有铁制的，也有陶制的。"昔时人们煮食物大都是将锅或釜置于柴薪之上炊煮，东洋的日本人亦是如此。现在这样的风景在大部分地区已经消失，釜饭也就成了稀罕物。车上所售的釜饭，容器是一个类似小坛状的陶制品，打开紧闭的木盖，一股山野的香味扑面而来，其情景稍稍有点类同食用中国的“佛跳墙”，当然滋味不一样。里边的内容倒也并无特别之处，无非是些鸡肉鸡蛋豆制品之类，但捧着个小釜吃饭，自然会有一种不同寻常的感觉，大都市来的人，往往会买这种釜饭吃，价 900 日元，不算贵。

长野新干线上的“驿便”，除了“山岭釜饭”外，还有“深川饭”、“佐久平物语”、“达摩便当”和“善光寺前便当”4 种，都尽可能显出沿途各地的食文化特色，不妨逐一写来，以使我们对日本的“驿便”有一个比较具体的认识。

“深川饭”。深川是东京都的一处地名，“深川饭”原本是那一带的中下层市民常用的一种饭食，取东京湾捕获的小蛤蜊，取出其肉，与豆酱一同拌入洗净的大米内蒸煮成饭。长野新干线上供应的“深川饭”似乎又胜一筹。盛器是一轻巧的长方形木盒，内以木片一隔为二。一边盛以蛤蜊肉煮成的“深川饭”，上置有烤鱼两块及两小尾用番茶、糖煮入味的杜父鱼，另一格中则有少量藕片、胡萝卜、香菇等蔬菜，价 900 日元，味道不错，其饭尤有特色。

“佐久平物语”。我们对于“物语”一词已并不很陌生，用在这里只是增添几分浪漫的气息。“佐久平”则是沿线的一个地名，在长野县境内，长野以荞麦面的产地而著称，“佐久平物语”中除了两种滋味不同的米饭外，还配有荞麦面，并有数种高原蔬菜。从东京一带来的乘客也许能从中感受到几分山野的气息，而恰好此时的窗外正展开着一片原野和山岭交汇的景色。价 1000 日元，稍贵了些。

“达摩便当”。达摩原为禅宗的始祖，梁时在嵩山少林寺面壁坐禅九年，禅宗语录中多有他的纪录。在日本流行一种模拟达摩坐禅时的面相制成的不倒翁，以塑料制成的“达摩便当”的圆形盛器，其盖子即如达摩的面具，打开盒盖，底下为米饭，上面则错落有致、色彩和谐地放置着嫩笋尖、香菇，数棵珠玉似的银杏，一段青碧的野泽菜，当然还有鸡肉等荤食，虽然达摩大概是不沾荤的。价 900 日元。

“善光寺前便当”。善光寺位于长野市北端，初建于公元 642 年，遵奉三国时从中国传来的阿弥陀佛为本尊，现在的寺宇重建于 1707 年，古朴宏伟。“寺前便当”原是善光寺会席料理的一种，在一木质的方盒内以菱形分成五格，中间则依次放上了黄灿灿的烙鸡蛋糕、白嫩嫩的笋尖、红艳艳的小虾和香菇、玉蕈、胡萝卜等蔬菜，最惹人眼的是一个用青青的竹叶色的“世寿司”。没有肉类。这样的便当可以说是比较阔气的了，价 1000 日元。

顺便说及，现在日本的便当，尤其是比较出名的“驿便”，在外观上是做得越来越漂亮了，使得平民性的食物，提升到了精致的怀石料理或是会席料理的程度。

日本人的深碗盖浇饭——“丼”

“丼”是日本人创制的汉字，基本的意思是深口的陶制大碗，大约产生于江户中期（18 世纪前后），它本身只是一种盛器，并不是料理的名称。在出现的当初主要用于盛面条，街上并有如此的面条摊贩在叫卖。19 世纪前期的江户末年，一个名叫大久保今助的戏院老板首先开始了将烤河鳗置于米饭上的吃法，这我在前面的烤河鳗部分已有叙述，恐怕这是日本最早的“丼物”。以后又产生了将天妇罗盖在米饭上的吃法，谓之“天丼”，这我在天妇罗的部分也有叙述。

但是“丼物”的盛行，主要是在明治以后，大正年间（1912—1926 年）逐渐普及，战后则出现了新的局面。除了已经叙述过的“鳗丼”和“天丼”，在日本比较多见的还有“亲子丼”、“猪排丼”和“牛肉丼”等。这类广泛使用了肉类的盖浇饭自然是传统的日本所没有的，但是，有意思的是，这种用深口陶制大碗盛放的盖浇饭形式在日本以外的地方也没有，更重要的是，这种盖浇饭的内涵虽然用了肉类，但其调味和烹制已经完全日本化了，这种滋味，更是日本以外的地方所没有的，因此，将其视作现代日本料理的一种并不过分，而且，在“丼物”上，我们可清晰地看出日本传统的饮食在走向现代过程中的文化意义。

“亲子丼”就是将鸡肉和鸡蛋做成菜肴盖在米饭上的深碗盖浇饭，鸡与鸡蛋乃亲子关系，人们便想出了这样一个有趣的名称。是明治时期东京中央区的一家名曰“玉秀”的鸡肉菜馆发明出来的。具体的制法是，取鸡胸脯肉或腿肉若干，鸡蛋两个，洋葱和三叶菜若干。首先用淡口酱油和木鱼花、昆布熬制的鲜汤并加上味醂（一种日本独有的用于烹饪的甜酒）、砂糖制成的调味料放入锅内，然后将切成小块的鸡肉、切成长条的洋葱等放进去，待锅的四周煮沸起泡时再放入打匀的鸡蛋，鸡蛋留出四分之一在碗内。待鸡蛋至七成熟时，倒入留出的鸡蛋，最后轻轻倾倒在深碗内的米饭上。做法非常简单，但与我们一般的炒鸡蛋有两点不同处，第一是调味料的日本特色（熬制的海鲜汤、味醂等），这是决定它日本式口味的关键，第二是鸡蛋并不是百分百的凝结，并有四分之一生鸡蛋的成分，这使得它具有了滑溜的口感，而且不用油，煮熟的洋葱分泌出的甜味更增强了它的柔和口感。这样的口味迎合了日本人的喜好，喜欢刺激口味的其他民族未必会喜欢。因此，它虽不见于日本的传统料理，却是非常日本化的制作。亲子盖浇饭是一款非常大众化的食物，价格约在600—800日元左右，一般的吃食店都有供应。

“猪排丼”，顾名思义是猪排盖浇饭。不过这猪排是炸猪排，然而与纯粹西式的炸猪排或是中国式的炸猪排也不相同。明治初年，日本人是先引进了牛肉，过了相当的岁月，猪的饲养和猪肉的食用才从冲绳、鹿儿岛一带传到东京周边，这时已经是明治中后期了，明治后期，中国料理也逐渐在日本传开，这就为猪肉的食用起了推波助澜的作用。猪肉在日本的普及，应该在大正年间。现在人们所喜欢的炸猪排的吃法，也诞生于大正时代。大正二年（1913年），在德国修习烹饪的高田增太郎在东京举行的一次料理发表会上公布了自己创制的炸猪排，并在位于早稻田鹤卷町自己所经营的餐饮店“欧洲屋”里开始供应这种炸猪排。也有说是大正十年（1922年）一个名叫中西敬二郎的早稻田高等学院的学生发明的。这两种说法在年代上差异比较大，但地点是在早稻田一带，时代是在大正年间这两点倒是一致的。在随后的岁月里，东京银座、日本桥的吃食店以及大阪的道顿堀陆续出现了这种料理，不久便受到了日本人的喜爱，并在战后赢得了很大的人气，成了一种既有西洋的风味、又很日本化的餐食。

现在日本炸猪排的做法是，猪排取猪的里脊肉（无大骨），每块重约70克，先用刀尖剔除猪肉的筋络，再用肉锤拍打，抹上食盐和胡椒，再滚上充分的面粉，然后裹上打匀的鸡蛋和面包粉，接着在165—170度油温的锅内炸成金黄色。到这里为止似乎与中国炸猪排的程序相近。但是尚未结束。在锅内放入与亲子盖浇饭一样的调味汁，煮沸后放入切成一段段的猪排再次煮沸。之后放入切成长约2—3公分的鸭儿芹，将一个打匀的鸡蛋均匀地浇在上面，然后盖上锅盖，关熄炉火，焖上30秒，鸡蛋至半熟状态即可，最后盖在米饭上就算做成了。这是一种做法。最初源于早稻田鹤卷町、现在已经在福井县（是一个面向日本海的、地域和交通都比较偏僻的县份）境内开出了19家门店的“欧洲屋”大致是这样的做法，在日本电视台周四晚上的“你选择哪一个”的料理竞技节目中获胜的“ふみぜん”的“猪排丼”基本上也是这一做法。“ふみぜん”的“猪排丼”大概代表了这一料理的最高水平。猪肉选用的是日本最受好评的鹿儿岛产的黑毛猪的里脊肉，熬制海鲜汤的材料是日高的昆布和鹿儿岛产的木鱼花，鸡蛋用的是群马县产的散养鸡蛋，洋葱是埼玉县的新洋葱，做出的“猪排丼”滋味清爽，又带点甜味，售价竟高达3000日元，依然门庭若市，也难怪，“ふみぜん”开在赫赫有名的东京新大谷饭店内，身价自然不凡。

但也有不同的做法。猪排炸两次，第一次中火炸熟，第二次旺火炸成金黄色，切成一段段后，码放在米饭上，再浇上另外做成的调味汁（以肉汁、酱油、香辛料等为主），猪排外面脆香而里面鲜嫩，调味汁滋味浓厚，香气袭人，渗入饭内。这样的做法也许更合中国人的口味。

在如今的日本更为常见的盖浇饭是“牛丼”。“牛丼”不算是太新的料理，当年西洋的牛肉大举登陆日本时，稍晚于“牛锅”的就曾有“牛饭”，还被称为是“开化丼”，这大概是最早的牛肉盖浇饭。然而今天风靡全日本的“牛丼”基本上是“吉野家”的创制。“吉野家”最初是明治时期在东京日本桥鱼市场内的一家个人商店，1958年创立了株式会社吉野家，瞄准了美国的牛肉供应市场，并在美国丹佛建立了合资公司，1968年在东京的新桥开出了第一家门店，以“便宜、快速、好吃”为广告语，日顾客数达到了4000人的盛况。1977年门店数达到了100家，并且自1973年先后进军美国的丹佛、中国的台湾、香港，1992年又登陆北京，1996年，日本国内的门店数突破500家，1998年门店的布局覆盖了全日本47个都道府县，2000年在东京证券市场一部上市，此后又瞄准了上海、纽约、新加坡和马来西亚、菲律宾等海外市场，2004年因疯牛病等原因，美国牛肉禁止进入日本，“吉野家”因此而大受打击，只能停止供应“牛丼”，而改用猪肉，营业额受到了影响，不过这一年日本国内的门店数已经突破了1000家，2006年，美国牛肉被允许重新进入日本，“吉野家”的“牛丼”得以复活。如今，“吉野家”差不多已经成了“牛丼”的代名词了。

“吉野家”用的“丼”，是一种稍有浮世绘画风的粗瓷做的深口碗，牛肉基本上用美国佛罗里达州产的价格相对低廉的牛肉，肥瘦搭配，切成细长的薄片，与洋葱一起用酱油、砂糖、甜酒、海鲜汤一起煮，煮至入味后与汤汁一起浇在米饭上，牛肉颜色鲜亮，米饭粒粒饱满，腹饥的时候很能勾起食欲。不过，它的魅力与其说是美味还不如说是廉价，时至今日，普通的一碗售价380日元，大碗的480日元，特大碗的630日元。以中国人的食量而言，大概都需要大碗或特大碗的。每份配送一杯麦茶。也有牛肉的烧肉盖浇饭，稍稍贵一些，普通的420日元，大碗的540日元，也供应炸猪排盖浇饭，价格与烧肉差不多，至于猪肉盖浇饭的“豚丼”，则价格又要便宜些。也有另外供应味噌汁和蔬菜汤、猪肉汤的，价格一般也都低廉。店的门面都是小小的，间或也有比较宽敞的，在里面忙碌的一般都是打工的学生，而店里的食客一般也以低收入的上班族和学生居多，总之，这是一种非常大众化的食物。

但是吉野家的大佬位置未必能坐稳，1982 年开出第一家店铺的“すき屋”，后来瞄准吉野家，以多元和频频推出的新品为招牌，已经成了吉野家的强劲对手，甚至有后来居上的势头，如今（2015 年 3 月）在全国已拥有了近两千家店铺。它的“牛丼”，除了吉野家的类型外，还有萝卜泥柚子醋口味的，有盖满了绿色小葱再加一个黄澄澄生鸡蛋口味的，有泡菜口味的，除了“牛丼”之外，还有各色咖喱饭，炭火烤猪肉饭，炭火烤鸡肉饭，生鲜的金枪鱼饭，各种丰富多彩价格实惠的定食，还有面向小孩的可爱的饭食，它的最大的特点就是多姿多彩，与时俱进，价格低廉，不断推出新品种，但是“牛丼”还是它的基本款。进入吉野家的多是男人，而“すき屋”还吸引了许多女孩子和小孩，气氛显得轻松活泼。

“天丼”、“鳗丼”、“牛丼”、“猪排丼”和“亲子丼”差不多是日本盖浇饭中的五大金刚，占了“丼物”的大半江山，其他还有诸如“海鲜丼”、“鱼子酱丼”等，间或也可见到，但这都是高级的盖浇饭了，而且所谓的海鲜和鱼子酱，大抵都是生的，蘸上一点酱油就算调味品了，除了日本人外，真正喜欢的外国人恐怕不多见。

上述所论的“牛丼”、“猪排丼”和“亲子丼”，就材料而言，都是近代以后从海外传入的（包括辅料的洋葱），但日本人却将其融入江户后期形成的“天丼”、“鳗丼”这样的“丼”的形式，用日本人喜爱的酱油、甜酒、毫无油脂的海鲜汤进行调味，而其基层又是日本人十分喜爱的米饭，用具有日本特色的深口陶碗或粗瓷碗盛放，俨然就是一款具有浓郁日本风情的料理了。在这样的饮食演变中，我们看到了日本文化善于汲取外来营养的基本面，这使得它的文化呈现出多元的色彩，而与此同时又不失其本民族文化的主体性（有时候这种主体性会被外在形式所掩盖，但始终蕴含在其内核中），这是平安时代以后日本文化的基本性格，即多元中的主体性，主体精神中的多元色彩。

大众化的居酒屋和贵族风的“料亭”

严格而言，日本式的居酒屋和料亭这样的餐饮场所，在世界其他地域都非常鲜见（英国等地有所谓的Pub或者后来的Bar，但那主要是喝酒的），中国好像也没有（中国有酒肆、酒家、酒馆、酒楼、酒店、饭馆、菜馆、餐馆，但感觉上与居酒屋和料亭都不一样），虽然它的普及，也是在江户时代的晚期，却成了最富有日本风情日本气息的地方。

上文曾经说及，由于日本城市的发育和成长比较晚，因此具有商业形态的餐饮业也是在18世纪左右的江户等地勃兴起来。日本的酿酒业自然也是历史悠久，但历史上的“酒屋”，只是沽酒的所在，并无供客人闲坐喝酒的设施，也没有特别的下酒菜，“借问酒家何处有，牧童遥指杏花村”，中国唐时的酒家，应该是既可沽酒也可饮酒的存在吧，到了宋代，城市商业就越加发达，出现了酒旗飘扬、酒肆林立的热闹场景。18世纪的江户中期，随着城市商业的兴起和消费阶级的形成，可供喝酒的酒屋也就应运而生。为了区别于此前仅可沽酒的酒屋，表示可以坐在里面慢慢饮酒的，就在传统的“酒屋”一词前加了一个表示可以长时待着的“居”字，居酒屋的名称，正式诞生于江户中晚期。

倘若要我举出最喜欢的日本的几个存在，我一定会举出居酒屋。今天日本的居酒屋，可以开在全国任何一个地方，可以是都市高楼内的某一空间，也可以是繁华大街的一个侧面，可以是大学校园的左近，也可以是冷僻小巷的深处，或者公路两边，或者村头巷尾，以前多是男人的去处，如今也频频可见倩女的身影。

在我逗留日本的三年多时间里，当然去过无数家居酒屋，印象比较深的有那么几次。

一次是 2000 年的秋天，其时我在四国的国立爱媛大学担任外国人特聘教授，受福冈大学的山田教授的邀请，到那里去做一次小型的演讲。山田教授原来是神户大学文学部的教授，对鲁迅和中国现代文学均有卓越的研究，是我敬仰的前辈学者。从松山坐了飞机到达福冈，自行找到了福冈大学。当晚，山田教授将我安顿好了住宿以后，带我去吃晚饭。穿过大街，拐入一条小巷，往前好像是一个居民住宅区，几乎没有明亮的灯火，我心里不觉有些纳闷。蓦然，眼前的公寓楼下出现了一家居酒屋，不很明亮的灯光下，可见在秋风吹拂下轻轻飘荡的“暖帘”，可惜没有记住店名。店堂不算逼仄，甚至觉得有点宽敞，客人占了一半的座位。山田教授将我引到了开放式厨房前的吧台上，自己掌勺的老板和老板娘夫妇是主角，看来山田教授与他们很熟。一开始照例是两杯冰镇的生啤和两小钵下酒小菜，小菜的内容每日更换，可以是用白醋凉拌的海草和虾米，也可以是放入了一点鲣鱼花、用柚子醋调味的一小块凉豆腐，或者是胡萝卜丝、豆芽和甜玉米粒煮在一起"煮物"。小钵都是陶制的，很小，有时也有方形的，方形的小钵，在怀石料理中就称之为"八寸"。当天什么食物比较不错，熟客就会与掌勺的老板闲聊，老板会适当地推荐几样，由客人自己选用。那天具体吃了什么，说实话我都有点不记得了，只是感到气氛相当的好，食物也非常可口，生啤之后换了烫热的日本酒，店主拿出一个竹编的盛器，里面放满了各色形状、材质各不相同的小酒盅，由客人按喜好自己挑选。我和山田教授坐在吧台前随意聊天，也不时与在灶台上忙碌的老板老板娘搭几句话，炉火上升腾起来的食物的香味并不太浓烈，刚刚可以勾起人们的食欲。酒酣耳热之际，山田教授才向他们介绍说这是中国来的教授，店主人脸上稍稍露出了一点惊讶的神情，也似乎更加热情了起来。其时中日关系尚未交恶，光顾居酒屋的中国人也很少。

还有一次是2005年的8月末，那时我在山口大学短期讲学。山口大学的所在地山口市是一个人口不到20万的小城市，由西南向东北呈狭长的形态，真正的主大街只有一条，两边有许多小巷，平素都很少见到行人，只有沙沙驶过的汽车，是一个非常闲静的地方城市（中国即使是一个小县城，也是终日人声鼎沸）。邀请我去山口大学的东亚研究科长藤原教授怕我一个人寂寞，不仅请我到他的府上去吃过饭，还经常带着我去各个居酒屋喝酒。一日晚上，教授带我去了一家只有半个门面的小酒馆，在一条寂静的巷子内。居酒屋在一幢有些低矮老旧的屋子里，进入门内，连店堂带厨房，只有六七个平方米，点着两盏昏黄的电灯。典型的夫妻老婆店。窄窄的一个吧台，呈曲尺形，挤挤的可以坐六七个人，客人都是熟客，彼此也大抵熟稔。没有菜谱，黑黝黝的墙上，贴着几个菜名。老板娘每天都会煮好几个菜，装在大磁盘里，比如牛肉煮土豆（不是我们一般见到的土豆烧牛肉，牛肉是薄片状，土豆切成大块，一般还放入洋葱、胡萝卜块和荷兰豆，酱油色很淡），比如小鱼和鲜贝的“佃煮”（一种起源于江户的放入大量酱油和白糖的烹制法）等。教授问，今天有什么特别的？老板娘答道，沙丁鱼的刺身。沙丁鱼形体很小，平素活的只在屏幕上见过，一簇一簇的，密密集集，市场上好像从来没有见到有卖的，作为食品，只有沙丁鱼罐头还有些感觉，用来做刺身，倒真是头一回听说。老板娘说，今天买到的沙丁鱼特别新鲜，就用来做刺身了，用柚子醋拌了一下。每人要了一份，一条一口，放入嘴里，无比的鲜嫩。虽然是生鲜，却毫无鱼腥味。沙丁鱼的滋味原来竟是这样的，领教了领教了。那天的牛肉煮土豆也十分可口，遗憾的是有些凉了，好在并不是冬天。也和其他的居酒屋一样，一开始喝的是生啤，然后喝的是冷酒。冷酒也是清酒的一种，要冰镇，倒入小小的水蓝色的玻璃杯内（喝冷酒不可用陶瓷的酒盅），夏天喝十分惬意。那天吃了多少喝了多少到后来也不记得了，离座时结账，问老板娘多少钱（所有的菜肴和酒类都没有标价），答说每人 3700 日元。于是各各付了账，皆大欢喜。出了门，与教授分手后，我骑着自行车，摇摇晃晃地穿过仁保川上的秋穗渡濑桥，拐入一条小路，经过一片开始泛黄的稻田，回到了我临时租住的屋舍。

还有一次差不多是20年前了。在早稻田大学时，不知怎的与研究欧洲中世纪史的教授交上了朋友。有一年去访他，他请我到学校附近的一家法国菜馆吃晚饭，完了之后，又走到校园的另一端去喝“二次会”。一条巷子内散落着几家居酒屋。教授带我拐入了其中的一家，说这一家是专门喝酒的。店堂颇为宽敞，灯光亮亮的，除了小方桌之外，就是吧台式的，供应一些下酒菜，但品种很少，来此地的客人，主要是品酒，论“合”(一合为十分之一升，0.18公升）卖，装在日本式的小酒壶内（下文在酒的部分详述)，常温，加热，或冷酒，主随客便。一整个墙面，摆满了全国各地的各种清酒和烧酒，至少上百个品种，能在这里占一席之地的，大抵在日本被称为“铭酒”，即都是各地纯米酿造的好酒，诸如爱媛县出的“云雀”，一种纯米吟酿未过滤的原酒；高知县出的“醉鲸”，也是一种纯米吟酿未过滤的原酒；长野县出的“真澄”，也是纯米吟酿酒；新潟县出的“极上吉乃川”，一种上等的纯米吟酿酒。当然也有用番薯或小麦酿造并进行蒸馏加工的烧酒。酒客在这里就是品酒，觉得喜欢上哪一种了，日后就常常选用这一品牌。这些“铭酒”，一般酿造量都不是很多，虽然现在流通业发达了，酒客也可通过各种渠道购得，但不少人还是愿意来此地以酒会友，与三两好友，在酒酣耳热之际，议论风发，也是人生的一大乐趣。

可惜，上述三次的居酒屋，我都没有记得店名，不过这也许不重要。这三种类型的居酒屋，在中国式的餐饮场所中，好像还真没有。如今日本的居酒屋，连锁店已成了一种普遍的形式，诸如“穴八”、“白木屋”、“养老乃泷”、“和民”等，店堂都很大，价格也比较低廉，颇适合学生和年轻白领的聚会，遇到毕业季或年终岁尾，往往热闹非凡，喧阗之声不绝于耳，平素规规矩矩的日本人在这里突然变得放肆起来，也许人们正是需要这样的地方来释放所谓的压力。不过这样的场所，却不是我衷心向往的。

居酒屋供应的菜肴的量，一般都较少，最后觉得尚未能果腹的，可以叫一份炒面或烤饭团。客人离席时，饭桌上还剩下一大堆饭菜的，也许是中国仅有的风景。

料亭的历史，差不多与居酒屋一样，也开始于江户时代。我上文已有述及，这里再展开一些。料亭里提供的，一般都是怀石料理。怀石料理或会席料理最初是诞生在上层社会的酬酢社交的场合，不久便逐渐影响到一般比较富裕的市民社会，应运而生的便是各种比较高级的酒楼饭馆的纷纷开业，这样的高级饭馆后人称之为“料亭”。“料亭”这一名称出现于何时，似乎还无人考究，不过大概不会早于江户末期，而盛行于明治（1868—1911年）和大正年间（1912—1926年），至少我们在昭和初期的诗人中原中也（1907—1937年）的诗作《在日歌·冬之长门峡》中可以见到“料亭”这一词语。权威辞典《广辞苑》的解释是“供应日本料理的（高级）饭馆”，20卷本的《日本国语大辞典》的解释是“主要供应日本料理和日本酒的料理屋”，但实际上，一般的日本料理屋是不能随便冠以“料亭”的。

说到料亭的时候，一定会涉及怀石料理。何为怀石料理？“怀石料理”原本应该是“茶怀石料理”，与茶道的最后形成和发展有密切的关系，而“怀石”两字则源于佛教、主要是禅宗的礼仪作法。镰仓时代的12—13世纪，禅宗经由荣西和道元等人之手，正式从中国传入日本，与此同时，禅院的清规和禅僧的规诫也逐渐在日本的禅寺中确立，在饮食方面，过午不食几乎已经成了禅僧们的铁定的规矩。但有时从午后到夜深，不断的修业念经，也常常使得有些僧人体力不济，难以支持。于是有些人便将事先烘热的石头放入怀中，以抵挡辘辘饥肠。这样的石头，被称为“温石”。后来，寺院中的规矩渐有松懈，有人便制作些轻便的食物临时充饥，这样素朴而简单的食物，被称为“怀石”，大抵类同于点心，但更具有禅院的色彩。这大概形成于镰仓时代的末期和室町时代的初期，与同时期引入和发展的精进料理也有相当的关联。茶会料理虽然菜品比较少，在我们中国人看来也毫无膏腴肥脂的珍肴，其实在选材和烹制上也是相当讲究的，在日本人的心目中，还是一种上流社会的饮食。到了江户时代之后，尤其是经过江户中期的经济发展，市民阶级（町人）的成长，城市社会出现了前所未有的繁荣。当年千利休的时候，茶会大都是在他所设计的狭小的草庵风格的茶室中进行，到了17世纪末，茶会基本上都在书院风格的建筑中举行。

这里，对所谓的书院风格的建筑（日语称之为“书院造”）做一些解释，因为这与料亭有关。日本在室町时代末期至安土桃山时代（16世纪中后期）出现了一种称之为书院造的建筑样式，书院两字来自中国，不过与中国的岳麓书院等的意思稍有不同，在日本主要是指书库、书斋，当然也有讲学场所的意思，后来又演变为会客的场所，最后成了一种贵族和中上层武士的住宅样式，除寝室等之外，比较重要的是称之为“床间”的部分，榻榻米的房间内，设置一颇为雅致的区域，稍高出一般的地面，中间墙面上往往悬挂有一幅立轴画，或为山水，或为花卉，水墨或彩墨画下，还会有枝丫扶疏的插花，一般的词典把“床间”译成壁龛，大抵是这样的意思吧。两边还有本色的木柱和错落有致的高低搁板、固定的几案，厚纸糊成的拉门上往往是手绘的图案或画卷，屋外一般都有个大小不一的庭院，外侧则是低矮的围墙。如今，这已成了传统的日本住宅建筑样式，虽然现在的新构在布局上会有些变更，但大体的格局还是依照这“书院造”，其实这书院造的彻底完成，是在16世纪后期，它的普及，则在江户时代。书院造的格局总体说来颇为考究，基本上是当时日本中层阶级以上的住宅样式。

以后，在一般的上流社会（幕府将军、各地大名、上层武士、都市豪商、文人墨客等）的互相酬酢中，建安形成了一套比较固定的“怀石料理”或是“会席料理”的菜式和礼仪作法。1837年出版的《茶式花月集》和同时代的《茶汤一会集》中详细记录了当时“怀石料理”的具体内容和上菜方式，经整理之后，可了解到大致是这样一种程式。首先端出的是放有汤碗、饭碗和盛有鲙或刺身的小碗碟的膳（也就是食盘），然后呈上米饭和汤，之后拿出用碟子盛放的下酒菜和酒，斟酒三次，此谓之第一次献酒，接下来是端上烧烤的鱼或飞禽，用酒壶再斟酒三次，此谓之“二献”，然后将汤碗和饭碗撤下送上高级清汤（日语称之为“吸物”），再斟酒三次，共“三献”。然后上酱菜和热水桶等，将碗擦拭干净。吃完最后上来的果子后，客人到外面的茶庭稍事休息，之后到茶室喝浓茶。这差不多是江户时代中后期的怀石料理的基本模式。

到后来，怀石料理演进成了会席料理（两者发音在日语中相同）。会席料理并无一定的严格的模式，但也不是毫无章法，它大抵沿着本膳料理和怀石料理的基本格局，一定是在榻榻米的日本书院式的建筑中进行，早期均是席地而坐，每人一个食盘（膳），上的菜肴中，依次大抵是“向付”(一个较小的陶器器具中的用醋等调味的用于下酒的凉拌菜，可荤可素)、刺身、米饭、汤以及“烧物”(烤鱼等)、“煮物”(一种滋味清爽的煮蔬菜，一般会有好几种合煮)、“扬物”(面裹的油炸鱼虾或蔬菜）和“香物”(数种酱菜)，上酒的顺序也并不固定，不再严格地规定“献”数。现在往往是先喝酒，米饭已经放在最后上，除了食盘之外，如今每人面前都有小矮桌，或是一长联的矮桌。汤一般有两种，先上的是“吸物”(用上等材料烹制的毫无油星的清汤)，吃饭时再上一种“味噌汁”(酱汤)，用以佐饭。这样的格局，在江户末期正式确立，其中曾有若干的小变动，但大致的形态一直延续至今。

2007 年夏日，我在可清晰地眺望大阪城公园全景的 KKR 宾馆 12 层的餐室内品尝了一次比较新的怀石料理或者说是会席料理，幸好保存了当时的“献立”(食单)，结合当时用餐的体验，在此作一介绍。这一套料理的名称谓之“叶月怀石”，颇有诗意，其构成分别如下。第一道上来的是“先付”，或许可译为开胃菜，菜名叫“枝豆摺流”，就是将毛豆煮熟后打成泥状，装在一个晶莹的玻璃杯内，翠生生的煞是好看，里面还有水晶虾肉、冬瓜末和细小的柚子颗粒，清爽而有柚子的果香；第二道是前菜，分别有好几样，盛在一个名曰“猪口”(这一名称我们中国人听来觉得很不雅，实际上是一个类似酒盅的盛器）内的菜名叫“芋茎山桃和”，实际内容是将山药剁成泥后和切成碎粒的山桃拌和在一起的凉菜，另一个名曰“平鲹炙寿司”，一个方形的小小的寿司饭团上盖着一片炙烤过的竹荚鱼，还有一个叫“鳗柳川煮冻”，有切碎的河鳗在里边，再有一个是“金时草东寺卷白醋挂”，实际上就是一个小小的紫菜包裹的寿司，此外还有一个“万愿寺唐辛子”，实际上就是一个两端切除的青青的甜椒，因为辣椒是自中南美经中国传入日本的，所以前面冠以“唐”字，当然，“唐”字的寓意在日本也并不仅仅限于中国，可泛指一切海外的东西；第三道开始上正菜，曰“椀”，请注意这个词是木字旁，一般不用陶瓷器的碗，而是木质的漆器，是清煮的几样食物，包括一小段康吉鳗（一种产于日本沿海的体形较小鳗鱼)，一小块藕饼，莲芋叶，一小块柚子；第四道是“烧物”，内容是一块烤鲈鱼，一个抹上了豆酱（味噌）的无花果（抹上豆酱烧烤的食物日语称之为“田乐”)，一片用醋浸渍的野蒜；第五道是“肉料理”，底下是一大片圆茄，上面是日本产的牛里脊肉（日本牛肉价格明显高于从美国和澳洲进口的），只是从沸水中焯一下即捞起，卷在里边的部分还是生的，牛肉上还有新鲜的海胆，清淡得几乎没有咸味；第六道是“焚合”，实际上是好几样食物煮熟后放在一起，有章鱼，芋艿，南瓜，四季豆和柚子颗粒；第七道是“扬物”，即油炸食品，有炸大虾，小青椒等；最后是“御食事”，简单地说就是吃饭，分别是一碗米饭，一碗酱汤（味噌汁），还有三样酱菜（日语谓之“香物”）；全部完了后是“水物”，“水物”原本是新鲜水果的意思，那天实际上是甜食加一点水果，甜食是杏仁豆腐，做成布丁状，水果是罐头桃子。在传统的怀石料理中，“肉料理”不会出现，杏仁豆腐也不会有，其他应该与江户时代也不会有太大的差异。我在日本各地也品尝过多次怀石料理或曰会席料理，从程式和内容上来说，可谓大同小异。

但高级宾馆内的餐厅，严格来说依然不能称之为料亭。在 1823 年出版的《十方庵游历杂记》的第四编中，记录了许多家当时著名的，书中最为赞不绝口的，是一家由丰仓平吉经营的酒楼，门面宽有几十间（一间为 6 尺），深有 40 间，里边有一个宽广的庭园，引山溪入园，鲤鱼、鲫鱼在溪流中嬉戏游泳，森森绿荫中掩映着书院式的雅致建筑，在和式屋宇中的客人，对着纸糊的拉门敞开后显现出来的优美风景，把盏浅唱低吟，风情无限。这里的料理也绝对是一流的。这样的场所，已经不是当初普通市民充饥果腹的路边茶屋，应该是文人雅士或是富商豪门光顾流连的料亭了。

就像当年的高级酒楼大都临河枕流、富于风情一样，如今的料亭，一般也远离红尘滚滚的闹市，而地处冷街幽巷，或比邻寺院，或面对清流。费用大概在每人15000日元以上。我个人因为公务的缘由，曾经出入过几次料亭，下面就其中京都的一家“吉川”，记录些自己个人的印象。

有一年枫叶正红的深秋，应京都的一所大学的校长之邀，去“吉川”吃晚饭。“吉川”位于二条大街附近的一条幽深的小巷内，门前挂有“吉川”的白色灯箱。小小的玄关前铺的是青石板，上面挂着短短的中间分开的布帘，这就是所谓的店招，日语谓之“暖簾”。门边是一丛植物，好像是数枝细竹，在夜色中未及细看。年逾五十的“女将”(老板娘)和另两位中年妇女身穿和服在门口躬身迎候。脱了鞋换上拖鞋后，沿走廊先至一休息室小坐，然后被引入餐食。餐室是一间日本式铺着榻榻米的大房间，日语称之为“广间”，正前方的格子式的纸扇已经被拉开，透过落地大玻璃窗可以看见被绿色映射灯照射的庭院，大约有半亩地之广，中间有一鱼池，一座精雅的小石桥跨越其上，两端各有一石灯笼，幽幽的发出晕黄的光辉，一小片竹林，几株精心修剪过的树木点缀其中，优雅得令人感到寂寞。榻榻米上放置着两排矮桌，桌后是日本人独创的无腿坐椅。在宾客的坐席后面，是一处日语称之为“床间”的壁龛式空间，墙上挂有一幅中国式的山水画挂轴，下面是一个造型别致的花瓶，数片长长的绿叶中映照着三两枝白色的鲜花，疏淡有致，据说是远州流（插花的流派之一）的作品。背靠“床间”的是正座。矮桌上已经放置着称之为“膳”的食盘。落座后依次上的料理大抵如上文所叙述的各色怀石料理的菜肴，这里不再赘述。所喝的日本酒是烫热的，日语称之为“熱燗”。端菜斟酒的，都为四十以上的中年妇女。当然也不尽然，有一次在京都的另一家料亭“土井”中进食时，有身着和服的年轻女子相伴，一问，是立命馆大学的学生在此打工，薪酬不薄，两小时后，女学生退去，五十多岁的妇女上场。不过无论是年轻还是半老，一近食桌便立即跪下来，想来也是，这么矮的食桌，不跪又如何上菜呢？这样的排场和精致得不忍下箸的菜肴，想来价格必定高昂，但说实话，我等宾客并不觉得惬意，双方正襟危坐，致词，说些客套话，气氛沉郁。料理程式化地一道道上来，主客小心翼翼地一道道吃完。熟识日本传统文化的，可以对整个的氛围和料理乃至器皿细加玩味，充分享受，但对一般的外国宾客，除了新奇外，恐怕不会有太愉悦的感觉。

还有一次是在东京的椿山庄，白昼，书院式的屋宇正对着一泓池水，苍苔斑驳、颜色暗黑的大石上，有瀑布缓缓流泻下来，清越的水声中流淌着古琴演奏的日本乐曲，环境醉人。那次吃的不是怀石料理，是“石烧”，即在烧热的平滑的石块上的烤牛肉，但服务生依然是红颜半老的身穿和服的妇人，配菜也是日本菜肴。

如今的怀石料理，也可以不是那么太沉重的。2015 年 8 月初，有上海的朋友过来，请他们在京都四条大桥附近的先斗町上的一家京都料理店“多から”吃晚饭。这家（或这一类）料理屋在夏季的卖点就是“川床料理”。店家面临京都最有风情的河流“鸭川”，临河的店家每家每户都在伸向河沿的空间搭出凉台，有点像湘西凤凰沱江边的吊脚楼。鸭川的河水没有沱江那么深湛，很多河段都是浅浅的，宛如宽广而平坦的溪流，在北边由加茂川和高野川两条溪流交汇而成，流水淙淙，大抵都是清澈见底，给暑热沉闷的京都带来了一丝清凉，尤其是傍晚，夕阳渐渐沉入西端的山峦间，炎暑消去了白昼的威猛，河上吹来的晚风，令人心旷神怡。“多から”在晚间供应的是会席料理，写作“会席”而不用“怀石”，也许是表示其“格”还没有达到料亭的档次吧。菜谱上有两种规格，7500 日元和 12000 日元，服务生抱歉地告知，那天晚上只有 7500 日元的，那也就随缘吧。“川床”的筵席，也是榻榻米式，食客席地而坐，但是并无料亭的讲究，与邻座的矮桌之间，也无屏风相隔，餐具也非常一般。但是菜品相当好。夏季的日本，人们认为海里的当令食品，当推海鳗，河里的，当推香鱼，那天，这两样都有了，海鳗是“吸物”，半碗清淡的莼菜汤内放入一段菊花状的海鳗。我们知道，海鳗多刺，中国东南沿海一带，多用来清蒸，冬季则制成鳗鱼鲞，都很鲜美。日本人则是将其肉质最肥厚的部分，除去大骨，挑去鱼刺，然后剁碎，做成菊花状，这样入口时，就没有了骨鲠在喉的担忧了。野生香鱼的个体很小，最典型的做法是插上竹签盐烤，外表烤得有点焦黄色，放在一个状如长瓦的陶器内，底下铺垫的是箬叶，香鱼上置放一片白白的藕片，色觉味觉都不错。那天每人先要了一大杯生碑，然后饮冷酒，口中品味着美食，抬起头来，则是鸭川两岸古都的风景，河岸的建筑本身，并无特别可以圈点之处，好在建筑的高度都有严格的限制，举目望去，就是笼罩在夏日暮色中的苍翠的山峦，耳畔则传来了淙淙的流水声，要说没有惬意的感觉，那恐怕是假的。

在料亭和居酒屋之间，还有一种称之为“小料理”或“割烹料理”的日本料理屋，在料理的制作上很有特色，环境也颇为雅致，餐桌有吧台式的，厨房大都是开放式的，但完全是日本的传统风格，灯笼式的照明，不施任何油漆的原木桌椅，满屋子荡漾着的是日本菜肴的气味。这样的店家，比料亭随意，比居酒屋优雅，资费也在两者之间，大约每人5000—7000日元左右。一次与朋友一起观赏京都“祇园祭”中7月24日的“还幸祭”，结束时已是晚上七点左右，于是就来到了“乌丸通”上的一家餐馆，名曰“菜彩”，在一幢西式的大楼下，门面却是纯然日本式的，供应的是“会席”，每套价格在3000—5000日元不等，就价格而言，而相当低廉的。我记得我们要的只是3500日元的会席，豆腐衣料理非常可口，一个用圆形茄子挖出内囊后放入各色蔬果的菜肴也很让我们惊喜，也有香鱼，不过只是一条。吧台式的坐席上坐了几位日本客人，我们被安排在长方形的小桌上，感觉也很雅致，厨师就在吧台内烹制，屋内低低地播放着古筝音乐，全然没有喧哗的声响。那天没有喝日本酒，凉凉的生碑，与日本料理似乎也挺般配，三个人都很开心。也许在这样的店内更能赏玩日本文化的情韵，更能体会日本料理的真味。

茶酒篇

日本酒的起源和酿造史

关于日本酒、也就是日本列岛上所产生的酒的最初的起源，一直是众说纷纭，虽然近年来人们倾向于日本酒的制作工艺乃是日本人所独创的说法，而且近年来的一些科学实验的结果在某种程度上也支持了这一结论，但在历史文献上依然还留存了不少难以解释的疑点，至今尚无非常明确的结论。

在日本最早成书的半是事实半是故事传说的《古事记》(712年）的应仁记中有这样叙述：

“又秦造之祖，汉直之祖，及知酿酒人，名仁番，亦名须须许理等，（自百济）参渡来也。故是须须许理酿大御酒以献，于是天皇宇罗宜是所献大御酒而御歌曰……（原文为汉文）。”

这段用日本式的汉文写成的文字不大容易看懂，这里稍作解释。这里的天皇，《古事记》上称之为应神天皇，历史上也许实有其人，但应神天皇的名称应该是不存在的（现在一般认为天皇的名称最早出现于673年即位的天武天皇时代)，不少历史学家认为应神天皇应该相当于历史上倭五王中的倭王赞，生活在5世纪前半期，在位期间与中国南朝的宋有朝贡往来。秦造之祖、汉直之祖，指的是经由朝鲜半岛渡海而来的自称是秦代和汉代后裔的移民，传来了大陆和半岛的先进文化。上述《古事记》的这段文字，说的就是自半岛来的名曰仁番或是须须许理的人，深通酿酒技术，制作美酒献给天皇，天皇饮后大为愉悦，吟歌抒情的经过。《古事记》和稍后的《日本书纪》(720 年) 多处记载了朝鲜半岛来的移民带来先进文化和技术的事迹，酿酒技术既是其中一例。

那么，在须须许理来到日本列岛之前，历史上是否就没有酒类存在呢? 不是。成书于 3 世纪末的中国史书《三国志·魏志·倭人传》中对当时日本列岛的风俗情形有这样的记载:“始死停丧十余日，当时不食肉，丧主哭泣，他人就歌舞饮酒。”这说的是人死后丧葬时的习俗。还记载说:“其会同坐起，父子男女无别，人性嗜酒。”这里记述的应该是 3 世纪前半期的事，说明那时列岛上就已经有比较普遍的饮酒习俗，至少酒不是太稀罕的饮品。那么，这里的酒到底是什么酒呢?《三国志》上没有明言，大概记史者也不是很清楚。一般来说，只有两种可能，一种是果酒，另一种是粮食酿造的酒。事实上自古以来东亚地区的果酒酿造就很不发达，这与自然环境和物产是有极大关联的。因此，日本食物史研究家篠田统推断说，古代日本不存在果酒。另一种可能就是用粮食酿造的酒。3 世纪时东亚大陆的稻作文化早已传入列岛，稻米以及其他作物的种植已经比较普遍，用谷物酿酒的条件已经成立。谷物酿酒最原始的可能是让煮熟的饭食在自然环境中发酵后酿成的酒，但这样的过程相当缓慢并且成酒率不高，真正成规模的酿酒实际上并不可能，当然，后人发明了用酒曲酿酒的技术，根据史籍记载和考古的成果，在中国，这样的技术在 4 千多年以前应该就已经存在，但是 2 千年前的日本列岛是否就已经有了这样的技术，文献无法证明。

日本酒与东亚大陆的酿酒技术到底是一种怎样的关系呢？我本人对酿酒技术基本上是外行，对此难以作出简单的判断。我只是根据我阅读中日两国文献的便利性，试图将两国的部分研究成果做一个对比性的陈述，以期在学界展开有意义的探讨。我的目的是探讨作为一种文化的日本酒与中国大陆和朝鲜半岛的关联。根据我自己对文献的阅读，我的理解是，在 2300 多年前稻作文明传入列岛之后，在中国已经成熟的酿酒技术也很可能借此通过各种途径传入日本，即便当时没有传入，在此后的屡次移民潮（在《古事记》和《日本书纪》中都比较详细地记录了移民以及移民带来新技术的状况）中酿酒技术也应该会传来，《古事记》所记述的须须许理（仁番）的事迹是一个典型的例子。从历史逻辑上来说，大陆传来的应该是已在大陆和半岛普遍使用的利用根霉的饼曲技术，但也不排除在南方仍然留存的利用米曲霉的散曲技术。由于在日本用于酿酒的原料主要是黏性较大的粳米，大陆的技术对此也许不能完全适用，日本人在大陆技术的基础上经过反复实践摸索出了比较独特的曲霉发酵法，就是在蒸熟的大米中掺入木灰，木灰中富含矿物质，呈碱性，在掺入蒸米之后不易生长细菌，反过来为曲霉的繁殖创造了条件，也容易生成孢子。这一技术在室町时代（14 世纪末至 16 世纪）被用于培育种曲。值得注意的是，种曲培育出来后的酿酒法，与《齐民要术》中所说的“三投”的工艺顺序非常相像，日本称之为“三添法”或是“三挂法”，就是在酒曲酿成之后，再分三次投入蒸米和水，投入的量在16世纪后半期是相同的，进入江户时代后，量呈几何式的增加，即分别为1、2、4。这里又显现出了与中国酿造酒工艺的相似性。因此在对日本酒源流的分析上，我认为既要充分认识日本酿酒工艺的独特性，又要充分留意其与大陆酿酒技术之间的传承关系。这方面，我觉得曾经担任日本国税厅酿造试验所所长的秋山裕一的立论比较公允。他在其所著的《日本酒》一书中专门列了一章“探讨日本酒的起源”，在对上述日本方面的研究成果进行了比较分析之后，他的意见是：“关于日本酒的起源，有从中国江南传来的稻米和曲的说法，有谷芽曲的说法，有米曲是我们祖先发明的说法。到了今天虽然还没有定说，但（通过以上的分析）我想大家已经能充分理解了与中国大陆的深切关联。”

在酿酒工艺方面，江户时代出现了一个重大的改进，就是碾米技术的提高。原本碾米的方式主要是利用杵和臼所进行的舂米，是人工的脚踏式，效率比较低，获得的大米的精白程度也比较低。大约在18世纪中叶起，渐渐成为日本酒名产地的位于大阪湾北岸、今日兵库县靠武库川河口一带的称为滩的地方，在峭立的六甲山下的芦屋川、住吉川等的上游地区，水流湍急，水力资源丰富，于是利用水车碾米的方式渐渐得到了推广，不仅大大节省了人力，而且大米的精白程度也较以前有了很大的提高。米酒的品质如何，当然牵涉到各种酿造工艺和水，但是稻米的品质以及米的精白程度也是相当关键的。这一时期开始使用精白度很高的大米来制造酒曲并用作“挂米”(即分三次添加的蒸米)，从而酿造出来的酒达到了相当的品质，这种酒在江户时代被称作“诸白”，而只是在“挂米”中使用精白大米的称为“片白”，当然以“诸白”为上位，它也可以理解为今日日本清酒的前身。兵库县南部称之为“滩”的地方，生产闻名遐迩的高品质的播州米，很久以前就是美酒的产地，19 世纪 30 年代又在沿岸的地下发现了适宜于酿酒的硬水，于是这一带就逐渐成了日本最出名的酿酒地，称为“滩五乡”，大抵在今日神户一带，而“滩酒”也就成了名酒的代名词。

进入近代以后，酿酒的规模不断扩大，酿酒的技术也在不断的改进，但就像日本料理一样，其基本的内质是在江户时代最后定型的。

林林总总的“铭酒”和酒具

现在的日本酒一般称之为清酒。当然，清酒这一词语在中国出现得更早。战国时的《楚辞·大招》中有“吴醴白蘖，和楚沥只”的词语，汉代王逸对这一词语的注释是“再宿为醴。蘖，米曲也。沥，清酒也。言使吴人酿醴，和以白米之曲，以作楚沥，其清酒尤浓美也。”由此可知，在春秋战国时的长江流域，已经有了一种称之为“楚沥”的清酒。联想到1977年在河北省平山县三汲乡战国时代中山王的墓中所出土的两瓶密封于青铜壶内的古酒，一种呈翠绿的透明体，一种是黛绿色，皆酒体清澈，堪称清酒。当然，此清酒非彼清酒，并非将此与今日日本的清酒混为一谈，我只是想说明，清酒原本只是对一种酒体的形容，或是相对于浊酒而言的词语，2千年前在中国的汉代已经出现，并非固定名词，事实上，日本的清酒这一名称得以成立，也是相对于浊酒之谓。在前文中说到的采用“三挂法”(也就是中国的三投法）之后经一个月酿成的酒，是一种酒精度数在20度左右的浊酒，需要对其加工过滤并经低温加热进行消毒处理，才可得到酒色清澄的清酒。最初的清酒还未达到完全纯净的透明，呈淡黄色，酒香醇厚，近代以后，随着技术的不断改进，酒体也变得越发清澈透明。今天我们一般就把清酒称作为日本酒，当然，就如下文中会述及，日本酒的种类并不局限于清酒。

我初到日本时，看到酒店或超市中出售的清酒标贴上写着"大吟酿"、"吟酿"、"纯米酒"，有的则没有标明，也搞不清这到底有什么区别。后来读了不少文献，慢慢理出了点头绪。现在日本的清酒，根据其原料和制造法以及1990年日本政府方面颁布的《清酒的制法品质表示基准》，大致可分为两大类，一类是"特定名称的清酒"，另一类是"特定名称以外的清酒"。第一大类的酒再加以细分，则有吟酿酒、纯米酒和本酿造酒三类。这第一大类一般称之为高级酒。第二大类加以细分，还可分为加入酒精后使其增量的酒精添加酒和除酒精之外再加入其他调味液（如葡萄糖、饴糖以及乳酸、谷氨酸等混合在一起的物质）的增酿酒两类。增酿酒目前没有单独销售，它必须与其他酒类掺合在一起才可作为商品上市，目前这一类的酒主要是将用蒸米、酒曲和水酿成的纯米酒再加入酒精和调味液使其量增加到三倍，也就是说是一种调和而成的酒。第二大类一般称之为普通酒。目前全日本大约有2千家左右的清酒酿造商，近年来年生产总量呈逐渐减少的趋向。据日本总务省统计局的统计，1980年时为119万千公升，1995年降为98万千公升，2003年更降为60万千公升，几乎只有23年前的一半左右。与此对应的另一个倾向是日本烧酒的产量在年年上升，这我将在下文叙述。在这些清酒的总产量中，大约有接近7成是普通酒。

不过我所感兴趣的是被称之为高级酒的三类酒，即吟酿酒、纯米酒和本酿造酒。这三类酒目前在所有日本清酒（包括普通酒）中所占的比率分别是吟酿酒3.4%，纯米酒（包括纯米吟酿）7.7%，本酿造酒19.4%。也就说，吟酿酒的产量最低，处于最高级的层面。那么，区分这三类酒的标准是什么呢？主要是用于酿酒的大米的精白程度，也就是原料成本的高低。按照《清酒的制法品质表示基准》，吟酿酒又可分为大吟酿和吟酿，区别还是在于大米的精白程度，用于酿造大吟酿的大米，必须在糙米的基础上进行反复的碾磨精白，最后只取其50%以下的核心部分用作酿酒的原料，也就是说糙米将有一半以上被碾磨损失掉，吟酿酒则为60%以下，纯米酒和本酿造酒的取用率是70%以下。按照目前日本的酿酒工艺，大米的精白程度越高，酿制出来的酒就越清冽醇美，这是因为糙米外层的部分含有比较丰富的蛋白质和脂肪成分，这对于米饭的营养来说是很重要的，同时也会增加口感的丰富性，但是在酿酒的过程中，容易产生各种杂味，影响到酒的纯度，因此需要将此碾磨掉，当然，这在米价相当昂贵的日本来说，会增加不少酿酒的成本。

米料的精白程度与酿酒的关系，其实这一点中国人在很久以前就已经认识到了，贾思勰在《齐民要术》中说："米必细舂，净淘三十许遍；若淘米不净，则酒色重浊。"这里的"细舂""净淘三十许遍"，我的理解就是一种大米的精白过程，米粒经反复淘洗三十多遍之后，必定会磨损许多，留下的是大米的精核部分，只是在南北朝时期还没有现代的精白技术和设施，《齐民要术》上才会有如此的表现，其实贾思勰已经清楚地认识到了“若淘米不净，则酒色重浊”，米的精白程度与酒色的清冽与否应该是有关系的。

吟酿酒作为一种清酒的种类在日本的出现其实是很晚近的事。它其实是新酒鉴评会的产物。新酒鉴评会是日本政府国税厅下属的酿造试验所（现改为研究所）所发起组织的日本酒评选活动，开始于 1911 年，之后一直持续到现在。如今在全日本设有 11 个地区，先由各地的国税局主办的选评会上进行初选，在初选中获胜的品种再进入全国性的鉴评。所有参选的酿酒商和酿酒师都铆足了劲，精心配料，悉心酿制，以期在新酒鉴评会上获得金奖。要酿制出上好的清酒，作为原料的大米、酒曲和水是非常关键的。近代以后，日本在稻米的品种改良和耕作技术上倾注了极大的努力，各地都有一些适合本地区的优秀的稻米品种。酿酒师们很清楚大米的精白程度与酒的品质之间的关系，因此为了获得好的名次，他们不惜工本，对用于酿酒的原料米反复碾磨精白，务求达到最佳程度。每年一度的新酒鉴评会，催生了不少优质酒的诞生。日语中有个词语叫“吟味”，除了吟咏品味诗歌的妙趣外，还有一个意思是详细的研究、精心的选择，后来与酿造结合，诞生了一个新词，曰“吟酿”，就是将精心择选的原料倾心酿制酒类或酱油等，再后来主要是指酒类。大概在 1960 年代初期，人们将这些新酒鉴评会上参选的优质酒称之为“吟酿酒”，但这一词语在 1973 年出版（以后有重印）的篇幅最为浩繁的 20 卷本的《日本国语大辞典》中未见载录，可见广为流传并正式使用还是比较晚近的事。当初的吟酿酒由于主要是为了参评，制作的量很少，评过之后一般也不上市，或密藏于酒窖中，或者与别的什么好酒调配之后以特级酒的名目问世，总之，一般的人们很难有缘识其真面目。1963 年，大分县首先推出了品牌为“西关”的吟酿酒，720 毫升的瓶装酒每瓶 1000 日元，而当时同等量的特级酒才卖 360 日元，可以想象其价格的高昂。尽管如此，酒商方面还是亏本销售，结果只卖出了 640 瓶。以后由政府方面对这类酒制定了明确的标准并冠以正式的名称，并根据精白程度的不同分为大吟酿和吟酿两类。随着以后日本人生活水准的提升，高级的吟酿酒受到了人们的追捧，经济景气的时候，形成了吟酿酒热。

按照规定，被称为吟酿酒的除了在原料米的精白率（即糙米经碾磨精白后留存下来的比率）上必须达到 50%—60% 以下外，还有一个重要的指标是必须经过缓慢的低温发酵。普通酒是在气温 15 度的状态中经过 20 天的发酵，而吟酿酒必须在 10 度的温度中经过 30 天的发酵。为何要使用这样的工艺并经过 30 天的缓慢发酵呢？是为了能酿制出吟酿酒所独有的透发出水果香味的吟酿香。这种吟酿香只有在低温状态下才能慢慢酿成。

那么，碾磨精白的比率同在 70%或以下的纯米酒和本酿造酒之间又有什么区别呢？这区别在于酿造方法的不同。纯米酒是日本传统的酿造法，也就是江户时代正式固定下来的“三段挂法”，即在酿成的酒基上分三次添加蒸米和水的酿造法，纯粹用米酿制，故称为纯米酒。而本酿造酒的制作法，则是在米酒的酿制过程中加入少量的酿造酒精，这一酿酒法起源于太平洋战争时期，战争期间日本食物日趋紧缺，当时用于酿酒的原料米严重不足，于是便在米酒中加入少量的酿造酒精。所谓酿造酒精，是将淀粉质的东西进行糖化后的物质、或是将大米等植物性的原料进行发酵以后蒸馏出来的酒精，基本呈无色透明，香味很低。若是纯用大米酿制的吟酿酒会在标贴上标明纯米大吟酿酒和纯米吟酿酒，而没有纯米标志的，就可能是酿造吟酿酒。现在中国的一些日本料理店中每人200—300元可以任意饮用的日本酒，基本上都是这些掺入了酿造酒精的比较低档的日本酒。

从一个品酒师的视角来看，日本酒还可以根据它的酒香分成四种类型。第一种是香味比较浓郁的类型，虽然是用大米酿制，却有明显的甘甜的水果香味，这一类酒的代表是大吟酿酒和吟酿酒；第二种是口味清爽、口感清凉的清酒，甚至是清冽如水的感觉，这类酒多为“生酒”，“生酒”在酿成之后不经过加热杀菌的工艺，存放时间较短；第三种是具有大米原本的香味，带有明显的米酒特色，这一类就是最常见的“纯米酒”；第四种是储存时间比较长、酒质比较醇厚的“古酒”，具有浓烈的复杂的香味。之所以会形成以上四种类型，当然是原料米、水质、酵母、酿造处理、酿酒师的技术等多种因素叠合在一起的结果。

同样的是谷物酿制的酒，日本的清酒与中国的白酒、黄酒等在酿造主原料上的一个最大区别是它只用粳米。因此，米的优劣将直接影响的清酒的品质。与酿制葡萄酒的葡萄不同于一般供食用的葡萄一样，用于酿酒的大米也不同于平时食用的大米。为此，日本各地开发栽培出了多种用于酿酒的大米品种。这类大米在日语中称为“酒造好适米”，与一般的大米相比较，用于酿制清酒的“酒造好适米”主要有三个特点。第一个特点是米的颗粒大。酿酒前首先要对大米进行碾磨精白，碾磨的过程一方面会带不小的损耗，另外米粒也容易碎裂，这时米粒大的话就会有不少优点。第二个特点是由于原本大米外层所具有的蛋白质、脂肪等成分在酿酒时容易产生杂味，因此培育“酒造好适米”时就尽可能减去这些成分，所以这类大米在烹煮成米饭时吃口未必好，营养价值也未必高。第三个特点是大米的中心部分要有“心白”，“心白”的特点是大米中的淀粉组成比较松软、密度比较稀疏的部分，呈白色的结晶体，这与制造酒曲有很密切的关系，米的中心部分比较松软的话，曲菌在繁殖的时候就容易将菌丝伸展到里面去，能够形成优良的酒曲。也就是说有“心白”，就比较容易制造出糖化力高的优质的酒曲。另外在用作“挂米”（即酿酒的原料米）的时候，比较容易从米的内部开始溶解，酿成的酒具有独特的米香。具有这些特点的“酒造好适米”，可以酿制成具有独特风味的、口感绵密醇厚的好酒。

在酿酒工艺上，当原料米选定之后要考虑的一个重要问题就是水。日本酒的成分 70%是水，因此选用什么样的水酿酒就是一个至关重要的问题了。就水源而言，水有泉水、河水（包括溪流）、湖水、井水等多种，然而从水的性质上来说只有硬水和软水两种。所谓硬水，一般是指富含矿物质的水，而软水则矿物质的含量非常低。适宜于酿酒的水，一般是希望含有较多的镁、钾和钙等成分，而不希望带有铁、锰、铜等成分，尤其是铁，容易使酒产生颜色，这是酿酒师的大忌。因此，在传统的日本酒的酿造中，受欢迎的一直是硬水，江户时代中期以后“滩酒”之所以会出名，也是在当地发现了适宜于酿酒的“宫水”，实际上是一种上好的硬水。硬水中含有的矿物质等营养成分能够激活酵母的力量，使发酵快速而均衡地进行，由酵母的力量形成的糖分就不断地演变为酒精，从而能酿成口味清冽干爽、具有一定的刺激感而甜味较弱的酒。而软水因为矿物质含量比较少，使得酵母无法有力地发挥作用，因而也使得发酵的过程相当缓慢，所以糖分也是在非常缓慢的状态中逐渐演变为酒精，用软水酿出来的酒，口感比较柔和，酒味也稍微偏甜。在明治时代中期（19 世纪末期）之前，人们一直推崇硬水，但是随着酿酒技术的改进和消费者需求的多样化，人们慢慢意识到了软水也有其自己的特点，就像吟酿酒需要在低温状态中缓慢发酵一样，软水所造成的缓慢发酵，也能形成许多独特的风味，酿成的酒口味绵密细腻、柔和绵长，酒味有些甘甜。时到如今，消费者的需求也呈多元形态，已经很难一口断定硬水和软水的优劣。人们戏称用硬水酿成的酒为男人酒，软水酿成的酒为女人酒。只是在工业化的时代中，水源污染比较严重，酿酒商们便纷纷标榜自己的水源乃是地下涌出的泉水或者是伏流水（一种在河床或湖床及其附近的表层下潜流的优质水），日本有所谓“名水百选”，使用入选的名水往往就成了酿酒商借以抬举自己酒质的大旗。

现在日本的酿酒作坊或酿酒厂大约有近两千家，大致可以分成两大类。一类是全国性的大酒厂，规模比较大，设备比较先进，生产的清酒面向全国市场，每家的产品种类大约有十几种，因为有营销的策划和广告宣传，至少有几种知名度很高，比如宝酒造株式会社生产“松竹梅”，于大正九年（1920年）问世，被誉为酒中精品，价格也甚为高昂，往往是同类清酒的两倍；还有菊正宗株式会社，原本是创业于江户前期1659年的“滩酒”酿造作坊，创始者是嘉纳家族，算起来已有350年左右的历史，秉承了丹波杜氏的传统，酿造的菊正宗系列的清酒，在日本闻名遐迩，也是高级清酒的代名词；此外如总部位于京都伏见区的黄樱酒造株式会社，生产的黄樱系列的各类清酒，在日本也广受好评。除了这类声名卓著的大酒厂之外，日本更多是些规模较小的酿酒作坊，差不多各地都有，比较有口碑的大多集中在东北地区（南部杜氏）、新潟县（越后杜氏）、京都和神户一带（丹波杜氏）等。这些地区生产的清酒，一般被称为“地酒”，也就是当地的清酒，生产的量不是很多，一般的酒店或超市未必都有销售，但都有各自的风格和独特的风味，其中不乏佼佼者，真正会品酒的人，往往对这些“地酒”感兴趣，各地的居酒屋，也大都以这些“地酒”为卖点。

日本各地，大抵都有好酒。一般好的酿酒地都在丘陵地带，一来所产的稻米比较优良，二来水源可采用涌出的地下泉水或是伏流水，杂质铁分少，几乎没有污染，水质甘洌。日本的酿酒人，大都十分敬业，对于技术，往往是精益求精，不断改良，加之有各种比较权威的评酒机构，促进了好酒的涌现。不过，对于日本清酒的品味，就像对于日本传统料理的品尝一样，需要气闲神定的功夫，仔细吟味，慢慢体会，从杯中的酒香，到入口的口感，以及入口后在口中的蔓延散布程度，通过喉咙时的感觉，回味如何，都有讲究。另外，饮酒时的酒温，也绝对不可忽视。比如未经加热杀菌的“生酒”，为了要体会其清洌的感觉，一般适宜的酒温在5—10度，差不多是干爽的白葡萄酒的酒温，而如酒香比较浓郁的大吟酿或吟酿酒，酒温在10—12度比较适宜。冬天的时候，适当加温后的纯米酒也十分令人陶醉。以我个人的经验而言，日本酒只有在配日本料理时，甚至是只有在日本式的酒馆氛围中品味时，再苛刻一点，只有在与日本人一起把盏斟酌时才能深切感受到它的真味。若不然，对于一般的中国人、尤其是习惯饮用酒香浓郁、酒味强烈的白酒的人来说，日本清酒也许只是一种口味寡淡的米酒而已。这样说来，饮食真的是一种文化，绝不只是简单的口福之惠。

最近二十年来，烧酎异军突起，大有盖过清酒（在日本也多称日本酒）之势，清酒的酿造者、销售者和热爱者都有一种危机感，为了吸引年轻的饮酒者，近来一些厂商和店家都煞费苦心求新创异，设计了一些非常新颖的酒瓶，造型和标贴都让人耳目一新，店铺设计得时尚摩登，配以柔和或独特的灯光，给人如梦似幻的感觉，酒杯改用香槟杯，创设了站立式的吧台，还配以日本的小点心，经营店铺的都是些穿着时髦三十来岁的帅哥，如此一来，果然引来了大批年轻的女子，清酒的销量还真的有所上升。

烧酎（烧酒）在现代的崛起和流行

1991年12月初，第一次访日时来到了广岛，此前相识的广岛大学小林文男教授请我吃饭，选在了一家连锁店的居酒屋，这时正是日本忘年会的季节，店里生意兴隆，店堂里一片热气腾腾。小林教授问我喝什么，我说请酒吧。而他自己则要了烧酎，还兑热水喝。其时我尚未喝过日本的烧酎，更没见过兑热水的喝法，不禁觉得有些新奇。

烧酎（姑且可以理解成日本的烧酒或白酒，其词义下文再解释）的历史虽然没有清酒那么悠久，早期的普及程度也远不如清酒，但仍可看作是日本两大传统酒类之一。早年基本上是处于酒类的边缘或下层状态，倘若说清酒是位居庙堂的话，那么烧酎就是在野的了。在产量上也是如此。不过这一情形在1980年前后出现了重大的改变，烧酎的产量骤然上升，甚至超过了清酒。据日本总务省统计局《日本统计年鉴》的统计，1970年日本清酒的年产量是1257千公升，2003年则跌到了601千公升，而烧酎的年产量则从1970年的219千公升，飙升到了2003年的923千公升，远远超过了清酒的年产量。

就如中国的绍兴黄酒和白酒的主要差异一样，虽然同属谷物酒，清酒是酿造酒，而烧酎是蒸馏酒，制作工艺不同，制成的酒在酒精度数和口味上也有极大的差别。前文已经述及，利用酒曲酿酒的基本工艺大致在公元 5 世纪前后或者更早的时候由中国大陆和朝鲜半岛传入日本，以后在日本列岛经过了改良和创造，形成了今天清酒的酿制技术，那么，烧酎或者烧酒这一类蒸馏酒是什么时候出现在日本的呢？

就全世界范围而言，蒸馏酒技术的出现以及成熟要晚于酿造酒。历史上最早出现蒸馏技术的应该是在现位于阿拉伯半岛的美索不达米亚地区，年代可以追溯到公元前 3 千年左右，以后沿东南传入印度北部地区，但是蒸馏酒的制作一直没有广泛的传开，可以说在 13 世纪下半期之前，世界上绝大多数地区并未掌握蒸馏酒的制作技术。中国虽然在四五千年前就出现了比较成熟的谷物酿酒技术，但蒸馏酒的出现是比较晚近的事。明代的李时珍在《本草纲目》中写道："烧酒非古法也，自元时始创，其法用浓酒和糟入甑，蒸令气上，用器承取滴露，凡酸败之酒皆可蒸烧。近时惟以糯米或黍或秫或大麦蒸熟，和曲酿瓮中十日，以甑蒸好，其清如水，味极浓烈，盖酒露也。"现在有不少学者主张蒸馏酒的出现在中国可能更早，根据是唐代的文献中已有"烧酒"和"白酒"一词出现，比如《全唐诗》卷四四一白居易《荔枝楼对诗》中的"烧酒初开琥珀香"，卷五一八雍陶《到蜀后记途中经历》中的"自到成都烧酒熟"，《全唐诗》卷五八九李频《游四明山刘樊二真人祠题山下孙氏店》中的"起看青山足，还倾白酒眠”，卷五九六司马扎《山中晚兴寄裴侍卿》中的“白酒一樽满，坐歌天地清”等的歌咏中，都出现了“烧酒”或“白酒”的词语。但这里所说的“烧酒”或“白酒”恐怕并非现代意义上的烧酒和白酒，王赛时在《唐代饮食》中指出：“值得注意的是，唐代文献中常见的‘白酒’一词，此非白色酒，也不同于现代概念中的白酒。这种白酒就是浊酒。唐人常以酿酒原料为酒名，凡用白米酿制的米酒，唐人称之为白酒，或称为白醪。”而唐人笔下的烧酒，应该是一种经过低温烧法进行灭菌处理（以使保值期延长）过的酒，“唐人称经过加热处理的酒为烧酒。”我觉得虽然还不能贸然断定唐代时的“白酒”和“烧酒”就一定不是今天的白酒或烧酒，但比照同时期的其他文献和当时中国的酿造技术，蒸馏酒似乎还没有出现。但是否在元代才由外域传入，似乎还可商榷，北宋的田锡在《曲本草》中说：“暹罗酒以烧酒复烧二次，入珍贵异香。”可知宋人已经知晓暹罗酒在制造工艺上的独特性，“复烧二次”是否可理解为将酿造的初级酒再通过蒸馏的方式重新制作，尚需进一步的论证。中国的蒸馏酒技术的传入，有一支可能来自南方的暹罗（现泰国）和云南一带，蒙古在灭南宋之前，先征服了大理（云南），并在 1287 年占领了暹罗，暹罗此时已经有蒸馏的烧酒生产，来源可能是印度北部和阿拉伯一带，之后从南方带入了蒸馏酒的制作技术。另有一支是直接来自阿拉伯地区，元代的蒙古人曾出兵西域，在西亚及阿拉伯一带建立过“察合台汗国和波斯汗国”，这一时期东亚和西亚乃至东欧的交通被武力打开，蒙古人的马队驰骋在广阔的欧亚大陆上，蒸馏酒的技术也有可能在这时期被带入中国。不过，蒸馏酒在元代中国的普遍传开，似乎是在13世纪末或14世纪以后，马可波罗在其《东方见闻录》（或译作《马可波罗游记》）中记述了中国用米和麦酿造的酒，但未提及蒸馏酒一类的烈性酒，马可波罗在中国的逗留期间是在1274—1290年间，即便这时已有蒸馏酒出现，大概还未达到普及的程度。在1330年元代宫廷的饮膳太医忽思慧撰献给文宗皇帝的《饮膳正要》一书中，记述了一种从南方传入的称之为"阿拉吉"的烧酒，在同时代的《居家必用事类全集》中出现了一种传自南蛮的烧酒"阿里乞"，"阿拉吉"和"阿里乞"应该来自于阿拉伯语araq，意谓"蒸发、发散"。此后，蒸馏酒的制作在中国蓬勃展开了，各地出现了一系列脍炙人口的白酒。

那么，日本的蒸馏酒技术是否有可能是从中国传来的呢？答案似乎是否定的。由于元在1274年（当时南宋王朝还存在）和1281年两次进攻日本，所以此后的一百余年间中日之间基本上断绝了官方的往来，直到1401年，主掌室町幕府的将军足利义满才重新恢复了与明朝中国的贸易，此后的12年间，曾向中国派遣了总共11次、计50艘的商船，但是在从明输入的货品中没有诸如烧酒的名目，此外，似乎也没有烧酒传入日本的确切记录。

根据现有的文献和实际情形来判断，蒸馏酒传入日本的途径，应该是来自南方的琉球群岛。日本最早制作和盛行蒸馏酒、也就是烧酎的地区，是紧邻琉球群岛的鹿儿岛周边的九州南部。琉球群岛大约在9世纪左右进入农耕时代，14世纪中叶在冲绳本岛建立了北山、中山和南山三个小国家，先后向明朝的中国进贡称臣，获得明朝的册封，并与中国之间开展了朝贡贸易。与此同时，这一地区与朝鲜半岛和暹罗、爪哇也有海上贸易。琉球的蒸馏酒技术大概传自暹罗一带。据1534年明朝派往琉球的册封使陈侃在其所著的《使琉球录》的记载，其所见所饮的琉球烧酒“色清而烈，来自暹罗，酿法同中国之露酒”，露酒是当时中国人对蒸馏酒的称谓。其时蒸馏和蒸馏器的制作技术已经传至琉球，在15世纪后期和16世纪，烧酒在琉球本岛和周边岛屿逐渐普及。

在近代以前与琉球发生关系的，主要是位于现在九州南部鹿儿岛一带的萨摩藩。琉球正式向萨摩派遣官方朝贡船是在1478年，此后，两地之间便开始了贸易和官方文书的交换等往来，应该会有萨摩的武士见过或饮用过琉球烧酒。最初有确切文献记载的是当时担任萨摩藩主岛津家族的家老、作为萨摩的使者来往于萨摩和琉球之间的上井觉兼所撰写的日记。据此记载，1515年琉球王府曾派使臣向岛津贡献物品，其中有“唐烧酒一坛、老酒一坛、烧酒一坛”。此“烧酒”两字，是日本有关这类酒的最早的记录。1546年，葡萄牙商人阿尔瓦莱斯坐船来到萨摩，逗留在现在的揖宿郡山川町，据其所撰写的《日本报告》，当时的山川地方，种植有稻米、大麦和小麦，但不食鸡和一切家畜，饮用的有“用米制造的奥拉卡，不分身份上下，人人皆饮用。”所谓奥拉卡，原文是orraqua，源自上文引述的阿拉伯语araq，这里可以理解为蒸馏酒，也就是烧酒，说明当地人已经普遍饮用用米制作的烧酒。而日本人自己最早的记录是1954年在鹿儿岛县北部大口市拆除整修当地的神社郡山八幡宫时发现的一块栋材上的文字，乃是当时的两名木工的随意涂写，意思是当时的神社当家人十分吝啬，一次也没有让他们喝过烧酒。落款的年月是永禄二年（1559年）八月。令人感到颇有兴味的是，表示烧酒的汉字是“烧酎”。这说明，在16世纪中叶，现今鹿儿岛地区的人已经普遍饮用现在的日本人所饮用的烧酎。另有证据表明，萨摩地区的蒸馏器与琉球的蒸馏器在结构上是相同的，这也是日本的蒸馏酒是来源于琉球的一个明证。

那么烧酒一词为什么在日本变成了“烧酎”呢？我们先来考察一下“酎”这个词语。“酎”原本是源于中国的汉字，《辞海》中解释说是“反复多次酿成的醇酒”，在成书于汉初的《礼记》中有“孟夏八月，天子饮酎”的记录，在《史记》中有“正月旦作酒，八月成者曰酎”的记载。而在后汉许慎所著的《说文解字》中对“酎”的解释是“三重醇酒也”，由此观之，应该是一种多次酿制的酒味比较醇厚的浓酒，但并未涉及蒸馏技术。这一汉字在平安时代之前就已传入日本。总之，原先日本人对“酎”的理解也是浓度比较高的醇酒，而非烧酒。而后来日本之所以会产生“烧酎”一词，大概是日本人认为“酎”是三重醇酒，至少经过一次以上的再制造，而蒸馏酒也是在初酿酒的基础上再次蒸馏制作的酒，于是便将这类酒称为“烧酎”了吧。另外，日语中“酎”的发音与酒基本相同（酒发作shu，酎发作chu）。当然，这都是今人的推测，虽有道理，但也未必能作为定论。

早年用于制作烧酎的原料，主要还是大米。但是，随着甘薯播种面积在九州一带的逐渐扩大，人们开始尝试用甘薯来酿酒。甘薯最初是由南方传入九州南部的萨摩一带，以后逐渐北移，在江户时代中期以后才渐渐在本州地区传开，因此，日语中甘薯被称为“萨摩薯”。日后在人们的印象中，鹿儿岛一带制作的烧酎主要是甘薯烧酎，其实一开始并非如此，用甘薯造酒是比较后来的事了。

进入了明治时期以后，自西方传来了一项比较先进的蒸馏技术，这就是连续式蒸馏机。它是1826年由苏格兰威士忌的酿造家罗伯特·斯坦因开发制造的，又在1831年经爱尔兰人科菲的改良而获得了专利，之后在全世界受到了广泛的应用。这种连续式蒸馏机与原先的单式蒸馏机相比，在构造上要复杂不少，技术上也更先进。1895年，连续式蒸馏机传到了日本。在这之前的烧酎是用单式蒸馏机制作的，大约能获得酒精度含量30—45的液体，由于工艺相对简单，这些液体中会留存少量的杂质和原料的滋味，然后再兑入适量的水，以25—40酒精度的烧酎上市。而使用连续式蒸馏机，能获得酒精含量90—96的液体，几乎滤去了原来酒醪中所有的杂质和异味，成为无色透明的纯净液体，在作为蒸馏酒出品时，可兑入更多的水，对于制造商而言，可获得更多的利润。1910年日本开始使用连续式蒸馏机制造烧酎。传统烧酎制造地区以外的制造商，显然对这一新的蒸馏技术更感兴趣，以此生产的烧酎的产量也就更大。在战前，用单式蒸馏机制造的被称为旧式烧酎，而用连续式蒸馏机制造的则被称为新式烧酎。战后的1949年，因为酒税法的修订，新式烧酎被正式定为甲类烧酎，旧式烧酎被定位乙类烧酎。然而不知底里的一般消费者也许会认为这是烧酎的等级分类，甲类要高于乙类，于是使用传统的单式蒸馏机制造烧酎的酒坊觉得冤屈，希望政府当局更改名称，因此在1971年乙类烧酎又可称作"本格烧酎"，这个词语中文也许可以译作"正宗烧酒"。目前日本市场上这两种烧酎同时存在，就市场的占有量而言，也许甲类烧酎更多，但真正懂得品味的酒客，大多更推崇"本格烧酎"，尽管这类烧酎的纯净度不如甲类，但留有原本材料的滋味和香气，更有韵味，而随着近年来技术的改进，杂质度和不适的异味也在大大减低，酒坊奉献给消费者的是品质更优良的烧酎。

传统烧酎的最初生产地是鹿儿岛，饮用者也局限于当地，后来逐渐扩展到九州的其他地区。二战以后，百废待兴，尽管粮食严重匮乏，但由于市场的需求强烈，各种劣质酒充斥市面，所谓的烧酎，多半也是用工业酒精勾兑的假酒或是用腐烂或有黑斑的劣质甘薯（合格的甘薯都被政府征收了）制成的，在1945—1948年的数年间，每年都有成百上千因饮用假酒而死亡的人，因此，在战后的一段时期，烧酎成了劣质酒或廉价酒的代名词。以后，随着整个日本经济的恢复，作为原料的甘薯等获得了比稻米更有力的保障，烧酎逐渐淡化了劣质酒的形象，产量一路飙升，在1955年曾一度达到了顶点的27万千升。但也就是在这一时期，日本经济开始步入高速增长的时代，稻米产量连年上升，民众逐渐变得富裕，人们开始追求高品质的生活，于是清酒和啤酒的产量迅速上扬，舶来的葡萄酒受到了人们的得青睐，多少还染有廉价酒色彩的烧酎屡屡受挫，产量一路下跌，经历了将近20年的痛苦岁月。

经历了不断的波波折折之后，烧酎终于在1975年以后开始正式崛起，这一上升的趋势差不多一直延续到了21世纪的今天。之所以会产生这样的情形，这里有两个背景，实际也孕育出了两类不同而又比较稳定的消费群。

第一个背景是在美国影响之下的年轻一代的消费观念和生活方式的改变。1974年前后在美国发生了一场所谓的“白色革命”，人们的兴趣逐渐从原先占主流地位的波旁威士忌酒（一种原产于美国肯塔基州波旁地区的以玉米为原料的蒸馏酒）转向了所谓白色的伏特加酒。这原因是由于伏特加或朗姆酒是一种无色无臭的蒸馏酒，几乎不含有营养成分或糖分，卡路里很低，最适宜于做鸡尾酒的酒基，也适宜兑在其他碳酸饮料内饮用，即使饮用稍稍过量，酒醒后也很爽快，而这一切，带有酒色的、香味浓郁的威士忌和白兰地都不适宜。因此，1970年代中期以后，“白色革命”在美国人、尤其是美国年轻人中悄然兴起，这一白色革命又逐渐波及欧洲，人们用干白葡萄酒兑碳酸饮料，用啤酒兑柠檬水，用金酒兑柠檬饮料，花样百出。1970年代的后期，日本人的生活水准已经与欧美并驾齐驱，欧风美雨时时浸染着日本人的生活方式，日本人在本国找到了一种很好的白色酒类，这就是烧酎。于是在日本诞生了一个新词语“酎 highball（highball 在美国英语中是在威士忌或金酒中兑入苏打水等的一种饮品，多放冰块）”，简称“酎 high”，一般是指在烧酎中兑入碳酸水，再加入一片柠檬和冰块，或者再加入柠檬汁和酸橙汁等。这样的饮用方式在 1980 年前后迅速在日本风靡起来，大大促进了烧酎的消费。一份在 1980 年代前半期展开的现代日本人饮酒观的调查中，半数以上的人选择了如下几个项目。一，通过同饮的方式加深与别人的联系；二，不是为了买醉而是为了求乐；三，喜欢饮酒的氛围比较明快；四，喜欢入口比较清爽的饮品；五，酒醒要爽快；六，与料理相配。如果是这样的话，“酎 high”倒真的比较合适，这也是烧酎能够东山再起的一个主要的文化因素，当然，媒体的推波助澜也是一个不可忽视的因素。这一部分人选择的烧酎，大多为无色无臭的甲类烧酎。

第二个背景是一批真正懂酒的人、尤其是有学问有知识的文化人的推荐介绍和怀想情绪的萌生。在日本的酒文化中，用稻米酿造的清酒已经具有颇为悠久的历史，由此而形成的文化积淀也比较深厚，历来王公贵族或骚人墨客所吟咏所沉醉的对象也多为以大米为原料的酿造酒。相对而言，烧酎的历史要浅得多，而且它在日本本土的发源地是在地处南隅的鹿儿岛，在江户时代中期之前，几乎不为一般日本人所知晓。但是，随着战后烧酎制作技术的改良和进步，尤其是单式蒸馏机造酒技术的大幅度提升和造酒作坊的不懈努力，一度曾经被甲类烧酎完全压倒的乙类烧酎、也就是本格烧酎，无论在内涵还是在包装和宣传上，都有了令人刮目相看的卓越成就。这些变化引起了一批被称为“酒通”的文化人的瞩目。1970年代中期以后，日本社会的都市化倾向越来越显著，从乡野移居到城市中的上班族们，开始怀念自己的故乡，衣食无忧的富裕起来的都市人开始厌弃过于工业化的物品，人们开始留恋工业化前的乡村社会，怀恋手工制作的物品，更关注于自己的健康，于是，用老式的单式蒸馏机蒸馏出来的、由九州地区的家庭式作坊制作的本格烧酎，受到了人们的青睐。也许它不如甲类烧酎那么纯净，但正是因为它留存了粮食原本的独特滋味和香气，使人们感到更富有乡土的气息。这一时期，不仅传统的大米烧酎和甘薯烧酎已经深入人心，九州地区还研制开发出了以裸麦和荞麦甚至是黑糖为原料的各色烧酎，丰富了烧酎的种类，它们那种不同于清酒也不同于洋酒的独特风味，吸引了大量饮酒爱好者，并培育出了相当数量的酒客。这一类的消费者，主要是略略上了年纪、比较有文化和品位的男性，他们饮用的烧酎，基本上都是乙类或者说是本格烧酎。

在这样的背景之下，自1970年代后期开始，烧酎的产量，尤其是本格烧酎的产量一路上扬。原本与烧酎制造无缘的日本各大啤酒厂商如麒麟、朝日、三得利、札幌（又译为三宝乐）等纷纷投入巨资生产烧酎，他们的产品，更多的是将甲类和乙类混合而成的新品，力图保持两者的优点，也获得了很大的市场份额，并成了各自的主要产品。烧酎的品种虽然日趋多元化，但真正受到爱酒者青睐的还是鹿儿岛一带出品的甘薯烧酎，特别是用黑曲发酵的酒。近年来，甘薯烧酎增幅比较明显，而麦烧酎和米烧酎的产量则开始下滑。今后的一段时期，烧酎的产量将进入一个平稳期。

大致说来，现在日本的本格烧酎按原料而言可分为如下几种。

泡盛。泡盛的产地在冲绳，原来是舶来品，冲绳本地原本并无“泡盛”的名称，只是叫烧酒，传到九州后，萨摩藩主为了区分本地的烧酒和外来的烧酒，便命名为“泡盛”，1879年冲绳被并入日本的版图，也就算日本酒了。泡盛可谓日本烧酎的祖宗，它用冲绳地区所产的籼米（日本本土所产的为粳米）制作，通过黑曲菌发酵制成酒精度在15—18度的酒醪，这一过程夏天约需要12—14天，冬天约需要15—17天，然后将未经过滤的酒醪直接用单式蒸馏机蒸馏，之后移入酒罐中放上一年让其熟成，然后再分置于陶制的密封的酒坛中，储存在恒温的酒窖内，随着时间的推移，油脂成分会氧化，形成醇厚芳香的陈酒（日语称为古酒），储存时间越长，酒味就越加绵长醇厚。现在，能够被称为古酒的，储存年份必须在三年以上，且原酒的比率必须在50%以上，不然在标示上就不能称古酒，目前在冲绳推出的比较权威的是“绀碧3”、“绀碧5”、“绀碧7”，后面的数字表示储存的年份，被称为是“绀碧”的，必需百分百都是原酒。陈年泡盛被认为是烧酎的正宗。

甘薯（日语为“芋”）烧酎。主要制造地为鹿儿岛县、宫崎县和隶属东京都的距离本州颇远的伊豆群岛。甘薯在17世纪末由南洋和中国大陆正式传入九州南部的鹿儿岛一带，鹿儿岛旧称萨摩，因此甘薯在日本被称为“萨摩芋”或“唐芋”，主要种植于被火山灰覆盖的鹿儿岛和宫崎县南部，现有40余个品种，其中以淀粉含量高的“黄金千贯”、“红萨摩”、“红东”等颇为著名。以此制作的烧酎，具有独特的甘薯香味，其中由鹿儿岛县萨摩酒造生产的“萨摩白波”最为著名，相对于零散的家庭作坊式的造酒企业，萨摩酒造的规模最大，其产量超过了全县的一半。近来媒体热烈地宣传说甘薯烧酎有利于血液循环，有软化血管之功效，除了美味，还有益于健康，于是饮用者日增，甘薯烧酎几乎成了本土烧酎的正宗。

米烧酎。最初的烧酎都是用稻米制作的，因而历史也最为悠久。由于日本绝大部分地区都产稻米，所以米烧酎全国都有制造，然而相对用米酿造的清酒它的特色并不明显，因而受欢迎的程度也就一般，其中以熊本县球磨地方产的比较著名，球磨地方在地理环境上是一处盆地，历史上盛产稻米，流经境内的球磨川，河水清冽，从水质上来说是最高3.0、最低0.6的硬水，不适宜酿造清酒，却宜于制造烧酎。现在这一地区打出的主要牌子是“球磨烧酎”。这类烧酎一般分为轻柔和爽烈两种，前者具有吟酿香系列的芳香和清爽淡雅的口味，后者则具有稻米独有的芳香和浓醇饱满的酒味。

麦烧酎。最初用麦做原料制作烧酎的是地处日本西北的小岛壹岐。壹岐隶属长崎县，自古以来是东亚大陆文化传来的交通要路，全境地势比较平坦，适宜种植稻米和麦，是长崎县境内比较重要的粮食产地。明治初年，当地农民将多余的小麦用蒸馏的方式来造酒，于是诞生了麦烧酎。不过这种麦烧酎原料虽然是用麦子，但酒曲却是用米做的，在整个比例上大概是麦子占了三分之二，米曲占了三分之一。当地产的比较有名的品牌是“天川”，也可译成“银河”。战后的1973年，位于九州的大分县日出町酒藏开发成功了用麦曲发酵的酒醪制成的麦烧酎，于是麦烧酎从酒曲到酿制的原料百分百地使用了麦子，制造出来的烧酎就具有了纯粹的麦香，一时大获好评。此后，大分县就成了麦烧酎的主要产地，其所生产的“二阶堂”、“吉四六”等品牌风靡东京一带，大分县也因此成了产量仅次于鹿儿岛县、宫崎县的第三大本格烧酎出产地。

此外还有用荞麦、黑糖为原料制造的烧酎，前者1970年诞生于宫崎县，后者则出产于早年以榨制黑糖出名的奄美大岛。奄美群岛位于九州南端的鹿儿岛与冲绳群岛之间，原本与冲绳的联系更紧密些，17世纪以后划入萨摩藩的管辖范围，现隶属鹿儿岛县。以荞麦和黑糖为原料制造的烧酎各有特色，也有相当一批爱好者，但在烧酎中不占主流。

烧酎的酒精度一般在25—40度之间，且以25—35度者居多，以中国人的眼光而论，连低度白酒都有点不够格，酒精度数比威士忌还低。但即便如此，在日本几乎没有人直接饮用的，一般必须兑水，冷热均有，一般用减压蒸馏法制造的兑凉水，比如著名的本格烧酎“筑紫”白标，而用常压蒸馏法制造的兑热水，比如“筑紫”黑标，各有风味。配兑的比率当然因人而异，但一般水的比率都在70%左右，在中国人看来，真的有点味同饮水了。当然，还可像威士忌一样放入冰块，慢慢品啜。就我个人而言，更喜欢后者。就像清酒一样，日本各地、尤其在九州，有不少专门品尝烧酎的居酒屋，云集了一批真正懂酒的通人。

洋酒的传入和兴盛

初到日本访问的1990年代初期，那时中国几乎还没有洋酒供应，只有在极少数高级酒店内，开始出现了酒吧，因此初到日本时，看到一般民众光顾的酒类售卖店里琳琅满目的洋酒以及大街小巷边的各色精致的酒吧，不觉感到颇为惊讶。其实近代日本人接触洋酒的历史，与中国人差不多，而中国人欣赏葡萄酒的经历，则远在比日本人之上，只是那时中国人因为政治的原因，长期睽隔外部世界，洋酒甚至与政治的意识形态连在了一起，想起来也实在是荒唐。

洋酒是一个泛称，并没有非常严谨的定义，中国如此，日本也是如此。日本虽有“东洋”一词，但是来自或是隶属东洋的人或物都不会冠之以“洋”，曾任东京葡萄酒研究院理事长的场晴将其理解为“排除了日本酒和中国酒的外来酒”，基本上不错，不过好像也太宽泛了一点，根据一般的常识以及酒税法的分类，本书中指葡萄酒、啤酒、威士忌、白兰地等近代来自西洋的酒，重点论述属于酿造酒的葡萄酒（在日本的酒税法中，葡萄酒被列入果实酒类）和啤酒。

人类饮用葡萄酒的历史要比谷物酒更悠久。根据现有的常识，葡萄树的栽培距今七千年前就出现在西亚的高加索地区和叙利亚一带了，大概在一千年之后，在底格里斯河流域的苏美尔地区就已经有了葡萄酒的酿造，此后这一地区受到了闪族人的统治，后来诞生了古代巴比伦国家，在人类最早的法典《汉谟拉比法典》中就记载有葡萄酒税，可见当时葡萄酒的饮用已经比较普遍。另外，在古代埃及也很早就开始了葡萄的种植和葡萄酒的酿制，在第十八王朝（约公元前1580年左右）王室坟墓的壁画中，有描绘人们收摘葡萄、酿造葡萄酒的图景。葡萄酒酿造的技术后来经由腓尼基（现叙利亚、黎巴嫩一带）人传给了古希腊人，又从古希腊向西传到意大利、西班牙、法国南部和北非地区，到了古罗马时代，已经诞生了用酒桶储藏的技术，人们了解到了酒桶在恒温的酒窖中储存越久酒就越醇厚的知识。中世纪时，由于红葡萄酒被视作耶稣的血，各种祭祀活动都不可或缺，葡萄酒的酿制一直维持了下来，17世纪时由于玻璃生产技术的改进和软木栓的应用，葡萄酒的制作和储藏基本上已经达到了今天的水平，之后随着欧洲国家在全世界的扩张，葡萄酒也传遍了世界各地。

由于古代中国的西域与中西亚地区交往比较频繁，葡萄的栽培和葡萄酒的酿造较早就从西域一带传入中土。《史记·大宛列传》中记载说："其俗土著，耕田，田稻麦，蒲陶酒。"大宛在西汉所设的西域都护府的最西端，也就是今天的新疆和哈萨克斯坦交界的地方，距今2千多年前已有葡萄酒的酿制。现在被认为是成书于汉魏时期的《神农草本经》

(最后的成书年代仍有争议，但基本内容应该形成于汉魏时期）中有对葡萄的比较详细的介绍：“蒲陶，味甘平，主筋骨湿痹，益气倍力，强志，令人肥健，耐饥忍风寒，九食轻身，不老延年，可作酒，生山谷。”魏文帝曹丕（187—226年）在《诏群臣》一文中说葡萄“又酿以为酒，甘于曲糵”。但在唐代之前葡萄的种植以及葡萄酒的酿制似乎并未普及，北宋初期编纂的《太平御览》中说：“葡萄酒西域有之，前代或有贡献，人皆不识。”同为成书于宋代的《南部新书》记载：“（唐）高宗破高昌，收马乳葡萄种于苑，并得酒法。仍自损益之，造酒成绿色，芳香酷烈，味兼醍醐，长安始知其味也。”如此看来，唐代以前，中原地区的一般民众对于葡萄酒并不熟识。中唐以后，有关葡萄酒的记载和吟咏屡屡见诸文献尤其是诗人的歌唱，王翰“葡萄美酒夜光杯，欲饮琵琶马上催”的诗句则是家喻户晓的了，不过，这里的地域，依然在西部，而且在近代以前，葡萄酒也始终未能成为中国的主要酒类，这与葡萄未能获得大面积的种植有直接的关系，这里涉及地理环境和人们的口味喜好等因素。

日本在16世纪葡萄牙人传来葡萄酒之前有否出现过葡萄酒，没有明确的历史记载。在唐代的两百余年间，日本曾派遣了十多批使臣出访中国，如果如《南部新书》所述，唐高宗时开始在长安一带酿制葡萄酒，日本的遣唐使应该也可能接触过葡萄酒。在奈良的正仓院（建造于8世纪中叶的用来珍藏奈良时代皇室文物书籍等的库藏）中藏有玻璃器皿和银制的酒器，由此观之，当年经丝绸之路传来的西域文化在日本也留下了一定的痕迹，但依然不能确定那时的日本人是否饮用过葡萄酒。现在可见的最早记录，是出生于西班牙的沙勿律（F.Xavier 1506—1552 年）于 16 世纪中叶作为抵达日本的第一个西方传教士向山口的领主大内义隆贡献的珍陀酒(vinho-tinto，红葡萄酒之谓)，此后也有少量的葡萄酒通过南蛮贸易传到过日本，但没有广泛传开。

近代日本人感觉到葡萄酒的存在，是 1867 年，即明治时代开始的前一年，受到驻日法国公使的邀请，江户幕府派出了由将军的弟弟德川昭武为正使的代表团参加在巴黎举行的世界博览会的时候。其时法国近代葡萄酒的生产正处于蒸蒸日上的时代，波尔多地区的葡萄酒名扬海内外。当时的代表团中有一个叫田边太一（1831—1915 年）的人，以公使馆秘书的身份一同参加了世博会的活动，随后又出访了欧洲诸国，算是在日本较早见过外面世界的人。回国后，田边在开埠后的横滨经营起进口生意，波尔多葡萄酒是主要商品。后来从欧洲留学归来的矶野计也在横滨开设了一家“明治屋”的商铺，经营的葡萄酒主要也是波尔多的产品，因此在战前的日本，说起葡萄酒，人们大都会推崇波尔多，其源头盖在于此。当然，由于价格高昂，能接触到这些高档葡萄酒的，只限于在日本的洋人、在鹿鸣馆内举行西式酒宴的达官贵人和少数富裕的知识人。除了日本人经营的洋酒商行外，也有外国人开的铺子，所出售的葡萄酒，八成来自法国，此外也有美国、德国、西班牙、意大利、葡萄牙的产品。但一直到昭和初年，葡萄酒的销售和饮用始终停留在中上层阶级。

进入明治时代后，日本人开始想自己尝试酿造葡萄酒和啤酒。开风气之先的不是东京大阪，而是在地处偏远的北海道。北海道虽然在遥远的北方，但因是一个完全的新开垦地，不存在传统的保守势力，而且一开始就聘请了大量的欧美人来做开发的指导，维新的气氛浓烈。明治三年（1870年），北海道的开拓使在函馆北部的天领农场开始尝试种植用于酿酒的葡萄，并在1873年出版了一册《西洋果树栽培法》的书籍。经过若干年的试验，他们在札幌的官营果园里收获了葡萄，并于1877年在一家麦酒（后来称为啤酒）酿造所中尝试葡萄酒的酿制，使用原料35石（一石约为180升），费去大量资金，结果发现得不偿失，终于放弃了这一计划。距离北海道仅隔着津轻海峡的青森县弘前的清酒酿造商藤田半左卫门，自明治八年（1875年）起在传教士的指导下开始了葡萄酒的酿造。他从北海道的开拓使那里购入了数种欧洲种的葡萄树加以培育，并让自己的两个儿子共同参与，虽然取得了一定的成功，但在1886年时遭遇了一场严重的病虫害，因此而一蹶不振。

另一个比较早就种植葡萄树并试图酿造葡萄酒的地方是在东京西北面的山梨县。据《明治事物起源》的记载，当时的山梨县知事藤村紫朗是一个维新派人物，对葡萄酒的酿制甚感兴趣，他获知葡萄树主要生长在山坡地带，而山梨县境内山峦起伏，稻米产量不丰，他有意引进葡萄种植并进行葡萄酒的酿制，以振兴当地经济，于是在1877年成立了藤村葡萄酒酿造会社，开始在山梨县种植葡萄，不仅引进外国的葡萄树种，还培育成功了本地的“甲州种（山梨古称甲州）”。但是葡萄酒的酿造需要专业的人才，当时日本非常缺乏掌握新知识的专业人士，除了设法在国内网罗之外，还在1877年9月派遣了高野积成等两人专门到法国去学习酿造技术，两年之后他们回到日本，利用山梨县境内栽种成功的葡萄酿造了150石的葡萄酒，之后又酿造了几次，但终因技术不过关，酿造出的葡萄酒发生了酸败现象，公司落到了解散的境地。之后被民间企业家的宫崎光太郎收购，改名为大日本山梨葡萄酒会社，以最适合葡萄种植的胜沼地区为基地，培植适合本地风土的良种葡萄，于1889年生产出了“甲斐产葡萄酒”并推向市场，三年后改为“大黑天印甲斐产葡萄酒”，虽然未能达到堪与欧美进口的洋酒相媲美的高级葡萄酒的水准，但山梨的葡萄酒也慢慢出了名。不只是酒，山梨县全境降雨量较少、冬季寒冷、夏季高温的自然环境颇适合葡萄的生长，附近的农家也纷纷仿效，这里开始大规模的广泛种植葡萄，不仅有宜于酿酒的品种，还有很多供食用的良种葡萄，如今已是日本最大的葡萄出产地，且品质优良，在全国享有很高的声誉。为谋生路，种植葡萄的农家自己也纷纷开始了葡萄酒的酿造，政府方面也给予鼓励，至1936年时山梨县境内酿酒的农家竟达到了三千多家，但是规模都相当小，产品也主要供应本县，并没有形成左右市场的巨大能量。如今，山梨县内酿酒的厂商和农家的数量已经减少到了一百家左右，这一方面是产业结构整合的结果，但另一个原因，是适合于当地风土的引种的美国葡萄树种虽然有较强的抗病虫害的优点，但距离酿出美酒的要求还有一定的差距，日元升值之后，难以与价格比较低廉的进口葡萄酒相抗衡。

不过，从影响的程度上来说，山梨县葡萄酒的出名似乎还是稍后的事，使一般民众感觉到葡萄酒存在的，也许是日本人自己创制的带甜味的所谓红葡萄酒。1879 年曾经在横滨的法国酒商手下工作过的神谷传兵卫与人合作创制出了一种品牌曰“蜂印香窜葡萄酒”的改良酒，后来人们一般称之为“蜂葡萄酒”，它其实不是一种纯粹的葡萄酒，而是以红葡萄酒为基本原料，再加上蒸馏酒、甜味甚至药材，组合成一种口味甘甜、酒味浓烈、具有滋补作用的饮品，一般的家庭甚至学校的保健室中都会置放一瓶，身体若有不适时喝上几口，具有提神醒脑、强健体骨的作用。比“蜂葡萄酒”更出名的是由如今声名显赫的三得利的创始人鸟井信治郎在 1907 年 4 月创制的“赤玉葡萄酒”。在这之前的 1899 年，鸟井信治郎在大阪创办了一家鸟井商店，销售各种酒类，后来自己动手造酒，取名“赤玉”。所谓“赤玉”，在日语中就是红太阳之谓，酒瓶的标贴上也画着一个红太阳。其制造法与“赤玉”可谓异曲同工，是将西班牙进口的红葡萄酒配上甜味和酒精成分，然后着力推销。实际上这是一种调制酒。三得利在广告上做得很成功，特别是 1922 年推出的半裸少女像的招贴画，在当时的日本可谓是大胆的设计，给人印象深刻，带动了商品的销售，在战前，“赤玉”差不多成了日本最出名的葡萄酒，这也因此对一般的日本人造成了一种误导，以为葡萄酒都是甜的。就像战前的西洋料理具有浓重的日本色彩一样，葡萄酒的形象也被日本化了。

一般日本人真正认识葡萄酒，恐怕是在战后经济发展起来的年代。1960年代以后，随着民众购买力的提升和海外旅行的走热，人们开始欣赏比较纯粹的西洋料理，由洋人制作或是由专门在海外研习归来的日本人烹制的接近原味的法国菜和意大利菜受到了都市人的青睐，相应地带动和提升了对真正葡萄酒的认识。随着日元的日益升值，来自世界各地的葡萄酒出现在了大众的视野中，日本本土的葡萄酒厂商也力图使自己出品的葡萄酒能够达到世界先进水平，在这样的背景下，由日本国内15家比较大的葡萄酒酿造企业发起成立了“日本葡萄酒酿造商协会”，总部设在东京都中央区。现在已经拥有38家会员企业和3家准会员企业。大约在1970年代末期开始，日本出现了一个包括葡萄酒在内的洋酒热。据日本国税厅的统计，1975年时，日本市场上供应的葡萄酒总共仅为31千公升，其中进口的更少，只有7千公升，但到了2000年，总量达到了269千公升，进口的葡萄酒为166千公升，是25年前的将近24倍。以后的总量稍有减少，但大致仍在250千公升左右。如今，在日本的市场上人们不仅可以随处购买到法国、德国、意大利、西班牙、奥地利等欧洲传统的优良葡萄酒，也可方便地品尝到美国、智利、阿根廷等美洲的葡萄佳酿，除少数的名品之外，价格大致与国产酒相当。国产酒中，三得利和山梨县产的葡萄酒占了相当的份额。

尽管日本全国都市化的程度很高，尽管日本的城乡差别已经很小，但葡萄酒毕竟属于洋酒，正式在日本传开也不过一百多年的历史，它的饮用，一般总是与西洋料理相关联，因此，就全国区域而言，其消费量的地区差别还是非常明显。有一份2003年的统计显示，日本各地的消费量比率，东京、横滨大城市等所在的关东地区（包括山梨县）占到了将近一半的份额，大阪、京都、神户等大城市所在的近畿地区和名古屋等大城市所在的中部地区也占去了相当的比率，三者相加，占到了全日本的77%。

说到葡萄酒的生产，目前最大的制造商应该要推在中国家喻户晓的三得利。三得利当年即是以酿造葡萄酒起家，后来其所生产的“赤玉”，在战前就已深入人心。1970年代末期葡萄酒热掀起后，三得利在提升品质上倾注了颇大的努力，并竭力与世界上著名的葡萄酒制造商合作，以提升自己的地位。1983年，它取得了法国波尔多地区的名门Chateau Lagrage的经营授予权，1988年又获得了德国的Robert Weil酿造所的经营权，这在欧美地区以外可谓都是破天荒的情形，也使得三得利的品牌具有了相当的权威性。虽然现在进口葡萄酒的数量已经超过了国产品，但因为整个消费基数在增大，国产葡萄酒的产量较30年之前，依然有了数倍的增长。

与上述的葡萄酒饮用量上升的大势相对应，日本于1976年在原来的饮料贩卖促进研究会的基础上成立了葡萄酒品酒师协会（J.S.A），大力推进葡萄酒品尝的专业化程度，之后又在全国各地设立了分会，并在1986年加入了国际葡萄酒品酒师协会，积极参加国际上的品酒竞赛活动。1995年，由日本葡萄酒品酒师协会承办的第八届国际葡萄酒品酒师大赛在东京举行，东京出身的时年37岁的田崎真也一举夺得了第一名，彻底打破了欧美人一统天下的局面，这使日本人感到扬眉吐气，欢欣鼓舞，也使得本来已经比较红火的葡萄酒的人气急剧攀升。田崎真也不到20岁时就赴法国研习葡萄酒的酿制，三年后归国，苦心钻研，曾在1983年举行的日本第三届全国葡萄酒最高技术赏大赛上一举夺魁。1995年获奖之后，他几乎成了一位家喻户晓的名人，在各种媒体上频频亮相，1997年他在东京银座开设了葡萄酒沙龙，又成立了相应的公司，主编葡萄酒杂志，1999年还获得了法国波尔多市的奖章，如今，他自己开设了名为wine!wine town的网站，普及葡萄酒的知识。与此同时，日本葡萄酒品酒师协会也在1996年举办了第一届全日本最优秀葡萄酒品酒师大赛，迄今已经举办了四届，同时还推行葡萄酒指导师和专家的资格考试和认定，出版机关刊物Sommelier（即葡萄酒品酒师）双月刊，其他有关葡萄酒的出版物也可谓林林总总，在书店中占据了相当的部位。在这样的社会氛围中，对于葡萄酒的了解和品评，已经成了中上流社会中教养的一部分，一般的日本人、尤其是社会名流，都不甘落伍，积极汲取相关的知识，生怕自己在公共场合遭人耻笑，其结果是，大大提升了日本人在葡萄酒方面的素养。

不过，也不必过分夸大葡萄酒在日本的市场，因为葡萄酒的饮用，毕竟只局限在西洋料理的场合，葡萄酒本身与日本料理并不十分吻合，尽管在现在的日本哪怕是非常偏僻的乡野，也都有颇具品位的西餐馆，但是上了年纪的地方上的居民，日常的饮食还是以传统的日本料理为主，他们也许更喜欢饮用日本的清酒或烧酎。尽管如此，近几十年来，葡萄酒消费量还是一直在稳步上升，1995年占整个酒类消费的1.6%，2014年上升到4.3%，目前葡萄酒的消费已经处于一个成熟而稳定的阶段。除了在大型百货公司的地下食品馆和超市之外，日本各地都有许多规模不小的酒类专卖超市，可供选择的品种极为丰富，价格也颇为公道，饮用洋酒在日本毫无奢侈的感觉。

与初期葡萄酒在日本的酿造屡屡受挫的情形相比，啤酒的命运要好得多，当然，万事都不可能是一帆风顺的。由于啤酒是用大麦和啤酒花酿造的，所以在日本最初被称之为麦酒。19世纪中期，日本国门被迫打开，江户幕府的末期，西洋的风物已经陆续传了进来，在饮食上也是如此。当时已经有一些如兰学（江户时代以荷兰为首的西洋学问）家川本幸民这样的先进开始尝试酿造啤酒了，不过只是处于试验的阶段，酿出的啤酒也主要供同好品尝，并无商业的企图。进入明治时代以后，欧美的酒类、饮料和肉食等纷纷在开埠的沿海港口城市出现。1870年，挪威出生、跟从德国啤酒酿造技师学习啤酒酿造技术后加入了美国国籍并于1864年来到日本的威廉·科普兰（William Copeland）在横滨山手开设了日本第一家啤酒作坊，向英美人提供瓶装的熟啤，向德国人则供应巴伐利亚风味的啤酒。在欧风美雨的催化下，不少日本人也开始跃跃欲试，拜洋人为师，自己动手酿造，较早的是甲府（现山梨县）出身的野口正章，他向科普兰学习啤酒酿造技术，在明治六年（1873 年）制造了品牌为“三鳞”的麦酒。

堂堂正正打出日本人自己品牌的，大概要算 1876 年 9 月北海道开拓使厅开设的酿造所推出的札幌麦酒。北海道是一个新开垦之地，明治以后处处开风气之先，啤酒的酿造也不甘人后，请了在德国研习多年归国的中川清兵卫担任主任技师，酿造所设在札幌市北二条东四町目，原料用来自美国品种的大麦，技术采用德国的方法，翌年向东京推出了以北极星为标记的札幌啤酒，大获好评，当时售价为大瓶 16 钱，小瓶 10 钱。这是如今在日本啤酒市场上占据第三位的札幌啤酒的起源。后来北海道开拓使废除后，酿造所出售给民间，1887 年日本近代著名的企业家涉泽荣一等收购了这家企业，改名为札幌麦酒会社，规模逐渐壮大起来。

明治二十年（1887 年），东京的一批企业家成立了日本麦酒酿造会社，从德国请来专家指导，在 1890 年 2 月推出了“惠比寿啤酒”（至今仍是日本高档啤酒的一个品牌），并在 1899 年在东京银座开设了惠比寿啤酒厅。1889 年 11 月，大阪麦酒会社成立，并于 1892 年推出“朝日啤酒”（最早的汉字表示是“旭”，在日语中“旭”与“朝日”的发音相同，后来曾改为“朝日”，如今已不用汉字，用片假名或罗马字母 Asahi 表示），并在 1893 年的芝加哥博览会上获得最优等奖，1900 年又在巴黎世博会上获得金奖，这大大鼓舞了日本人酿造啤酒的信心，这一年，朝日啤酒首次生产出了日本的瓶装生啤。1907 年，后来成为另一家日本啤酒制造巨头的麒麟麦酒株式会社也宣告成立，这家公司的前身是早年由挪威出生的美国人科普兰在1870年创建的啤酒制造公司，推出的麒麟啤酒声誉日隆。到了明治后期，日本国内出现了几十家啤酒酿造商，并形成了札幌、日本、大阪和麒麟麦酒四大厂商激烈竞争的局面。1906年，札幌、日本、大阪三家合并，成立了大日本麦酒株式会社，占据了日本啤酒市场的70%。1912年时，国产啤酒的产量达到了20万石（36000千升），其中大日本麦酒旗下的札幌、惠比寿、朝日三大品牌的产量是15万石，麒麟麦酒的麒麟约为3—4万石，四大品牌占据了整个日本啤酒市场的90%以上。之后，日本的啤酒生产和消费一直处于一个比较稳定发展的时期，直至日本当局发动了大规模的对外侵略战争，整个社会陷入了艰难困苦的非常时期，1943年政府当局取消了所有的啤酒商标，一律改为单一的毫无风情和趣味的“业务用麦酒”。

战后，根据美国占领当局的改革方针，为了防止过度的集中和垄断，将大日本麦酒株式会社分割为日本麦酒和朝日麦酒两家公司，前者沿用了“札幌”和“惠比寿”的商标，而朝日则继承了“朝日”的品牌。1958年9月，朝日啤酒推出了日本最早的罐装啤酒，并在1971年将其改为铝制的易拉罐。1964年1月，日本麦酒更名为札幌啤酒株式会社，“惠比寿”的品牌曾一度销声匿迹，但在1971年底，经过札幌啤酒株式会社的反复研制，推出了废弃一切副料而在日本首次纯用100%麦芽的德国口味的新“惠比寿”，由此“惠比寿”啤酒成了日本高档啤酒的代名词。

目前日本的啤酒业界基本上由四大公司唱主角，从市场的占有率而言，依次的排列分别是朝日、麒麟、札幌和三得利。1987 年，朝日啤酒推出了至今在日本啤酒市场上依然长盛不衰的“辛口”生啤“朝日超级干爽”(Asahi Superdry)，这在当时的日本啤酒业界几乎具有革命性的意义，人们尝到了一种崭新的口味，一种清爽而又刺激的口感，“超级干爽”由此成为朝日啤酒不可摇撼的王牌产品，引领朝日的市场份额一路走高。2001 年朝日在啤酒和发泡酒的市场上夺得了销量第一位。与其互为伯仲的是麒麟，麒麟是朝日最强有力的对手，也曾屡屡位列业界第一，其在 1990 年 3 月开发上市的“麒麟一番榨（生）”，以其选用原料的上乘、制作工艺的先进、口味的纯粹爽快而赢得了大量的饮用者。札幌的拳头产品分别是“札幌（生）黑标”和上面提到的“惠比寿”。三得利的主打产品是“MALT’S”，前几年新推出的高档品牌“The Premium Malt’s”曾在比利时举行的名曰 Monde Selection 的世界酒类大奖赛上连续三年（2005—2007 年）夺得啤酒类的金奖，这令啤酒界老四的三得利颇感自豪。除此之外，日本还有一家本部设在冲绳名护市的 Orion 的啤酒酿造公司，创业于战后的 1957 年，在现存的酿酒公司中历史最短，规模也最小，原本只是面向冲绳市场，但在 1990 年代以后开始冲击日本本土的关东和关西地区，以“Orion Draft”为主打品牌，虽然引起了世人的注意，但要与原先的一些大老一决高低，毕竟还是势单力薄，力不从心。不过，它倒是一家纯粹的啤酒制造商。

说到现在的日本啤酒，这里要举出两个日本独有的情形。一个是所谓的“发泡酒”，另一个是中国人听来很陌生的“地啤酒”。

所谓的“发泡酒”是一个产生于1990年代中期的概念有些模糊的新名词。根据日本2006年3月新修订的《酒税法》，除水之外的其他原料不能低于麦芽、啤酒花和麦总重量的50%（原本是66.7%，即三分之二），换句话说，低于50%的，就可列入发泡酒。事实上现在的日本市场上的发泡酒，麦芽的使用比率都在原料的25%以下。至于其制作工艺，大致与啤酒相同，酒色和口感也与啤酒非常相近，泡沫丰富，入口清爽，外行人甚至都难以分辨。由于它成本的降低，再加之酒税比较低，因此价格至少要比啤酒低廉三分之一到四分之一（日本的啤酒价格相对比较整齐，一般各品牌的价格差只在3%—10%），开发上市后，立即就风靡了全日本。三得利在1994年10月率先推出了号称发泡酒的“Hops（可译为啤酒花）”，不过当时它的麦芽是用率还在65%，翌年札幌开发出了麦芽比率在25%以下的“Drafty”，之后三得利自己也推出了25%以下的“Super-hops”，札幌紧跟着推出自己得意的黑标发泡酒。1996年10月酒税法对发泡酒的税率进行了修正，降低了税率，于是各啤酒厂商便风起云涌，积极开发出各种口味独特新颖、深受消费者喜爱的发泡酒，甚至根据不同的季节推出风味各异的新品，诸如“常夏”“品味秋生”“冬道乐”，还有麒麟的“麒麟淡丽（生）”“白麒麟”，朝日的“本生 off-time”等，甚至连后起之秀的Orion啤酒酿造公司也积极跟上，推出了“鲜快生”“南国物语”等，一时市场上可谓群雄逐鹿，缤纷绚丽，到2000年时产量达到了175万KL。但是2003年5月当局又修改了《酒税法》，提高了发泡酒的税率，实际达到了33.5%，厂商面临着严峻的成本压力，不得不调整价格，发泡酒的产量因此而下挫，2004年的产量降低为上一年的92%，2005年的产量是上一年的75%，2006年是上一年的83%，连年下跌。尽管如此，发泡酒已经赢得了很好的口碑，如果把近年来各厂商开出来的新品种也归入其内的话，它目前的产量几乎户已经达到了与啤酒相抗衡的地步，是一个绝对不可小觑的存在。几年前，在厂商的推动下，日本成立了“思考降低发泡酒税会”，联络民意，公布各种相关信息，向政府当局施加压力，获得了消费者的共鸣。

“地啤酒”也许可以解释为大啤酒制造商以外的、地方上的小啤酒作坊酿造的啤酒。不过，这与我们中国遍布各地的地方啤酒厂生产的地方品牌的啤酒有较大的不同。首先，日本所谓“地啤酒”的酿造历史其实很短，1994年4月前的《酒税法》规定，只有年生产能力在2000千升以上的厂商才有资格生产啤酒，这意味着大瓶装的啤酒产销量每年必须在300万瓶以上，当时四大企业几乎已经完全分割了市场，这对于地方上的小作坊来说几乎是不可能的，因此，当时在日本只有岐阜县和熊本县各有一家。但是1994年《酒税法》修订之后，将这一标准从2000骤降为60，如此一来，不仅在生产投资上要容易得多，而且年销量只要在9万瓶就可以了。门槛降低后，全国各地的啤酒作坊立即如雨后春笋，纷纷崛起。1995年出现了18家，1996年达到了83家，1997年猛然增加到了186家，至1998年则升至230家，产量也从1995年的1800千升升到了1998年的52000千升，虽然产量还只占全国总产量的1%，却是声誉鹊起，成了当地和爱好饮酒的旅行者们追逐的对象。与中国的地方厂商制造的啤酒主要供应当地市场（多数的情形是占据了当地大部分市场）且价格相对低廉的情形不一样，日本的“地啤酒”的市场占有量非常小，它主要是啤酒作坊的产品，非常讲究它的手工性和风味的独特性，“地啤酒”的英文表现是craft beer，意为“手工制作的啤酒”。中国的地方品牌啤酒往往是品质一般的杂牌酒，而日本的“地啤酒”则多是高档啤酒或是风格独特的代名词，它一般并不在通常的市场上销售，每一个作坊一般都拥有自己开设的啤酒馆和专卖店，年产销量9万瓶，每天只需销出300瓶就可以了。啤酒的制作人也未必旨在盈利，更多的是寻求一种生活的品位和乐趣。也有人对“地啤酒”不以为然，觉得原料的麦子和啤酒花都是国外进口的，酿造的技术也是引进的，唯一有特色的也就是当地的水罢了。也许是这样。但是日本自室町时代起就建立了并一直传承着精进执着、苦心钻研的所谓“职人”精神，这些“职人”们十分在意自己的名誉和周围的口碑，在啤酒的研制上殚精竭虑，全力以赴，希望形成自己的特色。日本人又十分注重细节，制造者和消费者都会细心体味产品在细微处的独特性，与清酒和烧酎的酿造一样，各地都非常注重选用清冽甘甜的清泉水或是伏流水，与大都市周边的大型制造厂的水源相比，绿荫覆盖的山乡的水质确实更胜一筹，加之小批量的生产，在原料和工艺上往往精益求精，经媒体的适当渲染后，便引起了很多都市人的浓烈兴趣，周末常常开着车专程去寻访所谓的“地啤酒”。这一酒文化的内涵，与德国存在着某种相似性。

威士忌虽然随着日本国门在近代的打开和葡萄酒、啤酒一起在江户幕府末年和明治初期由西洋人传入日本，早年也有在西洋人和日本人开设的店铺中出售，但是日本人的制作和饮用相对是比较晚近的事。被誉为是日本威士忌之父的竹鹤政孝（1894—1979 年），出身于广岛的酿酒世家，1918 年赴英国留学，进入格拉斯哥大学化学系攻读应用化学，掌握了威士忌的制造方法后于 1921 年归国，两年后进入三得利前身的寿屋株式会社，帮助三得利的创始人鸟井信治郎在京都北部的山崎创建了日本第一家制造威士忌的工厂“山崎蒸馏所”。优良的威士忌，除了制作原料和技术之外，贮藏的条件非常讲究，之所以选择在山崎建厂，是因为这地方背倚天王山，南面桂川、宇治川、木津川三川交汇口，三条河流的水温各不相同，河对岸是男山，再往南面是京都盆地和大阪平原，这里恰好是一个狭窄的关口，经常雾气升腾，这样湿润的气候对威士忌的贮藏很有裨益，且拥有丰富的优质水源。要出品优良的威士忌，多年的贮藏是一项必不可少的工艺，制成的酒放入橡木桶内，贮藏于恒温的地下酒窖，酒在适宜的条件下在橡木桶内发生缓慢而复杂的化学反应，若干年后才能成为上品的威士忌酒。因此山崎蒸馏所所生产的威士忌不可能立即上市，直到1929年才初次推出品牌为“白扎（也就是白标）”的威士忌，当时的售价为4.5日元，差不多相当于一般日本人家庭一个月开销的十分之一，应该说是相当昂贵的，且当时的日本人也并不习惯这样的酒味，尽管倾注了大量的人力和资金，并在报上大做广告，却无法打开销路。当时只有极少数的上流社会人士有时会饮用威士忌，对他们而言，价格高昂的舶来品威士忌更多的是一种身份的象征，而国产的威士忌并不能给他们带来这种感觉。第二年，三得利又推出了“红标”，依然未能引起市场的强烈反响。

1934年，竹鹤政孝退出三得利，自立门户，在遥远的北海道余市町创办了“大日本果汁株式会社”，简称“日果”，战后的1952年改名为“日果威士忌”，专门生产威士忌。1937年，三得利经过了多年的钻研和试验，加之贮藏的年份也达到了一定的时期，终于推出了方形酒瓶（日语称为“角瓶”）装的三得利12年威士忌。这一款酒虽然获得了好评，也打开了一定的销量，但随着日本对外侵略战争的日益扩大，国内的经济迅速陷入困境，国产威士忌也与其他酒类一样受到了严重的限制。

事实上，日本民众真正接受威士忌酒，是在战后。1960年前后，随着日本人饮食生活的日益欧化及经济的恢复和发展，威士忌开始受到了都市男性的喜爱。1960年，三得利为纪念创业60周年，隆重推出了贮藏12年的royal（皇家版），并将酒瓶从普通的长方形改成汉字的“酉（原意为酒器的一种）”字形，“酉”字最上面的两点设计成日本神社前鸟居形状的瓶盖，含蕴了较深的东方文化的内涵，第一次建立起了日本自己的威士忌的形象，立即受到了市场的瞩目，由此三得利威士忌不再是舶来品的简单的模仿，而真正拥有了日本威士忌的品位。威士忌的种类，大致可分为纯麦芽酿制和混成酒（由数种威士忌或蒸馏酒兑成）两大类。1984 年，三得利研制成了单一麦芽制成的威士忌的高级品牌“山崎”12 年，显然取名于日本最早的山崎蒸馏所，由此赋予了它历史的内涵，显得内敛、高雅、尊贵，成了日本威士忌的尊品，并在 2003 年的国际蒸馏酒挑战大赛（International Spirits Challenge）上获得了威士忌酒类的最高金奖，这也是日本的威士忌首次在国际上获得大奖。1989 年，三得利在它的创业 90 周年之际又深思熟虑地推出了威士忌的混成酒“响”17 年，通过各种宣传，赋予了它深沉的文化内涵，成了日本威士忌的另一个标志性产品，2004 年在国际蒸馏酒挑战杯大赛上，“响”30 年荣获了整个大赛的最高金奖，稍后的 2007 年，由“日果”出品的“竹鹤”21 年获得了由英国的权威杂志《威士忌杂志》社举办的世界威士忌大奖赛（Woeld Whiskey Awards）的纯麦芽威士忌的最高奖。值得注意的是，就如同葡萄酒和啤酒一样，最初的威士忌酿制技术也都是从西方引进的，但是此后的改良、改进以及整体品质的提升和细节的吟味，都是日本人自己努力的结果，而并非借助合资的外在力量。进入 21 世纪后的这一连串的国际金奖，奠定了日本威士忌的世界性地位，事实上，日本的威士忌已经打开了它在国际市场、尤其是欧美市场上的销路，并赢得了不错的口碑。上述的这些日本出品的威士忌价格都并不低廉，近年来也有市场炒作的原因，价格在逐年攀升，像“山崎”12年，700毫升瓶装的售价从十多年前的6780日元上涨至2017年的15999日元，“响”17年从9190日元上涨至19480日元，“竹鹤”21年从9993日元上涨至24880日元，当然如果不是长年储存的同一品牌的威士忌，价格还是在5000—6000日元左右，总体而言，在价格上已经与同档次的苏格兰威士忌并驾齐驱甚至跃居于其上。即便如此，对于中国的茅台、五粮液、水井坊等开出的咋舌的价格，这些日本的洋酒仍然无法望其项背，这只能说明由诸多因素抬高了的中国高档酒暴利太甚。顺便提及，“日果”已经在2001年被朝日啤酒收购，成了朝日旗下的威士忌专业制造公司。

就像其他的饮食品一样，日本人对于威士忌酒的品尝也积极注意它的细节特性，不同的原料的独特的口感，水质的优劣，橡木桶的新旧，贮藏的温度和湿度，贮藏时年散发量的多寡，都会对最后的出品产生微妙然而是重要的影响。每一个真正懂酒的人，都不会忽视这些细枝末节。威士忌酒一般都不直接饮用，而是需放入冰块或是兑水，兑水的比例一般是一比一，于是，兑酒所用的水也必须十分讲究，一般品质优良的酒都会用专门的小瓶装矿泉水。迄今为止，日本人都非常为本国的优良水源而感到自豪，虽然在1960—1980年代初期，由于工业和生活废水的污染，日本的水源也受到了极大的挑战，但随着最近20多年来的竭力治理，日本的水源依然保持了世界范围内的优良状态。

有一个不容忽视的现象是，日本的酒类消费在最近的10多年中，总体上已经处于明显的下跌状态，人均酒类消费量从最高的1992年的101.8升降到了2014年的80.3升。这一现象在威士忌方面尤为显著，威士忌的生产量在1980年达到了顶峰的36.4万千升之后，便开始一路下滑，到了2003年时，跌到了1960年代以来的最低点，仅有8万千升。啤酒也从顶峰期1995年的679.7万千升跌到了2003年的395.9万千升。相对而言，葡萄酒处于平稳的增长，烧酎在不断上升(近年上升的趋势已基本停止)，清酒则不断在跌落。这从另一个侧面也许可以理解为日本酗酒现象的下降和人们对健康关注程度的提高。

日本茶源自中国

在今天的日本，饮茶习俗之普遍，绝不亚于中国。日本茶在世界上的声望，也是有口皆碑。以至于有些日本人都不清楚，日本茶的源头，明明白白在于中国。经过国际学界数十年的研究争论，经过对大量事实的植物性的考古性的史学性的稽考，1993 年 4 月在云南省思茅召开的、有中国、日本、美国、韩国等 9 个国家和地区的学者参加的中国普洱茶国际学术研讨会暨中国古茶树遗产保护研讨会上，与会者取得了一个共同的见解，即中国云南是茶树的原产地，中国西南地区是饮茶习俗的最早发生地，中国是世界上茶文化的故乡。

1961 年在云南省勐海县的大黑山原始森林中，发现了一棵树龄 1700 年、树高 32.12 米的大茶树。1996 年，在云南省镇沅县九甲乡千家寨发现了占地约 280 公顷的万亩古茶林，是目前世界上面积最大的乔木型野生大茶树群落，其中有两株的树龄的分别在 2700 年和 2750 年，这是目前已知的世界上最古老的野生大茶树。而况这是存活至今的茶树，在这之前应该还会有茶树的存在。以此来推论，至少 2700 年以前就可能有茶叶的食用或饮用现象存在。

中国浩如烟海的历史文献也记录了中国人饮茶的悠久的历史。在唐代中期陆羽的《茶经》问世之前，汉文典籍中对于“茶”的表述多用“荼”字，间或也有用“茗”等，初时，“荼”或“茗”也未必一定指茶，比如《诗经·邶风·谷风》中说的“谁谓荼苦？其甘如荠”，《晏子春秋·内篇·杂下》中有这样的记述：“(晏）婴相齐景公时，食脱粟之饭，炙三弋、五卵，茗菜而已。”这里的“荼”和“茗”，大概只是一种带有苦味的野菜，不能确定就是后世的茶。因为从植物发生学的角度来看，茶树原产中国湿润、温暖、多雾的西南山区，在秦汉代之前，中原地区与西南一带、尤其与云贵地区的交通甚少，吃茶或是饮茶的习俗恐怕尚未传播至中原地区。明末清初的顾炎武在《日知录》卷七中说：“自秦人取蜀后，始有茗饮之事。”这应该是基于历史事实的一个判断。东汉的《说文解字》中已收有“荼”“茗”两字，分别的解释是“荼，苦荼也”“茗，荼芽也”，虽然不能据此判断“荼”“茗”就一定是茶，但茶的可能性也很大。三国时魏国的张揖所撰的《广雅》中对茶的记述就更详细了：“荆巴（今湖北、四川东部一带）间采叶作饼，……欲煮茗饮，先炙令色赤，捣末置瓷器中，以汤浇覆之，用葱姜橘子芼之，其饮醒酒，令人不眠。”这与唐代所饮之茶已经很相近了。南北朝时，长江流域一带饮茶已经比较普遍，但北方依然为罕见之物。直至隋唐，大一统的王朝再次建立，南北交通打开，饮茶之风才由南而北，在全国传开。饮食史家赵荣光教授在《中国饮食文化史》

一书中，根据《唐韵正》认为，“茶”字的出现，大约在唐宪宗元和（806—820 年）前后，在这之前的碑文上“茶”仍多写作“荼”，但此后“茶”字便频频可见了。更是凭借着陆羽《茶经》的影响力，“茶”字得以正式确立并获得了广泛的使用。从以上对历史文献的粗略考察可得知，先秦时（或者说公元之前），茶已在中国西南地区被人们食用或饮用，汉代以后又自巴蜀一带向长江中下游地区传播，被当作具有药用价值的食物或饮品，自隋唐（大约公元 6 世纪以后）开始，饮茶之风逐间弥漫至全国，茶作为最重要的非酒精饮品的地位在中国正式确立。成书于唐宣宗大中十年（856 年）的杨华所撰的《膳夫经手录》中说：“茶，古不闻食之，近晋、宋（指南朝时的宋）以降，吴人采其叶煮，是为茗粥。至开元、天宝年间（713—756 年），稍稍有茶，至德、大历（756—784 年）遂多，建中（780—784 年）后已盛矣。”

不过，唐代或者说《茶经》时代的中国人的制茶和饮茶方式都与今天的我们饮用绿茶或乌龙茶的形态大相径庭。我们今天所饮用的是叶茶，即将采摘的茶叶在大锅内炒干后储藏若干日，注入沸水后就可品饮，而唐宋时期的祖先饮用的是饼茶，即将采摘后的茶叶放入甑内再置于锅中蒸，蒸后趁热捣碎，然后在一定的模型内拍压成饼状后放入焙坑内烘焙，形状可圆可方，干燥后储存，饮用之前，先要用火全面烤炙，然后将饼茶掰成小块，碾碎，待釜内的水烧至初沸时，加入盐调味，再至二沸时，用竹夹在沸水中搅动，随之投入碾好的茶末，待到茶汤“腾波鼓浪”时，即可饮用了。虽然《茶经》中对茶叶的产地、季节、水源、炉火的火候等都已相当讲究，但这茶的滋味与今人所喝的肯定大异其趣。当然，与今人所熟识的炒青相近的茶似也有存在，比如唐代诗人刘禹锡在《西山兰若试茶歌》中吟咏道："自傍芳丛摘鹰嘴，斯须炒成满室香。"不过，这类茶应该不是主流。到了宋代，茶的制作和饮用方式基本还是沿袭唐代，即属于紧压形态的团茶和饼茶，宋王朝曾将福建的建安等地作为贡茶的产地，向朝廷进贡幼嫩芽制成的龙凤团茶等，在宋代特曾将团茶或饼茶称为"片茶"的，并已经有了在制作上蒸而不碎、碎而不拍的所谓蒸青和末茶，又可称为散茶。所谓末茶，是在前代工艺上的进一步，即将烘焙后的茶叶用银或熟铁制的茶研碾磨成粉末状。饮用方式与唐代也稍有不同，宋代中期以后，已经不放置盐和其他调味品，而纯粹是品尝茶的真味。在饮茶方式上，出现了点茶的形式。点茶就是当水煮沸时，如何将沸水注入茶碗时一边用竹制的茶筅将茶汤搅出均匀细微的泡沫（昔日称之为汤花），谁的汤花紧贴盏沿时间长的就获胜，反之谁的汤花先散退的则为输者。这后来演变成了一种饮茶游戏，即斗茶。相对于朝廷贡茶的团茶形式，民间饮用的不少已是散茶或是末茶。到了元代，虽然是蒙古人统治，但饮茶的习俗并没有受到影响，散茶或是末茶的比重进一步加大，虽然贡茶还是沿袭了以前的团茶，但民间饮用的多为散茶和末茶，元代中期刊印的《王祯农书》和《农桑撮要》等农书中，涉及制茶的部分，主要论述蒸青和蒸青末茶，很少或根本就不提及团茶了。朱元璋建立了明王朝后，实施轻徭薄赋的政策与民休息，觉得作为贡茶的团茶制法太过繁琐，于是“罢造龙团，一照各处，采芽以进”，于是散茶获得了全面的发展，更具有革命性的是，制茶的主流方式从蒸制改成了炒制，1609年刊行的罗廪撰著的《茶解》中说：“炒茶，铛宜热；焙茶，铛宜温。凡炒只可一握，候铛微炙手，置茶铛中，扎扎有声，急手炒匀。出之箕上薄摊，用扇扇冷，略加揉挼。在略炒，入文火铛焙干，色如翡翠。”这一炒茶技术，一直延续至今。今日中国人的制茶技术和饮茶方式（尤其是绿茶），是对明代以来的传统的延承。

在日本的学术界曾有一部分人根据日本人烟稀少的地区留有野生茶迹象和较为独特的饮茶习俗，认为茶树在日本原本就有生长，8世纪末中国式的饮茶法传来后，只是刺激了这些茶树价值的发现和饮茶习俗的传播，也就是主张日本茶的“自生说”。随着研究的深入，日本茶“自生说”基本上已不能成立，而传自中国大陆的认识，基本上已成了一般的共识。

根据对中日文化交流史的考察和对文献的仔细研究，我认为中国的茶文化传入日本，大致经历了平安时代前期（9世纪初前后）和镰仓时代中期（13世纪初前后）两个比较大的阶段，而茶树的普遍种植和饮茶习俗的真正形成，则是在第二个阶段之后。而一个共同点则是茶文化传播的使命，都是由日本僧人来担当并进一步完成的，与佛教有着密切的关联。

在日本官方的史书、840年完成的《日本后记》中明确记载了嵯峨天皇（786—842年）到近江国滋贺巡幸时，在梵释寺受到大僧都永忠亲手煎茶奉献的历史。大僧都永忠（743—816年），则是在775年随第十五次遣唐使来到中国，在长安的西明寺生活了30年，于805年回到日本，被授予地位很高的大僧都称号（顺便说及，鉴真和尚东渡日本后也曾被授予大僧都）的高僧。嵯峨天皇显然对永忠的献茶之举颇为赞赏，对茶的滋味（或者说是饮茶的行为）甚为喜爱，下令京畿和近畿地区（今关西地区）广泛种植并向宫廷进贡。在这一时期的日本汉诗集《凌云集》等中，也频频出现了诸如“肃然幽兴处，院里满茶烟”、“吟诗不厌捣香茗，乘兴偏宜听雅琴”这类吟咏饮茶或煮茶的诗句。

令人有些费解的是，原本很受日本上层喜爱的饮茶文化，自9世纪下半期开始，就渐趋衰落，乃至于到了绝迹的地步。我个人认为唐代的茶文化传到日本后不久几乎出现了将近三百年的沉寂，原因也许有如下数点。第一，茶文化传入日本不久的838年之后的数百年间，中日之间没有出现有规模的往来（包括官方和民间的两个层面），9世纪以后唐王朝的衰败减弱了日本人对大陆文化的憧憬，平安时代中后期日本本土文化的迅速成长（日本文化史上将其称之为“国风时代”），也削弱了日本人对外来文化的兴趣，这是一个背景性的原因；第二，在茶文化传来后的差不多半个世纪里，其传播的范围一直局限于王公贵族的层面和都城及周边的部分寺院，不要说普通民众，对于地方上的豪族和僧侣几乎也是陌生的物品，传播（包括种植和饮用）区域的狭小，影响了它在民间的渗透性；第三，接受茶文化的上层贵族僧侣，主要也是将其视作高人雅士的风雅情趣，也就是说更多的是注重它的精神层面的价值，而未能将其融化为本民族的生活习俗，限于当时日本文化发展的水准，日本方面主要是被动的吸收和模仿，而未能根据本土的特点进行创造性的改造，也就是未能进行民族性的同化；第四，唐代饼茶繁复的制作工艺和与日本风土相异的口味，恐怕也是影响它在日本广泛传播并扎根的一个不可忽视的障碍。

再一次地将茶传入日本，不仅广泛种植，并且著书宣传的，是镰仓时代中期的荣西和尚（1141—1215年）。1168年4月，28岁的荣西搭乘商船到宋朝的中国，巡礼于天台山和阿育王山等佛教圣地，求得天台宗的典籍60卷，同年9月回国。1187年3月，荣西又一次坐船来到中国，他来到临安府（今杭州）拜见有关官员，希望准予其到西域巡礼，但由于当时南宋王朝已失去了对西北地区的控制，西夏人和蒙古人等占据了西域的交通要塞，有关官员无法开具通行的文书。无法西行，荣西便潜下心来在中国认真习禅，跟随临济宗黄龙派第八代传人虚庵怀敞参禅，先在天台山万历寺，后又跟随至天童寺，前后约有4年。1191年，怀敞觉得荣西已有相当的造诣，便授予他法衣、临济宗传法世系图谱及拄杖宝瓶等器物并赠一书翰嘱他归国传法，这一年7月荣西回到了日本。回到日本后撰写《兴禅护国论》3卷，执意要在日本播扬并建立禅宗，日后在京都建造了具有禅宗风格的建仁寺。可以说，他是将中国的禅宗带到日本的第一个最重要的人物。

差不多与传播禅宗具有同等重大意义的是荣西从中国带来了茶树的种子和饮茶的习俗。荣西主要是在禅寺中体会吃茶经验的。自唐代中期开始，饮茶在寺院中就开始普及，茶的提神醒脑的功能早已为人们所熟知，而此时正是禅宗在中国兴盛的时期，禅寺里为了防止和尚坐禅时睡意袭来，也倡导饮茶，并且形成了一套规矩或者说是礼仪，荣西不仅从理论上了解禅院中饮茶的方式，应该在日常生活中也亲眼目睹、亲身体会了寺院内饮茶的种种习俗。非常有意思的是，在浙江一带（荣西两次来中国都生活在浙江的天台山和天童寺一带）饮茶或喝茶都不称饮或喝，而说吃茶，荣西后来通过他撰写的《吃茶养生记》，给日本人带来了一个新词语就是“吃茶”。

荣西 1191 年乘坐中国商人杨三纲的商船第二次入宋回国时，是在今天九州的佐贺县一带登岸的，登陆后立即就将茶籽播撒在当地。1194 年在博多（今福冈）开创了圣福寺（一说崇福寺），在当地又移种了茶树。1207 年，已经来到了京都并开建了日本第一座禅寺建仁寺的荣西，又将茶籽赠送给了华严宗的高僧明惠上人（上人意为德高望重的僧人），这茶籽估计已经是在日本的土地上收获的。此事在《拇尾明惠上人传记》有比较详细地记载，云建仁寺长老（指荣西）向明惠进茶，明惠不详此物，询于医师，答曰可遣困、消食、健心，然而日本本土尚不多见，于是寻访茶籽，得两三株，遂将此播种在自己所居住的拇尾，果然有提神醒脑的功效，于是劝众僧服用。另有一说为建仁寺的僧正御房（亦指荣西）

自大唐国携来此物，将茶籽进奉明惠，于是植于拇尾。拇尾位于现在京都市右京区梅田，现为秋季观赏红叶的名胜地，明惠在此建有高山寺。大概拇尾的气候和土壤都很适宜于茶树的生长，尔后拇尾的茶就成了正宗茶、上品茶（日语称之为本茶）的代名词。当时茶的产地，除了拇尾之外，还有仁和寺、醍醐、宇治等地。如今的日本茶中，京都的宇治茶的名声仅次于拇尾茶，甚至更为一般人所知晓，也曾有宇治茶是出于明惠上人之手的说法，但一直缺乏确凿的证据，归根结底，还是宇治的水土宜于种茶的缘故吧。

荣西除了将茶籽自南宋带入日本，并传来了中国宋代的饮茶法之外，他在日本茶文化史上最堪彪炳史册的恐怕是他所著的《吃茶养生记》(原文为汉文）了。这部书非常详尽地论述了茶的养生功效，他一开卷就开宗明义地说：

“茶者，养生之仙药也，延龄之妙术也。山谷生之，其地神灵也。人伦采之，其人长命也。天竺唐土同贵重之，我朝日本亦嗜爱矣。古今奇特仙药，不可不摘也。”

然后书中又用了大量的篇幅，反复说明茶的药用功能，特别是对于心脏的好处，因为荣西认为心脏是五脏之首：

“日本不食苦味，但大国（指中国——引者）独吃茶，故心脏无病亦长命也。我国多有瘦病人。是不吃茶之所致也。若人心神不快时，必可吃茶。调心脏而除愈万病矣。”

在上卷的第六部分“明调茶样”中有如下记述：

“见宋朝焙茶样，朝采即蒸即焙，懈倦怠慢之者，不为事也。其调火也，焙棚敷纸，纸不焦样。功夫焙之，不缓不急，竟夜不眠。夜内焙毕，即盛好瓶。以竹叶坚封瓶口，不令风入内。则经年岁而不损矣。”

从这段记述制茶的文字来看，荣西在中国所接触到的以及传到日本的已经不是唐代的饼茶和宋代进贡给朝廷的团茶了，而是末茶，即烹煮饮用时还需要用茶碾磨碾成粉末状的末茶（唐代也用茶碾，但这里已没有压榨成型的工艺，而是直接将焙干的茶叶碾磨成粉末）。从制成的茶的形态上来说，与平安前期传入日本的茶已经有较大的差异了。即镰仓以后开始饮用末茶，而非早期用姜、盐等调味的煮茶。以后种茶和饮茶就逐渐由西向东，传遍了日本列岛，并在掌权的将军和上层武士中兴起了斗茶的颇为奢华的茶会。

茶道的缘起和流变

我第一次体验茶道，是1980年代初在北京的大学时代。其时教授我们日语的，有一对爱知大学来的夫妇，丈夫研究《红楼梦》，夫人则是一位富有教养、举止娴雅的淑女。有一次他们叫了我们几个学生至其下榻的友谊宾馆，演绎了一番茶道，并请我们品尝。但是那里并无真正的榻榻米房间，也没有正式烹茶的茶炉、茶壶等，因此印象有些疏淡。1991年初冬首次访日，来到四国高松市，游览了建成于江户时代的著名的栗林公园，其中在“掬月亭”这一茶屋风的建筑内，让我真正体会到了“风雅”的感觉。宽大的榻榻米房间，将隔扇和纸糊格子窗拉开，屋外就是有山泉流入的清澈的池水，远山近树，虽然在初冬时分显出了些许萧索，依然使人感到十分的清雅，心想，在此举行茶会，绝对是一件雅事。后来去广岛，在海湾的宫岛上，接待方让我们去了一家僻静的寺院（我不得记得是真光寺还是宝寿寺），在这里第一次体验了比较像样的茶会，或者说是茶道表演（这样的说法似乎有点不恭）。那时对日本的茶文化几乎没有感觉，只觉得烹茶沏茶者动作迟缓，在榻榻米上的正坐（上身挺直、两膝着地）实在坚持不了多久。整个茶室内，大家默不作声，注视着烹茶者的一举一动，空气沉闷而有些无聊。传递过来的抹茶，颜色碧绿，味道则是苦苦的，还要装模做样地转着茶碗慢慢欣赏茶碗的设计风格和图案。当时不解日本人为何要以这样的方式来品茶。

茶道这个词的诞生是相对比较晚近的事，它在当初被称为“侘（准确的日文汉字是‘侘’，亦可用‘侘’字）茶”，又被称为“茶汤”。“侘”在日文中的解释有三种，一是“烦恼、沮丧”；二是“闲居的乐趣”；三是闲寂的风趣。茶中的“侘”，主要取第三种释义。“侘”字古汉语中也有，意为失意的样子，现已不用。在日语中，原本也是失意、沮丧的意思，后来在连歌中渐渐演变为一种闲寂的美，与茶联系在一起，就使茶上升到了一种空灵的哲学境界。那么顾名思义，“侘茶”应该是一种具有闲寂情趣的饮茶文化。它是对“婆娑罗寄合”这种喧闹、奢靡的饮茶之风的一种反省和反动，甚至与室町幕府的将军所举行的茶会也有很大的不同。这种新的饮茶精神不再追求豪华的楼宇、争赢斗胜的刺激和呼朋召友的热闹，甚至都不在意茶质的优劣和“唐物数寄”的排场，而是非常注重内心的宁静和愉悦，体现了对自我、自我与他人、个体与社会、人与自然关系的理解，既比较完整地包含了日本人的价值观，也比较集中地体现了日本人的审美意识，而这种新的饮茶精神的核心部分便是禅。这样的新的饮茶精神及相应的礼仪规范等大概就可以称之为茶道，日本近代美术教育的创始人之一冈仓天心（1862—1913年）在用英文写成的《茶书》(The Book of Tea）中称茶道是一种审美的宗教，它不只是具有审美的意义，而且还包含了宗教、伦理和天人合一的思想，它在日常的俗事中找到了一种审美的价值。“茶汤（或译为茶之汤，在日语中是日本茶道的代名词）是禅的仪式的发展”，“正是这种发源于中国的禅的仪式发展成了15世纪的日本的茶汤。”这里我想特别强调的是茶道与禅宗的关系（冈仓天心还讲到了道教的影响），甚至可以不夸张地说，日本茶道是禅宗精神在饮茶程式和礼仪上的一种表现。

茶道在日本的发生、发展和完成，主要经过了三个人的努力，一个是村田珠光（1423—1502年），是他首先创立了茶道，一个是武野绍鸥（1502—1555年），茶道在他手里有了很大的发展，还有一个就是声名最响的千利休（1522—1591年），他最终全面建立了茶道的体系和宗旨，现在日本三大茶道宗派的里千家、表千家和武者小路千家三派，都是千利休一脉的沿承。下面我对这三人的事迹作一简要的叙述，并且试图在叙述中阐明禅宗与茶道的关联。

村田珠光的生平，后世一直缺乏有说服力的史料，因此在很多方面显得扑朔迷离。他本人很少有著述留存下来，在他去世后，从他的弟子那里陆续传出一些他的事迹，其中难免会有些夸张和失真的部分。在早期有关他的传记资料中，影响最大的要推山上宗二（1544—1590年）撰写的《山上宗二记》序文，根据此文的记载，珠光的父亲据说是奈良一个寺院里负责寺务的检校，他自己11岁出家到奈良的称名寺做和尚，称名寺是属于净土宗的，可他后来却到京都大德寺跟随著名的一休和尚（1394—1481 年）去学禅。一休和尚是临济禅的高僧，犹如中国宋时的济公和尚，现在的东京国立博物馆中藏有一幅墨斋画的一休画像，虽着僧服，却是留发、蓄须，不同于一般僧人，他不循传统的礼法，狂放不羁，人称狂僧，却是独树一帜，对禅有自己独到的见解，观物察事，往往胜人一筹。一休赠送给珠光一幅中国宋朝僧人圜悟克勤的墨迹，作为入门的明证，后来这幅墨迹被珍视为茶汤开祖的墨宝。珠光大概在一休那里悟到不少禅的真谛，他尤其欣赏一休视富贵如粪土的平常心，他自己对当时的浮华世风也十分反感。他决心将茶事从奢华的世风中解放出来，而使其成为常人修身养性、提升品性的一种方式。总之，珠光后来被传为“侘茶”的创立者。珠光认为，不完全的美是美的一种更高的境界。这一审美意识对日后日本人审美理念的最后形成发生了很大的影响。

武野绍鸥是室町时代晚期（又称战国时代）的茶人，他出身于侘的一个很有钱的皮革商家庭。堺位于大阪市以南，现在与大阪差不多紧紧相连了，作为一个商业和港口城市，它的历史似乎比大阪更悠久。15 世纪后半期的应仁文明之乱后，它的商业和良港的价值凸显了出来，被作为与明代中国通商的主要港口，堺也因此而迅速繁荣起来。绍鸥原本的出身大概颇为卑微，借着城市的繁盛，家里的皮革经营也红火起来。市民阶层的兴起，也使得“茶寄合”，也就是茶会这一人们聚会的形式更为普及。其间，有一些学养深厚、具有一定遁世倾向的文人，喜欢在喧嚣繁闹的市井中，独辟蹊径，营造一处宁静安闲的栖隐地，即所谓的“大隐隐于市”。其代表性的人物有珠光的弟子宗珠。宗珠曾在京都的下京营造了一处茶屋，内有四帖半、六帖铺的小屋，而大门处则植有高松、水杉，墙垣洁净。绍鸥虽是商人家庭出身，却喜好文艺，年轻时钟情于一种叫连歌的上下联唱的日本诗歌，1525 年他 23 岁的时候来到京都，拜当时极有名的文化人三条西实隆为师，在听他讲《和歌大概之序》过程中深有所悟，此时正是下京茶汤相当兴盛的时候，于是他在此学茶参禅，这一时期积累的学养日后在“侘茶”的营造中都逐渐体现出来了。后来他在京都营造了一处茶室曰大黑庵，脱去了珠光也未能摆脱的武家贵族讲究装饰的传统，茶室的“座敷”改为四帖半，墙面只是俭朴的土墙，木格子改成竹格子，去除了“障子（纸糊的格子门窗）”中部的板，地板只是稍施薄漆甚至只是原色，并且没有台子（用于摆放和装饰茶具）的装饰，他将枯淡美引入茶汤中，在将书院茶发展为四帖半的草庵茶的过程中发挥了指导性的作用。绍鸥后来又到和泉南宗寺跟大林宗套学参禅，从而开创了茶人参禅之风，最著名的是，他还提出了茶禅一味的主张，将茶与禅连为一体，或者说在茶中注入了浓郁的禅的精神，由此，在他的努力下，初步形成了一种极具禅意的、崇尚简素静寂的“侘茶”，可以说，这样的茶既淡化了幕府将军等上层武家“茶数寄”的贵族气，同时又将淋汗茶等庶民性的较为低层的饮茶习俗提升到了优雅、闲静的高度。

在整个日本茶道史上，千利休的名声最为显赫，他被看成是茶道的最终完成者，茶道在他手里，才最终成为一种道。与绍鸥一样，他也出生于堺，并且是绍鸥的入门弟子。他本来姓田中，千是通称，但后来他的子孙都以千为姓。不久他便在茶事方面蓄积了不浅的造诣。利休是一个在感性和悟性方面都非常出色的人，在茶事的实践中，利休形成了一系列完整的"侘茶"的理念和具体的程式。"侘茶"在利休那里的具体表现就是"草庵茶"。利休推崇的"草庵茶"，希望是一种出世间的茶，"将心味归于无味"，真的具有很浓郁的禅意。为了洗去讲究格式法式的上层武家茶会的贵族风，他把原先四帖半的茶室再加以缩小，一举改为 2 帖（不到 4 平米），以追求主客之间的更加近距离的交流。一直保存至今的京都妙喜庵的待庵，相传是利休的作品，从外观上看，实在是非常不起眼的一间小茅屋，而且没有门，只有一个低矮的躏口，人必须弯腰或屈身才得以进入，其目的是让人有一种紧张感，以拂拭人的世俗性或日常性，来使人的精神上升到一个新的境界。利休的生前，正是日本的战国时代，人们深深感叹生命的无常，人生的无常，于是就有了利休的"一期一会"之说，意为人生如萍水，相逢是一种缘，此次相会，不知何时再能重聚，因此要珍惜偶尔一次的相会。后世利休的继承者，往往都将他抬举得很崇高，但利休本人虽然对禅具有较深的参悟，却似乎并不是一个淡泊名利的人，当时的一代枭雄织田信长（1534—1582 年）旌旗浩荡长驱直入京都之后，利休就有意亲近信长，信长便起用他担任茶头。信长其实只是一介武夫，在获得了地盘金银之后，也开始仿效足利义满等室町幕府的将军，对中国传来的各种文物珍品颇为垂涎，在大肆收集之后，也不免附庸风雅，召集些茶人，举行几次茶会，同时展示自己收集的珍奇宝贝。1582年信长在京都本能寺遭到部将的袭击，自杀身亡，不久另一个枭雄丰臣秀吉（1537—1598年）率兵崛起，平定了天下，于是利休又成了秀吉的亲信，担任了他的茶堂。1583年，丰臣秀吉建成了大坂城，并在城内建造了名曰“山里丸”的茶亭，取市中的山里之意，似乎多少有些利休“草庵茶”的意味，但丰臣秀吉显然无心追求“闲寂枯淡”的境界，他更在意称霸天下的权力和炫目辉煌的排场，于是1586年在宫中小御所内营造了贴满了金箔的黄金茶室，里面装饰了纯金打制的一套台子茶具。在1587年10月于北野天满宫举行的一场规模空前的大茶会中，利休等人是主要的角色。秀吉这个人物犹如中国的曹操，既有雄才大略，猜疑心也很强。利休受到了宠信，也就有了些狂妄，1589年在为其亡父做50年忌的时候，出钱在大德寺山门上增建一层，并在楼上安置了自己的木像，这不免引起了秀吉的猜忌，于是下令利休返回到自己的家乡堺，并对利休的行动处处加以限制，利休终于意识到自己触怒了独裁者，但他不愿意请求秀吉的宽恕，于是在70岁时悲怆地自刃身亡。利休一生浸淫于茶事中，也有了很高的修养，留下了不少足以供后人学习的言行，最终却未能看明白世态炎凉，心境不能完全平静，时时有浮躁之举，说来也很有些讽刺意味。对此，茶道史研究家林屋辰三郎评论说：

“据说利休是茶道的集大成者。但是连利休也未能完全贯彻他所主张的侘数寄。也就是说是一段败北的历史。确实，从理论上来说，可以说他是秉承了珠光以来的传统并将其集大成。但从现实上来说，可以说彼此并非一脉的黄金茶压倒了他的侘茶。（中略）我即便认可利休是侘茶的集大成者，但并不认为此后的茶道史就是这一流的单传史，准确地说，秀吉的黄金茶，也与之共生共存并达到了相当的高度。这是由于秀吉这一流与权力相结合的茶，在近世（日本史上一般指1603—1867年江户时代）获得了出色的发展，而且号称是利休门下的人，也发展出了可称为大名茶的这一流谱系。”

这一段评论是比较意味深长的。

茶道文化在江户时代获得了长足的发展，其第一个标志是诞生了沿承千利休一脉的“三千家”、以古田织部（1544—1615年）为创始人的“织部流”和以小堀远州（1579—1647年）为始祖的“远州流”等影响深远的茶道流派，并形成了以茶道为中心的演艺方面的所谓“家元”（也许可以译为“宗师”）制度。“三千家”产生的一个关键性人物是千利休的孙子千宗旦（1578—1658年）。利休自刃后不久，秀吉也因两次出兵朝鲜而身心疲惫暴病身亡，于是其子孙决心继承先人遗志，振兴“侘茶”一流的茶道，其中贡献最大者，便是千宗旦。宗旦追求“侘茶”的极致，摈弃一切豪奢和浮华，潜心于心灵的修养，他在1648年在京都建造的“今日庵”，仅有三平米左右，窄小素朴，为其晚年的隐居地。他拒绝了江户幕府请他做茶道示范的邀请，比其祖父更为彻底地坚持了“侘茶”的精神。此后，宗旦的第三个儿子宗左继承了利休的茶室“不审庵”，自立门户，因其居住在上代传下来的屋产的外面部分，因而这一流的茶道称为“表千家”，又称为本家。而宗旦的第四个儿子宗室则继承了宗旦的“今日庵”，又自立一流派，因其居所在传统老屋的里面，称为“里千家”。宗旦的另一个儿子宗守则自己创建“官休庵”，严格遵守宗旦的家风，这一流被称为“武者小路千家”。以上就是日本茶道界影响最大的所谓“三千家”，名义上，都遵奉千利休为始祖。如今，以“里千家”的势力最为兴盛。另外，每一家的历代“家元”即宗师或曰掌门人，都沿袭最初创立者的名号，以体现其一贯性。现在这一“家元”制度已经扩展至花道、剑道及其他各类传统的演艺界。

严格地说，在千利休手中最后完成的茶道是日本本土的产物，虽然在形成的过程中，受到了中国文化明显的影响。中国古代对茶的种种讲究，还只是一种茶艺，而非现代意义上的茶道，倒是明代以后，随着叶茶的兴起，在江南一带，饮茶染上了浓郁的文人趣味，在茶具的选用和饮茶的情趣上，更多地与琴棋书画融为一体。但这种由饮茶体现出来的文化情趣依然不能归之于茶道。虽然日本的茶道在形成的过程中明显地可感受到中国文化的痕迹，“唐物数寄”推崇的就是中国的书画，茶具的种类和样式也沿袭唐宋的物品，禅宗的精神更是直接来自中国，但将禅与茶连接在一起，在茶中寄予了人生的哲理，并通过茶来透现出比较完整的审美意识，显然是日本人的创造。茶道形成之后，茶已经不单单是一种饮品，从茶庭的设计、茶庵的营造、茶室内的格局和装饰、茶具的选用到点茶的方式、茶礼的制定，都建立起了一套完整缜密细致的规范，乃至于有《山上宗二记》、《南方录》、《宗春翁茶道闻书》和《茶道旧闻录》、《茶汤古事谈》等多种茶道经典的问世，“敬、静、寂、和”的茶道精神的确立，都说明了日本的茶道有自己的源流。

不过，对于日本的茶道也不必过于溢美。自它最初起的“婆娑罗寄合”到室町时代的将军的茶会乃至于江户时代的“大名茶”，或者说是后期富裕商人间盛行的各种茶会等，都染有浓厚的物质色彩和游乐消遣的成分，通过茶道的形式来修养生性、砥砺品性、感悟人生的自然大有人在，但仅仅将其视作友朋间的交游形式、甚至借此炫耀摆阔的人也为数不少。即便标榜“敬、静、寂、和”的三千家等，也存在着将千利休等过于神圣化、茶道的演示方式过于程式化以及对于茶具等形式性的东西过于讲究的弊病，反而容易丧失“侘茶”本身的真精神，把握不当，便易误入歧途。

除了用于茶道的末茶之外，江户时代中期起，人们日常饮用的茶的种类乃至方式也发生了重大的变化。

中国唐代茶的形式主要是饼茶，饮用时碾碎放入沸水中煎煮，宋代基本沿袭唐的习俗，进贡给朝廷的为龙团凤饼，简称为团茶，饮用时将茶碾成粉末放入茶碗内，注入沸水后用茶筅击点。荣西时带回来的习俗基本上是宋的饮茶法，即将饼茶或团茶碾成碎末状再加水搅匀后饮用的，也可以称为末茶，因此日本镰仓和室町时代流行的应该也一直是末茶或曰抹茶，虽然现在茶道中所烹煮和饮用的也是末茶，但人们一般饮用的茶的形态已经发生了极大的改变，这一转变与中国直接相关。

中国到了元代开始出现了采用蒸青法的散茶或是叶茶，但未普及，到了明代后，情形就发生了彻底的变化，洪武二十四年（1391年），朱元璋嫌饼茶或团茶太费功夫，下令停止团茶的制作，全国普遍推行散茶或曰叶茶，开始时还是蒸青法，后来为保持茶香，而改为炒青，明人许次纾的《茶疏》中就已专门立了一章《炒茶》，这一制作方法一直延续至今。明代中叶以后，散茶或叶茶也以各种途径传到日本，其中重要的一条途径是江户前期的1654年中国的隐元和尚在将黄檗宗传到日本的同时也将散茶的炒制法和饮用法带到了日本，京都的万福寺当时就成了煎茶（日本为了区别传统的末茶，将新兴起的散茶称为煎茶）茶艺的传播中心。江户中期（18世纪），有一个叫高游外（本名柴山菊泉1675—1763）的卖茶翁，青壮年时曾多次出入万福寺，受煎茶的影响甚大，晚年在京都的东山营造了一所通仙亭，专营卖茶，由此集聚了一批讲究趣味的文人，也借此传播了中国的文人茶。卖茶翁去世后，人们在万福寺天王殿的南面建立了一家卖茶堂以祭祀他。卖茶翁晚年时，大阪出身的大枝流芳写了一本《青湾茶话》，这是日本第一部论述煎茶的著作，卖茶翁自己在74岁时也著写了一部《梅山种茶谱略》，论茶谈艺。随后，在文人中间对末茶的批判之声渐起，煎茶一流的茶道也慢慢兴起，其中比较著名的人物是花月庵田中鹤翁（1783—1848），对煎茶制定了一套礼式，融入了较多的文人趣味，由此开创了煎茶道花月庵流，一直流传至今。如今，日本人只是在传统的茶道上仍使用末茶，而在一般的日常生活中，都普遍饮用煎茶（即冲泡式），只是茶的制作，还是中国明代初年的蒸青法，而不用炒青，蒸青的茶叶也碾得比较细碎，泡茶时不将茶叶放入杯中，而是另置一茶壶（日语称急须），在壶口备一过滤网罩，茶叶放入后，再将沸水注入，因此汤色青碧，但茶香不如炒青，这也是现代中日两国在绿茶饮用上的一个比较显著的差别。

今天日本人的饮茶生活

经过 260 多年相对比较安定的江户时代，饮茶习俗也已经完全在日本各地以及各阶层中普及，并成了日本人生活文化中的重要部分，从日语中的“日常茶饭事”一词中可窥一斑。进入明治时代后，虽然社会的构造由前近代逐渐转向近代，人们的生活方式也在一定程度上从传统向现代发生蜕变，但传统的底蕴依然深厚，饮茶的基本内容也未出现本质性的变化。明治前后，相对于西洋文明的涌入和各色新型饮料的出现，作为一种民族自觉，诞生了“日本茶”这一概念。大家知道，旧有的末茶和后来的“煎茶”(即中国称之为“叶茶”的）原本都从中国传来，完全与中国茶相分割的日本茶其实是难以成立的。但是，由于中国国土辽阔，地域广大，自然条件千差万别，从种类而言，“日本茶”并不能完全涵盖中国国土上的茶，另外，从制茶的技术方式以及成茶的形态上来说，日本茶也不等同于中国茶，简而言之，今天所谓日本茶，首先就是一种绿茶。

关于“日本茶”的分类，应该有两个不同层次的概念。从制茶技术和饮用方式而言，大致可分为“末茶”和“煎茶”

两大类。这在前文中已有叙述，这里不再具体展开，简单而言，前者是将采摘的茶叶经蒸热干燥之后在茶臼中磨成粉末状，饮用时在茶碗中注入沸水，用茶筅快速有力地搅动，在茶的表层形成细密均匀的泡沫，谓之“点茶”。“末茶”又分为“浓茶”和“薄茶”两种，前者用满满三茶勺量的茶末放入茶碗内，再注入少量的沸水，点茶之后颜色呈深绿色，茶汁浓稠；后者用一勺半的量并注入较多的沸水，点茶之后茶汤呈鲜绿色。在目前的日本，“末茶”主要用于茶道，当日所用的茶，在前一日用茶臼碾成粉末，以保持其新鲜度，而一般民众所饮用的“末茶”，市面上则有密封的包装出售，但一般的庶民事实上很少在日常生活中饮用“末茶”，倒是末茶食品颇受人们的欢迎。后者的“煎茶”，大抵可以理解成我们中国人的叶茶，虽谓“煎茶”，但实际上已经不在釜或壶中慢慢煎煮，其具体方式，一如我们的沏茶，不过，不同于晚近中国人的分杯沏茶，日本人的“煎茶”，一般是将茶叶放入茶壶（日语谓之“急须”）中，泡开后再分别注入各人的茶杯中，茶杯大抵都比较小巧，无杯盖，一般都是瓷器而不用玻璃杯（日语谓之“汤吞”）。从茶的栽培方式、采摘期和成茶的高低级层次而言，日本茶又可分为“玉露”、“煎茶”和“番茶”三类，下面细述之。

“玉露”实际上是一种在特定的区域、经过有些不同寻常的栽培采摘方式获取的比较高级的日本茶。其名称的由来，可以追溯到江户晚期的天宝六年（1835年）京都宇治（这里自镰仓时代起即是日本名茶的产地）乡（现已成为宇治市）

的山本山家族的第六代传人山本山嘉兵卫，他将自家茶园内采摘的嫩茶叶烘焙成如露一般的圆形，日后将自家茶园出产的茶命名为“玉露”。

“玉露”不仅成茶后的形状与一般茶叶不同（事实上，明治初年已经由辻利右卫门改良成了长条形），更在于它的栽培方式不同。以现在最大的“玉露”产地福冈县八女地区的栽培方式而言，首先是对茶树的枝丫并不进行特定的整修，让芽叶自然生长；其次是在采摘之前的一定时期（一般为两周），用稻草在茶树上搭成遮阳的棚架，避免日光的直射，其目的是增加茶叶中形成美味的氨基酸的成分，减少茶叶中造成苦味的丹宁类的含量；还有在采摘的时候绝对采用手工的方式，一心二叶。这样的茶称之为“传统本玉露”。“玉露”在饮用时也颇为讲究，只能用60度左右（甚至更低）的热水沏茶，用温度高的沸水，就容易将茶叶中的涩味浸发出来，损害了“玉露”的甘甜。在现在的评品会上，将“玉露”专门分成一类。由于其栽培的区域有限，栽培、采摘以及烘焙的方式也比较麻烦，因此价格比较昂贵，成了日本茶中的高级品。

“煎茶”在这里的概念与上述第一层次的概念有较大的不同。相对于“末茶”的“煎茶”是一个广义的称谓，从根本上来说“玉露”和“番茶”都可列入“煎茶”的范畴，而这里的“煎茶”则是一个狭义的名称，相对于高级茶的“玉露”和比较低级的“番茶”而言，以中国人较易理解的说法，可以说是一种绿茶中的新茶，也是最广为人们所饮用的日本茶。

现在的“煎茶”是将新春或春夏间采摘的“一番茶”、“二番茶”经过蒸热、粗揉、揉捻、中揉、精揉、干燥6道工序制成后上市的较好的绿茶，既有绿茶的甘甜，又有一定程度的苦涩，更有茶的清香。现今或接近于现今这样的“煎茶”的栽培、采摘和制作，始于江户时代的中期（18世纪）。“煎茶”中当然以“一番茶”为佳。“煎茶”在整个日本茶的消费中所占的比率是80%。

最后说到“番茶”。日本将一年中茶叶的采摘期分为“一番茶”(每年的3月1日—5月31日)，“二番茶”(6月1日—7月31日)，“三番茶”(8月1日—9月10日)，“四番茶”(9月11日—10月20日)，“秋冬番茶”(10月21日—12月31日)，“冬春番茶”(1月1日—3月9日)。所谓的“番茶”，就是“三番茶”以后的茶了。众所周知，随着气候的变热，茶叶的生长期也大大缩短，此时长成的茶叶，叶片大而长，叶质粗而粝，在茶叶中只能列入中下品，但同时它也具有一种粗野质朴的风味，消暑解渴，健身润肺，也不失为一种不错的饮品。现在的日本乡村，还留存着“日晒番茶”和“阴干番茶”两大类型。冈山县的美作乡一带，夏季的时候，往往将夏日的茶树连枝叶一起砍下来，放在大铁锅内蒸煮，然后摊放在草席上让烈日暴晒，一边还浇上蒸煮后渗出的茶汁，晒干后即可饮用。而在福井县胜山市一带，人们将秋天的茶叶连同枝杈一起用镰刀砍下来，用草绳串编起来后挂在背阳的屋檐下，让干燥的秋风自然吹干，饮用前用铁锅炒一下即可，犹如药草茶，虽然不登大雅之堂，但健身的功效也毫不逊色。有的地方在“番茶”中加入糙米（日语中称为“玄米”）一起炒制，这样的茶又被称为“玄米茶”。在北海道和日本东北等地区，往往将采摘的“番茶”加以烘焙，称之为“焙茶”，因此“焙茶”也可算是“番茶”的一种，不过，经烘焙的茶，构成苦味的丹宁遭到了破坏，因此口味上柔和很多。“番茶”的茶汤一般呈浅褐色，犹如大麦茶，似乎没有“玉露”和一般的绿茶那么诱人，但有些人就是不喜欢滋味甘甜而淡薄的“玉露”，而偏爱具有山野风味的苦涩中带有茶香的“番茶”，近年来的科学研究表明，“秋冬番茶”中含有多糖类成分，可降低血糖值，对中老年人尤为适宜。

就日本茶的产地而言，由于日本全国多为山岭地带，也有较充沛的降雨量，从理论上来说，各地都可生长，以前也确曾在全国各地广泛种植，但气候寒冷的北海道、东北地区以及日本海沿岸的部分地区，种植时需花费相当的功夫，经济价值不大。因此，现在日本茶的产地，主要在新潟县村上地方以南的区域，遍布大半个日本，其中尤以静冈县的种植面积和产量为最大。2012 年，日本全国的茶树种植面积为 49500 公顷（1975 年前后为最高峰，曾达到了 61000 公顷，以后逐渐减少），静冈县为 25000 公顷，约占全日本的一半，而产量占 40%。静冈县位于东京西部，面临太平洋，温润多雨，境内既有山地，也有台地和冲积平原，旱地的大部分都种植茶树，尤以境内中央地区的牧之原台地最为出名，其他诸如富士山麓、安倍川、大井川、天龙川流域也十分适宜于茶树的栽培，而冈部町一带则是“玉露”的名产地。也正因为静冈县是全日本最大的茶叶生产地，如今与我国最著名的茶乡浙江省结成了友好省县（在行政上日本的县相当于我国的省），此外，镰仓时代将饮茶习俗全面传到日本的荣西和尚在中国学佛、体会到中国茶文化的地方也正是浙江省。仅次于静冈县的茶叶产地是九州最南端的鹿儿岛县，茶树的种植面也有将近一万公顷，2012 年的粗茶产量为 2600 吨。就种植的种类而言，2012 年的统计是，一般的绿茶（日语称之为“普通煎茶”）为 64%，较差的番茶是 24%，高级的玉露茶等产量较少，为 7%，类似我们浙江龙井的这一类炒茶，占 3%。

明治中期以后，尤其是近年来，随着各种外来饮料的纷纷登陆，日本茶的消费呈现出缓慢下降的趋势，这与清酒的情形相似。1975 年时，日本人均茶叶的年消费量是 1000 克，2003 年逐渐减至 700 克。

传统的沏茶方式虽然还顽强的留存在家庭生活和较为正式的接待酬酢上，但是，为了应对自欧美汹涌传入的可口可乐之类的瓶装和罐装饮料，同时也为了适合快节奏的都市生活（1970 年代末，日本的都市人口差不多已达到了 80%），日本的茶叶生产销售商和原先的酒类制造商开始瞩目茶的新型饮用形式。这一新气象出现在 1980 年。

1966 年成立于日本茶最大产地静冈县、1969 年改为现名的“伊藤园”，差不多是第一家尝试将茶制成可以随身携带的罐装饮料的企业。不过它最初推出的不是日本绿茶，而是中国的乌龙茶。1979 年它与中国土畜产进出口公司签订合同，首次在从中国进口乌龙茶，并在翌年开发试制成了世界上最早的罐装乌龙茶，在各超市、便利店和遍布大街小巷的自动售货机内销售。紧随其后，老牌的威士忌和啤酒制造商三得利也在 1981 年推出了罐装乌龙茶，因其高明的营销策略，乌龙茶的市场份额迅速超过了“伊藤园”，目前成了日本最出名的携带式乌龙茶的生产销售商。第一款以罐装形式上市的日本绿茶是“伊藤园”于 1985 年开发的“煎茶”(也就是上文中所说的冲沏的日本绿茶)，1989 年改名为“おーい、お茶”(中文勉强可译为“嗨、好茶”)。“伊藤园”在日本绿茶的生产销售上本来就很知名，凭借有效的广告和市场策划，“おーい、お茶”成了罐装或瓶装日本茶的第一品牌，目前的市场占有率达到了 20%左右。现在日本市场上比较著名的罐装或瓶装绿茶还有“麒麟”旗下的 Beverage 在 2000 年推出的“生茶”，原料选用比较高档的玉露和深蒸茶等，用低温（60 度左右）浸泡出来，以保持玉露的独特滋味。此外还有三得利公司与京都传统的茶庄“福寿园”(初创于江户时代的 1790 年）联手开发的“伊右卫门”，茶名来源于“福寿园”的创始人福井伊右卫门，企图以京都的好茶和老字号的魅力来吸引消费者。

除了传统的日本绿茶和从中国引进的乌龙茶之外，各厂商还开发研制了各类适合当代人生活的茶饮料，比较著名的有“朝日饮料”在 1885 年推出的“十六茶”，选用黑豆、大麦、苡仁、昆布、桑叶、陈皮等 16 种原料调和而成，对软化血管、降低血脂、促进消化等均有一定的功效。在市场上影响更大的这类调和茶是后起之秀、由日本可口可乐公司研制成的“爽健美茶”，所选的原料有大麦、绿茶、糙米、普洱茶等12种，以其美容、降火，促进新陈代谢等功能吸引了许多年轻女性，目前在调和茶的市场上已达到了72%的占有率，“十六茶”位居第二。这类保健茶还有三得利推出的“健康荞麦茶”、“胡麻麦茶”，以生产美容护肤品而知名的“花王”研制出的“健美乌龙茶”、“健美绿茶”等。值得一提的是，从中国引进的茶，除了声名遐迩的乌龙茶之外，近来各家厂商还竞相开发出了罐装或瓶装的茉莉花茶、普洱茶等，在日本，媒体一般将其归类为中国茶，但这也给一般的日本人造成了一个错觉，以为只有日本人才喝绿茶，日本是绿茶的本土和故乡。

当然，新开发的茶饮料还不止这些，近来在中国年轻女性中颇为风靡的“午后红茶”，就是“麒麟”在1986年推出的产品，其他还有诸如“梅茶”、“苹果茶”、“柠檬茶”乃至各色奶茶，在年轻人中尤受欢迎。

需要着重指出的是，这类新形态（不同容量的纸盒装、罐装、塑料瓶装）、新口味（原味的日本茶、调和茶、保健茶、果味茶、异国口味的茶）的问世及其在市场上的成功，极大地改变了日本人尤其是日本年轻人的饮茶习惯。人们不必再正襟危坐的在室内烹茶品茗，饮茶也并非一定是热茶（虽然充满在日本街边的自动售货机内一般都有热饮和冷饮两种），口渴或是有饮茶欲望的时候，任何人都可以很方便地在超市、便利店、更多的是自动售货机中获得。其价格也是非常的大众化，一般500毫升的瓶装是140日元左右，240—340毫升罐装的115日元左右，也有供家庭或团体用的2升瓶装的，价格在330—340日元左右，从收入感觉上来说，大致相当于中国人的1.5元—3.5元左右。

大约在1995年前后，日本的三得利首先将瓶装和罐装的乌龙茶推向中国市场，使得中国人第一次知晓了原来茶还可以有这样的形态和饮法。以后三得利又推出了绿茶，之后，台湾的“康师傅”和“统一”、日本的“麒麟”、“朝日”迅速跟进，使得中国的茶饮料也出现了前所未有的多元化形态，也逐渐改变了中国年轻一代的饮茶口味和习惯。茶当年是从中国传入日本的，如今的饮茶新形态却是日本人带来的，这就如当年面条最早是从中国传入日本、而日本人发明的方便面却改变或部分改变了中国人吃面的习惯一样，饮食文化的传播也如其他文化样式一样，都会出现循环往复、错综交叉的形态。

大部分的日本成年人，在家中还是习惯喝用开水沏的热茶。对茶具的选用，小康之家都会有些讲究。百货公司和街头的陶瓷器皿店，都有不同的货色供应，以陶器瓷器居多，以产地而言又有“有田烧”、“砥部烧”、“清水烧”等，也有些名家设计的作品，价格就相当高昂了。被称为“急须”的单柄茶壶内，均会放置一个金属过滤网罩，茶叶放入罩内，注入沸水，再倒入每人的茶杯内，茶杯比较小巧，以瓷器为多，无柄，称为“汤吞”，一定会配以茶托。喝茶时，多在家中榻榻米的房间内，有一小矮桌，盘腿坐在软软的坐垫上，闲闲地品啜。有时也会配些日本式的吃食，称为“和果子”。喝茶不仅是为了解渴，更是为了体会那一份风情，所以不可牛饮。一般日本人的家里，都会有好几套茶具。

没有日本茶的“吃茶店”与供应餐食的“茶屋”

在洋风洋气很浓的上海，原先应该也有不少咖啡馆，当年施蛰存等一批所谓现代派作家，或者如夏衍那样三十年代的左翼文人，常常在北四川路上的“公非”咖啡馆聚会闲谈。可是当我稍稍懂事开始阅读西洋小说的时候，正赶上寒气肃杀的“文革”时代，只记得整个上海好像就只有南京东路上有一家“东海咖啡馆”和南京西路铜仁路口的上海咖啡馆，那时候的店名好像还不叫咖啡馆，因为咖啡馆都一概被视为资产阶级的腐朽东西而遭到清扫。1980 年代以后，情况稍有好转，但咖啡馆仍然是凤毛麟角，直到今天，尽管星巴克等外来的咖啡馆在繁华的大街上常常可映入眼帘（小街小巷依然难见踪影），但其不菲的价格还不是一般的市民可以轻易入门的。

我第一次在日本较长时期的生活，是在早稻田大学访学的 1992 年，其时上海（更遑论其他地方）的街头还鲜见咖啡馆的身影。那时我居住的宿舍“奉仕园”附近的小巷子里，就有一家颇有意思的咖啡馆（2015 年 1 月我再度去踏访时，它依然健在），走到文学部前的西早稻田街上，沿街有一家有落地玻璃窗的咖啡馆（后来这里变成了一家叫Saizeliya，中文叫“萨利亚”，如今也在上海南京广州等地开出了连锁店的意大利餐馆），我初到东京时正是樱花盛开的季节，在街上常看到玻璃窗里面有些学子或其他男女闲闲地坐在窗边，喝一杯咖啡或其他饮料，或者俯首看书或做功课，或者抬起头来凝望着窗外烂漫的樱花，这情景使我这个有点小资倾向的人立即对日本产生了好感。后来才慢慢感觉到，在日本，无论是繁华的大都市还是偏远的小城镇，随处都可见大大小小的咖啡馆。2014年秋天去岐阜县一个人口只有4万的小城市瑞浪采访历史人物，场地就借用当地的一家名曰Miyako的咖啡馆，也有很像样的咖啡和红茶。有意思的是，日本人一般把咖啡馆称之为“吃茶店”。

称喝茶为吃茶，是中国江南、尤其是浙江一带的说法，前文已经说及，当年荣西和尚两度来南宋学佛，就在浙江的东北部一带，他将中国的茶连同吃茶这一词语一起带到了日本，其名著《吃茶养生记》近千年来一直为人们所诵读。13世纪中叶以后，茶的种植和饮用慢慢在日本普及，但由于日本城镇发展比较迟晚，一直也没有像样的茶馆。16世纪时，渐渐在寺院或神社门前或大路边上出现了茶摊，江户时代以后，演变成了“茶屋”，但茶屋并不是真正喝茶的所在（这下文再详述），像昔时在中国的街头巷尾常可看见的闹哄哄的茶馆，近代之前的日本其实颇为罕见。

19世纪中叶开始，西风东渐，日本人后来主动接受了西洋文明，咖啡的饮用也开始在一部分上流社会和知识人阶层中流行。当然最初日本人并不觉得咖啡好喝，在国门还没有完全打开的江户幕府末年，极少数人尝到了长崎荷兰人商馆传出的咖啡，当年的文人大田南亩在所著的《琼浦又缀》中对此评价说："其焦臭味让人难以忍受。"但是明治以后，以"鹿鸣馆"为代表的崇洋媚外之风，虽也受到部分人的批评，但西洋的物质文明和精神文明却渐渐渗透到了中层以上日本人的日常生活中。原先是福建人的后裔、在长崎出生长大并凭借中文的能力在外务省担任高级翻译的郑永庆，1888 年辞去了外务省的官职，在东京长野开了一家"可否茶馆"，这"可否"就是当年咖啡的汉字表现。不过这还算不上一家纯粹的咖啡馆，里面还有各种西洋的吃食供应，还有弹子房等游乐设施。4 年之后，郑永庆关闭了此店，去了美国。然而不管怎么说，这可以称得上是日本咖啡馆、或吃茶店的嚆矢了。后来相隔了很多年，在 1911 年的时候，东京美术学校毕业的（我们所熟知的李叔同、也就是后来的弘一法师是该校毕业的第一个中国学生）西洋画家松山省三，与当时著名的戏剧家小山内薰等一起在东京的京桥日吉町（今天的银座八町目）开了一家主要供文人墨客聚会的沙龙式的咖啡馆，小山内薰用法语给它取名叫 Café Printemps，Printemps 是春天的意思，今天上海的繁华区可见到的"巴黎春天"百货公司，源头就是法国知名的 Printemps 百货店。咖啡馆初时实行会员制，主要面向当时的文学家、艺术家及社会名流，我们所熟知的森鸥外、永井荷风、谷崎润一郎以及油画家岸田刘生（我在中国饮食传入日本的部分中提及的岸田吟香的儿子）等都是座上客。可是不久经营也难以为继，会员制也解体了。不过这家咖啡馆经许多文人的宣传，名声大振，1923年毁于关东大地震后，又继续重建，战争期间，在政府的高压政策下不得不关闭，建筑物本身也在1945年的东京大空袭中被彻底炸毁。

可是咖啡馆为何后来改称吃茶店了呢？在1925年前后，咖啡馆分化出了两种类型，一种是有女招待的、主要供应咖啡，另一种是有简单西餐供应的，当时被称为“特殊吃茶”和“特殊饮食店”，可是不久，都渐渐带上了色情的意味，于是日本政府在1929年（1929年已经是昭和初期，是日本开始走向法西斯化的年代）发布了“咖啡馆、酒吧取缔要项”，1933年又将此作为“特殊饮食店取缔规则”的适用对象。于是咖啡馆等经营者就用了一个新名词，曰“纯吃茶”或“吃茶店”，并竭力洗清色情的形象。于是咖啡馆就以吃茶店的名称继续维持了下来，不仅维持下来，而且随着1930年大萧条后的经济复苏，在都市地区骤然兴盛起来，1935年，仅在东京市一地就有一万家吃茶店（我估计是将各种西餐店都加在了一起）。不久日本发动全面侵华战争，与英美关系交恶，1938年对进口实行了限制，随着战争的扩大和白热化，咖啡原料也完全断了货，再加上日本政府实行了严厉的去英美化政策，民众生活日益艰难，酒吧和咖啡馆（即便名称叫吃茶店）被彻底关闭，日本历史进入了非常黑暗的年代。

战后，百业复苏，万象更新，咖啡馆（人们已经习惯称其为吃茶店了）在食物紧缺的困难中缓慢复活，1950年废除了进口限制，咖啡豆也开始少量进口，当时几乎都供应给了吃茶店，民间很少有售，1960 年代及以后，随着日本经济高速增长的实现，日本人的生活发生了彻底的变化，温饱之后开始追求美酒咖啡，各色吃茶店也如雨后春笋，一时间各种吃茶店应运而生。既有个人经营的富有特色的小店，也有逐渐形成连锁系统的大的集团，不仅在大都市，而且将触角渐渐延伸到地方小镇甚至乡村地区，我 1992 年在日本时获得的感觉是，咖啡馆完全不是年轻人集聚的时尚所在，也不是富有阶级光顾的高档场所，就是一般日本人、在白天尤其是家庭主妇们会友、闲谈、小憩的地方，在轨道交通站点的附近尤其多。日本人一般很少请人到家里来坐，平素的约谈、会谈、闲谈都安排在吃茶店，一杯咖啡或红茶或其他饮料的价格一般在 200—900 日元，通常是在 400—500 日元左右，与上海的消费价格大致相近，但 1992 年时，日本人的平均收入在中国人的 10 倍以上。

我第一次进入日本的吃茶店，记得是 1991 年 11 月下旬初访日本时，那时有几位热心于中日友好的家庭妇女，陪同我们一起游览东京原宿附近比较出名的竹下町，一圈走下来，也许有些人觉得有些累了，那几位妇女便带我们走进了街边的一家吃茶店。说实话，我以前在日语教科书上好像接触过“吃茶店”这个词，但印象已经很模糊，自己的理解好像也是喝茶的地方，就如同中国以前的茶馆（在我的童年和少年时代，茶馆好像也自中国消失了）。我清楚地记得日本妇女说的是“吃茶店”，可是走入店堂内，却并无通常日本人喝的绿茶供应，而是咖啡或者红茶，咖啡当然有许多种类，红茶也有奶茶或者柠檬茶，但我们这帮老土们，对什么卡布奇诺、蓝山咖啡、美式咖啡等完全不懂，胡乱点了一款，只是借个地方在那里小憩说说话。那几位妇女出于对中国人的友好感情，自愿向邀请我们的日本国际协力组织（JAICA）报名来陪同我们。她们有点腼腆地说，请你们吃饭，我们大概没有这个余力，请大家喝杯咖啡还是可以的。那家咖啡馆，我还有些印象，在二楼，空间不算宽敞，也许是因为我们人太多了。总之，从那以后，我知道了吃茶店的真正含义。

后来印象比较深的有那么几次。

1992 年春天，我去早稻田大学访学一年，接待我的教授是在北京的大学时代教授过我日本文学的杉本达夫。一次杉本教授约请我在高田马场附近见面，带我走进了一家规模不小的吃茶店，环境舒适雅致，背景音乐播放着富有欧洲宫廷气息的巴赫的勃兰登堡协奏曲，外面下着淅淅沥沥的春雨，坐在里面的感觉却十分惬意。我冒昧地问了一下老师，这家吃茶店叫什么名字，老师说了一个外来语，说是一个人的名字，也不知中文怎么说。而这个外来语我恰好知道，中文译为雷诺阿，前几日恰好去过位于上野的国立西洋美术馆，那边展出着雷诺阿的几幅作品。后来才知道，“雷诺阿”在日本是一个连锁店，它标榜的就是“无愧于名画的吃茶室”，主要开设在东京和周边地区，在东京市内就有 82 家，以典雅、优雅和富有艺术气息为特色，茶具比较讲究，价格稍贵，光顾者多为中年及以上的年纪，店内很少有喧哗声，供应的饮料也比较传统，咖啡一般就三种：美式咖啡、奶咖和采用埃塞俄比亚莫卡咖啡调和而成的雷诺阿独家配方的咖啡。除了热饮也有冰镇的。茶则有柚子茶、加奶的宇治抹茶、蓝莓酸奶等，也有冷热两种。

“英国屋”也是一家创业于1961年的老牌吃茶店，追求纯正的欧洲风情，弥漫在店堂内的，是金黄为主的暖色调，所用的茶具都是英国的产品，努力营造绅士淑女甚至是皇家的感觉，店内设有软椅，店堂相对比较宽敞，它一般都开在东京、大阪、横滨、神户、京都等大中城市的车站建筑内，这样的地方人流密集，也是人们约见朋友、商谈事务的所在，生意一直很好，虽然价格不低。除了咖啡红茶，店里做的糕点冰淇淋也很可口，赢得了不少女性顾客的青睐。它也另辟有包房，可供人们举行生日派对等。在此举行派对，主办者和参加者都觉得挺有面子。

我在日本喝过的最贵的咖啡，是每个人900日元，在东京老牌的高级酒店帝国饭店，一次朋友聚会，在那里度过了一个很温馨的下午。红茶900日元一壶，咖啡可以无限量的续杯。帝国饭店的感觉，类似于上海的和平饭店，有些豪华的古典气，900日元，算来一点都不贵。不过那已是20多年前的事了，20年来，日本的物价基本上没有动，现在大概也就1000日元左右吧。

日本很多吃茶店实行自助式，这样可以降低成本，价格也几乎减去一半。开设于1986年的CAFÉ VELOCE，以东京为中心，触角遍布全日本，店面和门窗都涂成红色，很容易相认，VELOCE 一词来自意大利语，意思是快速的，实行自助式，拿着红色的托盘，付了款后自己取，糖、奶和咖啡匙也是自己取，除了咖啡等饮料外，还有一些吃食，喝完吃完后自己将托盘放到专门的回收处，中杯的咖啡 190 日元，这一价格要远低于中国街头的咖啡馆，也要低于日本最基本的巴士车票（东京是 200 日元，京都是 230 日元，路程稍远的，则按路程另加）。来到店内的，多为年轻人，小憩或闲谈，或者手机或电脑上网，气氛也甚为随意。CAFÉ VELOCE 现在已开出了 180 多家连锁店。另一家 Doutor Coffee 则采取加盟店的方式，连锁规模更大，Doutor 是葡萄牙语，医生博士的意思，当年创办这一店家的鸟语博道曾长期在咖啡种植园工作，他后来开设的 Doutor 不只是咖啡店，而是综合性的企业，从咖啡的种植、运输加工和烘焙形成了生产制作一条龙，因此店里所用的咖啡豆都是自家产，价格低廉而品质纯正，在日本列岛开出了一千多家连锁店，成了全日本最大的吃茶店，黑黄相间的店标、水蓝色的檐棚成了它外观的标记，男女老少都会来此小憩，花上几百日元，喝杯咖啡或红茶，吃点新品蛋糕，也给紧张的生活带来了不小的滋润。一般咖啡馆内都设有西式早餐，价格从几百到上千不等，但是日本人一般不习惯在外面吃早饭，因此早餐的生意也从来没有兴隆过。

关于吃茶店，我在日本有过一次较为难忘的体验。那是 1998 年的初冬，其时我在长野大学任教，长野大学在长野县上田市的郊外，上田市连郊区也不过十几万人。一次学校在上田市内有活动，结束时还有些早，一位教授提议去喝杯咖啡，于是他带了我们七八个人走入小巷拐弯抹角地走进了一家完全不起眼的小店。店内暗暗的，一对年近七十的老夫妇，闲闲地坐在柜台内，见认识的那位教授进来，立即站起身来，我们一大拨人进来，也给店内带来了暖意。这家店烧煮咖啡，是用非常老式的类似煤油灯那样的烧煮器，一点点蒸馏渗滴出来，等我们每人手里都拿到一杯咖啡，好像过去了 20 几分钟，但那咖啡浓郁的芳香，立即充溢在小小的房间内，弥漫在温暖的空气中，谈话的内容也相当的轻松有趣，那对老夫妇，脸上漾出了极其快活的神情，我也觉得十分愉悦。出门时，天空中开始飘起了星星点点的雪花。那次往事，已经过去了差不多 17 年，至今仍然镌刻在我的记忆中。

日本的吃茶店，也曾经染上过几许色情。1980 年前后，由某人的创意，在吃茶店内雇用了一批身穿迷你裙、赤裸上身不穿内裤的女招待，地上用玻璃镜面，以此来吸引顾客，一下子风靡日本都市地区，开出了几十家这样的所谓吃茶店，名曰“无内裤吃茶”。日本除了妓院不准经营外，色情场所是公开的，这样的吃茶店，也不算太过分，只是有点新奇。但后来色情的元素越来越浓，索性就转向专门的色情服务，吃茶也免了。于是风靡一时的“无内裤吃茶”也就销声匿迹了。近来又有许多“漫画吃茶”、“音乐吃茶”、“上网吃茶”、“体育彩票吃茶”等名目繁多的店家开出来，吃茶只是一个附带品而已，其真正的内涵，与吃茶已无多大的关系，这里就打住了。总之，号称吃茶店的地方，除了西式的红茶外，其实并无日本茶可喝，人们也从来不会想到去吃茶店喝一壶绿茶。

下面再说说茶屋。

上文已经说及，茶树在日本的广泛种植和茶的普遍饮用是在13世纪以后。大约在室町时代的1400年前后，每逢初一十五，都会有大量的信众去寺院参拜，于是就有些会做生意的人，在寺院前摆起了茶摊，一杯一文钱，当年京都东寺外的茶摊就比较有名，这是日本茶屋最早的形态。当年人们的旅行，都是靠双脚行走，日本甚至很少有骑马的，也罕见轿子，于是在一些重要的大路上（日本称之为“街道”），会有些人在那里设茶摊，供人小憩。1603年江户幕府建立以后，要求地方上的诸侯轮番来江户参勤，于是以江户为中心形成了所谓的“五街道”，即东海道，中山道和日光街道、奥州街道和甲州街道，各地的大名沿途要在数个地方住宿，于是以住宿点为中心形成了不少“宿町”，人们也会在此摆出一些茶摊。17世纪以后，在江户和其他一些城镇，开出了几家茶屋，这是有固定店铺的，不再是流动的摊贩。随着江户等一些城市经济的形成和繁荣，就有些有钱有闲的人到茶屋来坐坐，茶屋为了吸引顾客，就雇了一些姿色美丽的女子来做招待，于是就出现了上文说到的“无内裤吃茶”那样的经营，一部分茶屋慢慢升级到了料理屋，一部分茶屋则演变为色情场所，也有些是两者兼有。这样的茶屋，在江户时代非常兴盛，从一些历史上流下来的地名或许可以联想起当年的些许风貌，比如大阪有“天下茶屋”、“茶屋町”等，东京有“三轩茶屋”、“御花茶屋”等，不过，如今都成了现代都市的格局，昔日的踪迹大都已不可寻，唯有石川县金泽市，那里还较为完整地保留了一处江户时代的茶屋街，因位于浅野川（河流名）之东，名曰“东茶屋”，2001年被国家指定为重要传统建筑群。2010年岁尾我曾在雪霁之后的上午去探访过，完全是昔日的风情，当然是修整过的，电线都埋到了地下，一色的两层木结构房子，格子窗，石板路，门口挂着小小的店招，因是上午，又是大雪初霁，除了寥寥的游客外，一片冷清，店家大都还没有营业。

今天，在一些富于历史风情的城市或寺院门外，还留存着一些茶屋，不过这些茶屋既不卖廉价的绿茶，也褪去了昔日的“游廓”（日语中用于旧时花柳街的名词）色彩，有些是以传统的日本点心（和果子）为主，配一碗抹茶，客人最好是穿着和服的女子，风情万种地坐在窗边，用一根刚刚削成的竹扦，姿态优雅地将樱花模样的和果子缓缓送入嘴边。

这次在我所住的位于修学院离宫附近的京都大学国际交流会馆周边，有两家很有历史的茶屋，一家紧邻曼殊院，或者说本身就是曼殊院的一部分，名“弁天茶屋”，位于东山山麓，从一条坡道折入，走过一片农田和稀疏的房舍，就坐落在郁郁葱葱的东山山麓，周边一片寂静。正是惠风和畅的四月中旬，浅黄色的平房在周边明亮的新绿的衬映下，越加显得素朴典雅。进门须脱鞋，进得屋内，是纯然和风的装饰，不是榻榻米，有桌椅陈设，人们可以坐着用餐。名曰茶屋，现在供应的却是饭食，以新鲜的豆腐衣为招牌。京都的豆腐，历史悠久，制作精良，已经蜚声日本国内，豆腐衣也很受人喜爱。所谓新鲜的豆腐衣，就是在一个较大的平底锅内，将浓稠的豆浆煮沸，然后将上面结成的一层衣用长长的竹扦撩起来，当场可食用，只需蘸一点点上等的酱油就可。我在浙江天台的一家农家风饭馆尝过，入口滑爽，有清新的豆香。弁天茶屋的吃法，却是将乳黄色的较厚的豆腐衣层层卷起，切成一段段，放入一个红色的漆碗内，浇上自制的调味汁，也相当可口。店内除了新鲜的（日语称之为“生”）豆腐衣外，还供应荞麦面和乌冬面，还有日本式的红豆年糕汤，就是没有日本的绿茶。

还有一家在弁天茶屋的西北面，名“平八茶屋”，已有四百年的历史了。距离睿山电车修学院站较近，东侧靠马路，进门也在路边，听起来似乎有些吵，但店堂却要从古色古香的、上面筑有茅草屋顶的类似寺院山门的入口进去后走一段路，路是石板铺成的，入口之内即是庭园，竹木扶疏，参差的绿荫挡住了车流的喧哗声，正是和暖的春日，店内取开放的形态，店的西侧，就是高野川，在日本曰河，在中国人看来就是一条溪流，前几日连续下雨，充沛的雨量带来了充足的水流，从上游淙淙流下，在落差处发出了清越的响声，在绿树掩映之下，听着清澈流水的泠泠声，没有美食，心也醉了。平八茶屋有些高档，主打怀石料理，且必须预定。价格每人从12000日元至20000日元不等，另加消费税和服务费，在怀石料理中算中等的价格。主要供应三种样式，最出名的是“若狭怀石”，“若狭”是地名，是一个位于京都府与福井县交界的海湾，靠日本海，那里的甘鲷比较出名，捕获之后，立即在冰鲜的状态运到京都市，或者将其剖开，去除内脏，用一点盐稍加腌制，同样在冰鲜的状态下运到京都市，后者因为施加了一些盐粒，使其肉质更加紧实，些许的盐分使鱼肉中的蛋白质转化为氨基酸，鲜味更足，而新鲜度丝毫不减。这套怀石料理中，还有一道炙烤甘鲷，保留鳞片，用煤气火和炭火分别加以烧烤，使其鳞片达到金黄色，脆酥可食。另外一种是季节怀石，推出当令的美食，樱花季节就以樱鲷和竹笋为卖点，所谓樱鲷，是春天捕获的一种红色鲷鱼，带有鲜亮的桃红色，在日本就被看作是樱花的色彩（樱花本身有许多种），春雨后的鲜笋，也是人们的最爱，樱鲷春笋饭，就是一种绝配。其他还有河鱼怀石，京都市本身不靠海，但有许多溪流，且紧邻琵琶湖，自古以来有不少河鱼出产，其中主要是生长在溪流中的香鱼以及鲫鱼和鲤鱼，河鱼怀石的价格相对低一些，日本人还是喜欢吃海鲜。如此这般以怀石料理为主打的料理屋，店名却叫茶屋，想来也是有些好笑，不谙此中奥秘的中国人，见到店招，很可能以为是一家茶馆，可以坐下来喝杯热茶，以消解旅途的疲乏，却是误解了。

当然，日本，尤其是京都，还有一种店名曰“茶寮”，却是可以喝点茶的，但主旨却不在解渴，而主要是提供各地所产的“和果子”，而“和果子”中，又以京都的果子最出名，京都火车站二楼有一家“京都茶寮”，就是这样一个所在，当然这里没有优美的风景，只是川流不息的旅客中的一个小小的驿站，可让人稍微坐一下，品尝一下京都的果子，另外还有一碗抹茶。喝过抹茶的人都知道，抹茶只在陶碗中的三分之一，色翠绿，味苦涩，并不足以解渴。一碗抹茶加两种和果子，或提供简单的餐食，价格在1000至1500日元左右。

奈良公园内靠近春日大社的树林边，有一家“水谷茶屋”，历史悠久，声名卓著，又在旅游景点上，为很多人所知晓。茅草屋顶，纯然木结构，不施任何油彩，古色苍然，屋内陈设也颇为雅致，它最引人注目的，是店门口的大红伞，竹制，门外还有几张宽大的木凳，也铺设厚实的红布，与其农家风的原色建筑形成鲜明的对照。店里可品尝比较高级的宇治（位于京都南部的著名产茶地）抹茶，加上一小块羊羹（一种甜食），700日元，此外还有其他液体可以饮用，诸如姜茶、曲子粥，还有咖啡甚至小瓶的生啤、刨冰供应，就是没有一般的绿茶。与京都茶寮一样，水谷茶屋还有乌冬面、荞麦面等餐食供应，可以简单果腹。不过观光点的餐食，也实在不敢恭维，乌冬面和荞麦面，它的浇头只是山菜或一块油豆腐，维持了江户以来传统，价格不廉，却难以给人充分的满足感，尤其是喜欢肉食的中国人。

与“水谷茶屋”相似的，我在濒临日本海的日本三景之一的“天桥立”，也见到一家，店名叫“吉野茶屋”，临观光街，也是江户时代以来的老铺，一层的木屋，门口挂着红灯笼，也有红伞，因是和煦的春日，店门敞开，榻榻米的地面，须脱鞋入内，可瞥见里面一圈铺着红毯的宽大的凳子，围着中间的一张长方形木桌，顾客可在此闲坐小憩，里面还有设计得颇为别致的茶室，将传统和现代的元素巧妙地融合在一起，铺着玻璃板的木桌边，摆放着几张深紫色的坐垫式的圆形软凳，素朴典雅。供应的食品，是该店特制的“智慧饼”，日语中的“饼”，并不是中国的扁平圆形的饼，而是一种糯米制品，大都呈团子状，一般里面都有馅，“智慧饼”卖得不便宜，两三个小团子，五六百日元，会同时提供一杯煎茶（大麦茶、绿茶或玄米茶），抹茶则需另外加钱，有趣的是这里还卖抹茶冰淇淋和刨冰，也不算纯粹喝茶的地方。

记得在京都还有一家“虎屋果寮”的连锁店，虽然店名叫果寮，内容却与京都茶寮差不多，也有几百年的历史了。一次一个很有雅兴的中国朋友带我去了位于一条的店铺，主要以和果子出名，茶是抹茶，自然还是接近翠绿色的抹茶，叫一两样和果子，坐在深褐色桌子边的西式软椅上，望着窗外绿茵般的草坪，除了鸟鸣，几乎没有杂声，心绪自然静了下来。人们说话都是轻声细语。这与英伦风格的下午茶和中国式的茶馆，又有一种不一样的风情。

日文中还有一个词语谓“茶室”，这是举行茶道活动的所在，如里千家的“今日庵”，表千家的“不审庵”等，都藏在深墙高院内，一般不对外公开，各个禅寺里，也多设有茶室，也是茶道活动的场所，并不是一般人喝茶的休闲地，它往往与茶庭连在一起，不会在路口街角。

总之，吃茶店也罢，或者茶屋、茶寮、茶室也罢，都不是中国人意义上的茶馆，无法喝到一般的绿茶。昔日中国的三教九流都可入内的社交场所茶馆，在日本大概只有室町幕府末年和江户初年的茶摊可以相比。如今，中国这样的茶馆也已渐渐消失，代之而起的，是不少观光地出现了一些面向游客的茶楼，价格似乎不菲，其性质也与昔日的茶馆大异。上海城隍庙湖心亭的茶楼，喝茶一定要搭上许多吃食，喝一壶茶每个人至少 50 元以上，这就不是一般小民可以随意进入了。在我的记忆中，只有成都青羊宫、文殊院、武侯祠等地，还留存了大众喝茶的场所，不过那也不是茶馆，而是民众自己带了茶杯甚至茶叶来，在这里借几把竹椅来唠嗑而已，或者掏几块钱，在里面买一碗廉价的茶水，气氛倒是相当轻松惬意，虽然也相当的喧阗。

参考文献

一、中文文献

1. ［德］贡特尔·希施费尔德：《欧洲饮食文化史——从石器时代至今的营养史》，吴裕康译，广西师范大学出版社2006年版。
2. 赵荣光：《中国饮食史论》，黑龙江科学技术出版社1990年版
3. ［德］阿·韦伯：《文化社会学视域中的文化史》，姚燕译，上海人民出版社2006年版。
4. 袁枚：《随园食单》，江苏古籍出版社2000年版。
5. 黄遵宪：《日本国志》，上海古籍出版社影印本2001年版。
6. 王学泰：《中国饮食文化史》，广西师范大学出版社2006年版。
7. 裴世安、熊建华：《长江流域的稻作文化》，湖北教育出版社2004年版。
8. 王勇主编：《中国江南：寻绎日本文化的源流》，当代中国出版社1996年版。
9. 王勇：《吴越移民与古代日本》，国际文化工房2001年版。
10. 赵荣光：《中国饮食文化史》，上海人民出版社2006年版。
11. 贾思勰：《齐民要术校释》，缪启愉校释，农业出版社1982年版。
12. ［荷兰］彼得·李伯庚：《欧洲文化史》上、下卷，赵复三译，上海社会科学院出版社2003年版。
13. 邱庞同：《中国菜肴史》，青岛出版社2001年版。
14. 黎虎主编：《汉唐饮食文化史》，北京师范大学出版社1998年版。
15. 高启安：《唐五代敦煌饮食文化研究》，民族出版社2004年版。
16. ［美］尤金·安德森：《中国食物》，刘东等译，江苏人民出版社2003年版。
17. 北宋·陶谷：《清异录》，中华书局1991年版。
18. 南宋·孟元老：《东京梦华录（外四种）》，周峰点校，文化艺术出版社1998年版。
19. 南宋·林洪：《山家清供》，中国商业出版社1985年版。
20. 宋·吴曾：《能改斋漫录》，中国商业出版社1986年版。
21. 姚伟钧：《长江流域的饮食文化》，湖北教育出版社2004

年版。
22.《黄遵宪集》上卷，天津人民出版社2003年版。
23. 王赛时：《唐代饮食》，齐鲁出版社2003年版。
24. 陈文华：《中国茶文化学》，中国农业出版社2006年版。
25. 陈宗懋主编：《中国茶经》，上海文化出版社1992年版。
26. 吴觉农主编：《茶经述评》，中国农业出版社2005年版。
27.《茶经校注》，陆羽撰、沈冬梅校注，中国农业出版社2006年版。
28.《茶书集成》，黑龙江人民出版社2001年版。
29. 贾蕙萱：《中日饮食文化比较研究》，北京大学出版社1999年版。
30. 滕军：《中日茶文化交流史》，人民出版社2004年版。
31. 王利华：《中古华北饮食文化的变迁》，中国社会科学出版社2000年版。
32. 姚伟钧：《中国传统饮食礼仪研究》，华中师范大学出版社1999年版。
33. 林永匡、王熹：《清代饮食文化研究》，黑龙江教育出版社1990年版。
34. 关剑平：《茶与中国文化》，人民出版社2001年版。

二、日文文献

1. 芳賀登、石川寛子監修：『全集　日本の食文化』第一巻『食文化の領域と展開』、雄山閣、1998年。
2. 芳賀登、石川寛子監修：『全集　日本の食文化』第二巻『食生活と食物史』、雄山閣、1999。
3. 芳賀登、石川寛子監修：『全集　日本の食文化』第三巻『米・麦・雑穀・豆』、雄山閣、1998年。
4. 芳賀登、石川寛子監修：『全集　日本の食文化』第四巻『魚・野菜・肉』、雄山閣、1998年。
5. 芳賀登、石川寛子監修：『全集　日本の食文化』第五巻『油脂・調味料・香辛料』、雄山閣、1998年。
6. 芳賀登、石川寛子監修：『全集　日本の食文化』第六巻『和菓子・茶・酒』、雄山閣、1996年。
7. 芳賀登、石川寛子監修：『全集　日本の食文化』第七巻『日本料理の発展』、雄山閣、1998年。
8. 芳賀登、石川寛子監修：『全集　日本の食文化』第八巻『異文化との接触と受容』、雄山閣、1997年。

9. 芳賀登、石川寛子監修：『全集　日本の食文化』第九巻『台所・食器・食卓』、雄山閣、1997年。
10. 芳賀登、石川寛子監修：『全集　日本の食文化』第十巻『日常の食』、雄山閣、1997年。
11. 芳賀登、石川寛子監修：『全集　日本の食文化』第十一巻『非常の食』、雄山閣、1999年。
12. 芳賀登、石川寛子監修：『全集　日本の食文化』第十二巻『郷土と行事の食』、雄山閣、1999年。
13. 埴原和郎編：『日本人と日本文化の形成』、朝倉書店、1996年。
14. 石田一良：『日本文化史——日本の心と形』、東海大学出版会、1991年。
15. 大林太良：『東と西　海と山——日本の文化領域』、小学館、1990年。
16. 池田温：『東アジアの文化交流史』、吉田弘文館、2002年。
17. 上田正昭編：『古代の日本と渡来文化』、学生社、1997年。
18. 鬼頭清明ほか：『体系日本史叢書』15「生活史」1、山川出版社、1994年。
19. 森末義彰ほか編：『体系日本史叢書』16「生活史」2、山川出版社、1986年。
20. 荒野泰典ほか編：『アジアの中の日本史』6「文化と技術」、東京大学出版会、1993年。
21. 矢部良明：『日本焼物史』、美術出版社、1998年。
22. 豊田武：『中世日本商業史の研究』、岩波書店、1952年。
23. 広山堯道：『日本製塩技術史の研究』、雄山閣、1983年。
24. 生活文化研究所編著：『食文化と日本人』、啓文社、1993年。
25. 原田信男：『日本の食文化』、放送大学教育振興会、2007年。
26. 多田鉄之助：『味の日本史』、新人物往来社、1976年。
27. 多田鉄之助：『食べ物の日本史』、新人物往来社、1975年。
28. 篠田統監修・中沢正著：『日本料理史考』、柴田書店、1977年。
29. 安田巌：『食べ物伝来史』、柴田書店、1976年。
30. 小柳輝一：『日本人の食生活』、柴田書店、1976年。
31. 樋口清之：『日本食物史』、柴田書店、1975年。
32. 渡辺実：『日本食生活史』、吉川弘文館、1969年。
33. 加藤秀俊編著：『食生活世相史』、柴田書店、1975年。
34. 川上行蔵編：『料理文献解題』、柴田書店、1977年。
35. 篠田統：『すしの本』、柴田書店、1972年。
36. 日比野光敏：『すしの歴史を訪ねる』、岩波書店、1999年。

37. 瀬川清子：『食生活の歴史』、講談社2001年。
38. 下田吉人：『日本人の食生活史』、光生館、1996年。
39. 小泉武夫：『食と日本人の知恵』、岩波書店、2003年。
40. 酒井伸雄：『日本人の昼飯』、中央公論新社、2001年。
41. 石毛直道監修：『日本の食事文化』、味の素食の文化センター、1999年。
42. 四條隆彦：『日本料理作法』、小学館、1998年。
43. 小菅桂子：『にっぽん台所文化史』、雄山閣、1991年。
44. 獅子文六：『食味歳時記』、文芸春秋、1979年。
45. 平野正章：『食べ物歳時記』、文芸春秋、1971年。
46. 平野正章：『味ごよみ』、文芸春秋、1973年。
47. 市川健夫：『日本の食風土記』、白水社、1998年。
48. 高畠瑞峰：『四季の精進料理』、文園社、1989年。
49. 鳥居本幸代：『精進料理と日本人』、春秋社、2006年。
50. 原田信男：『江戸の料理史』、中央公論社、1989年。
51. 前坊洋：『明治西洋料理起源』、岩波書店、2000年。
52. 草間俊郎：『ヨコハマ洋食文化事始め』、雄山閣、1999年。
53. 大塚力：『食の近代史』、教育社、1979年。
54. 吉田よし子：『カレーなる物語』、筑摩書房、1992年。
55. 小菅桂子：『にっぽん洋食物語大全』、講談社、1994年。
56. 小菅桂子：『近代日本食文化年表』、雄山閣、2002年。
57. 坂口謹一郎：『日本の酒』、岩波書店、1964年。
58. 坂口謹一郎：『古酒新酒』、講談社、1974年。
59. 加藤弁三郎：『日本の酒の歴史』、協和発酵工業、1977年。
60. 秋山裕一：『日本酒』、岩波書店、1994年。
61. 松崎晴雄：『日本酒のテキスト1　香や味わいと其の作り方』、同友館、2003年。
62. 松崎晴雄：『日本酒のテキスト2　産地の特徴と其の作り手たち』、同友館、2003年。
63. エルゴ・ブレインズ監修：『日本酒　取り寄せ道楽』、エルゴ・ブレインズ、2004年。
64. 穂積忠彦：『焼酎学入門』、毎日新聞社、1977年。
65. 重田稔：『焼酎手帳』、蝸牛社、1978年。
66. 秋野撲巨矢：『焼酎の本』、東洋経済新報社、1985年。
67. 『酒と日本の文化』（季刊文学増刊）、岩波書店、1997年。
68. 千宗室：『「茶経」とわが国茶道の歴史的意義』、淡交社、1983年。
69. 布目潮風：『茶経詳解』、淡交社、2001年。
70. 布目潮風：『中国喫茶文化史』、岩波書店、1996年。

71. 小川後楽：『茶の文化史——喫茶趣味の流れ』、文一総合出版、1981年。
72. 栄西：『喫茶養生記』（古田紹欽訳注）、講談社、2001年。
73. 林屋辰三郎著、村井康彦図版解説：『図録茶道史』、淡交社、1980年。
74. 千賀四郎編集：『茶道聚錦1——茶の文化』、小学館、1990年。
75. 千賀四郎編集：『茶道聚錦2——茶の湯の成立』、小学館、1990年。
76. 千賀四郎編集：『茶道聚錦3——千利休』、小学館、1990年。
77. 千賀四郎編集：『茶道聚錦2——茶の湯の展開』、小学館、1990年。
78. 熊倉功夫：『近代茶道史の研究』、NHK、1980年。
79. 熊倉功夫：『茶の湯の歴史——千利休まで』、朝日新聞社、1990年。
80. 村井康彦：『茶の文化史』、岩波書店、1979年。

后记

2009年初，上海人民出版社出版了我的《日本饮食文化：历史与现实》(写作完成于2008年6月)，34万字，附有大量的文献注释，貌似学术气味挺浓，煌煌一厚册，吓退了一大批读者。出版社觉得饮食文化还是一个比较可以挖掘的领域，就嘱我再写一本通俗版的，几年前就签了合同，可是我一直未能履约，实在是杂务和稿约太多，在大学里谋职，又不得不写若干貌似学术气很重的高头讲章，通俗版就一直耽搁了下来。但内心的兴趣一直没有泯灭，2010年在神户大学，2014年又去了几次日本，2015年又到了京都，一直在留意新的材料。忙里偷闲，终于大致完成了所谓的通俗版。

这里有一点要向读者交代的，就是这不是一本完全新写的著作，是以《日本饮食文化：历史与现实》为基础，在结构上作了大幅度的调整，并删去了原书五分之三的篇幅、另外增写了五万多字的内容后合成的，删去的部分都是所谓社会史、文化史以及部分考证、分析的内容，增加的主要是2008年以后新的信息以及自己个人的饮食履历。其实饮食文化是相当博大精深的，这本小书论及的仅仅是几个侧面，难免挂一漏万，甚至汲汲于芝麻而忘了西瓜，日后如果有他人因此而撰写出精彩的著作，那本书就是抛砖引玉了。就像

《日本饮食文化：历史与现实》中的后记中写的那样：我原本的专业与饮食文化无关，写这样的一本书，也有一点玩票的性质，原本是想探究形而下的饮食背后的形而上的意义。这本通俗版，就不敢存有这样的动机了，只求好玩而已，希望读者在觉得好玩之余，对日本、日本人和日本文化能增加些了解，这就是作者的全部愿望了。如今去日本观光的热潮方兴未艾，民间对日本的兴趣似乎也越来越浓，如果这本小书能对各位在日本的体验有所裨益，我也就颇感欣慰了。而如果有的读者读了此书觉得还有些不过瘾，《日本饮食文化：历史与现实》或许还可以再读一下。

此为后记。

徐静波

2015 年 4 月 28 日于京都大学人文科学研究所

图书在版编目(CIP)数据

和食的飨宴/徐静波著. —上海:上海人民出版社,2015
ISBN 978-7-208-13332-7

Ⅰ. ①和… Ⅱ. ①徐… Ⅲ. ①饮食-文化-日本
Ⅳ. ①TS971

中国版本图书馆 CIP 数据核字(2015)第 237685 号

责任编辑 赵蔚华
封面装帧 张志全

和食的飨宴
徐静波 著

出　　版 上海人民出版社
(200001 上海福建中路 193 号)
发　　行 上海人民出版社发行中心
印　　刷 上海商务联西印刷有限公司
开　　本 850×1168 1/32
印　　张 10.5
插　　页 2
字　　数 203,000
版　　次 2015 年 10 月第 1 版
印　　次 2020 年 5 月第 4 次印刷
ISBN 978-7-208-13332-7/G·1754
定　　价 52.00 元